冶金工业出版社

普通高等教育"十四五"规划教材

矿山现代测试技术

主　编　李　杨
副主编　付建新　于　玲　宋卫东

扫码获得数字资源

北　京
冶　金　工　业　出　版　社
2025

内容提要

本书详细阐述了矿山现代测试技术及其应用，全书共分10章，主要内容包括：矿山测试技术概论，测试技术基础，传感器基础，岩体变形测试技术，地应力测试技术，岩体声波测试技术，振动测试技术，地质雷达探测技术，采空区探测技术，微震监测技术。

本书可作为高等院校采矿工程专业的教材，也可供从事矿山工程专业的相关工程技术人员和科研人员参考。

图书在版编目（CIP）数据

矿山现代测试技术 / 李杨主编. -- 北京 ：冶金工业出版社，2025. 8. --（普通高等教育“十四五”规划教材）. -- ISBN 978-7-5240-0259-8

Ⅰ. TD31

中国国家版本馆 CIP 数据核字第 20250FG573 号

矿山现代测试技术

出版发行	冶金工业出版社	**电　　话**	(010)64027926
地　　址	北京市东城区嵩祝院北巷39号	**邮　　编**	100009
网　　址	www.mip1953.com	**电子信箱**	service@mip1953.com

责任编辑　郭冬艳　美术编辑　吕欣童　版式设计　郑小利

责任校对　石　静　责任印制　禹　蕊

北京印刷集团有限责任公司印刷

2025年8月第1版，2025年8月第1次印刷

787mm×1092mm　1/16；13印张；314千字；195页

定价 36.00 元

投稿电话　(010)64027932　投稿信箱　tougao@cnmip.com.cn

营销中心电话　(010)64044283

冶金工业出版社天猫旗舰店　yjgycbs.tmall.com

（本书如有印装质量问题，本社营销中心负责退换）

前　言

采矿工程是一门研究矿产资源开采基本理论和方法的应用型工程技术学科，它与自动控制、计算机技术、通信技术等先进思想和技术的结合，极大地促进了采矿工程理论研究的发展。其中，测试技术贯穿采矿工程从科学研究、设计到安全生产的各个阶段，并且随着智能采矿的不断发展，测试技术在矿山工程领域中发挥着越来越重要的作用。

本书将采矿工程专业特点和测试技术有效结合，目的是希望学生能够掌握矿山现代测试技术的基本知识，现代矿山测试的原理和方法，以及现代矿山测试技术的现场运用，使学生对各种矿山测试技术和测试手段有较明确的了解，并能结合矿山开采实践解决生产过程中涉及的测试问题。

本书共分为10章：第1章介绍了测试技术基本概念、矿山测试技术的类型及发展趋势；第2章介绍了测试系统组成、主要性能指标、基本特性及计算机辅助测试系统；第3章介绍了传感器的组成与分类、各种不同原理传感器的工作原理、特点与应用及新型传感器简介；第4章介绍了收敛位移测量、钻孔位移测量等岩体位移测量、位移测量结果与应用、倾斜测量及岩体应变测量；第5章介绍了地应力成因与组成、分布规律、测量基本原理及各种地应力测量方法；第6章介绍了声波测试基础知识、岩体性质与弹性波传播关系、岩体声波探测仪器、声波探测方法、声波探测的应用及岩石声发射技术；第7章介绍了爆破地震波的传播特性、爆破参数对爆破地震波的影响、振动测试基础知识及工程应用；第8章介绍了地质雷达基础理论、野外施测与数据采集、资料处理与地质解释及工程应用；第9章介绍了矿山采空区概况、采空区探测仪器、激光探测原理与方法、采空区探测结果处理分析及工程实例；第10章介绍了微震监测基本原理、微震监测系统、微震数据处理、微震监测系统定位精度、微震监测的参数描述及工程实例。

本书由北京科技大学土木与资源工程学院李杨任主编，付建新、于玲、宋卫东任副主编。编写分工为：第1章由宋卫东编写，第2、3章由于玲编写，第4、6、7、8、10章由李杨编写，第5、9章由付建新编写，全书由李杨统稿。北京科技大学研究生夏文浩、张理、马军、章呈等，为本书的资料收集、图表制作、编排与校核等做了大量的工作，在此表示衷心的感谢。

本书的编写是在北京科技大学采矿工程专业历年不断完善的课程资料基础上完成的，向之前为课程资料的收集与完善辛苦付出的山东能源集团冲击地压技术与装备实验室副主任王存文正高级工程师、北京科技大学李佳洁副教授等表示诚挚的感谢！

本书的编写和出版得到了北京科技大学教材建设经费的资助以及北京科技大学教务处的大力支持，在此致以真诚的感谢。同时，本书在编写过程中，参阅了国内外有关文献，在此谨向所有文献作者表示由衷的谢意。

由于编者水平所限，书中不足之处，希望广大读者不吝赐教、批评指正。

编　者

2024年12月

目　录

1 矿山测试技术概论

1.1 测试技术概述

测试技术是测量技术和试验技术的总称。测量就是将一个被测量与一个预定标准量进行定量比较的过程，从而获得被测对象的数值结果；试验是为了解某物的性能或某事的结果而进行的尝试性活动。测试是人类认识客观世界的主要手段，是科学研究的基本方法。

测试技术的发展与生产和科学技术的发展是紧密相关的，它们互相依赖、相互促进。现代科技的发展不断地向测试技术提出新的要求，推动了测试技术的研发，测试技术迅速汲取包括材料科学、微电子学、计算机科学等在内的各个科技领域的新成果，开发出新的测试方法和先进的测试仪器，同时又给科学研究提供了更先进的手段。

现代测试技术的基本任务是获取有用的信息，其属于信息科学范畴，是信息技术三大支柱（测试控制技术、计算技术、通信技术）之一，应用范围十分广泛。例如在大型岩土工程建设中，由于工程的复杂性，许多问题往往难以通过完善的理论分析和计算分析的方法来检验，而需要通过试验研究来解决。随着人们安全意识和环保意识不断增强，在工程投标和施工中，工程施工监测已成为一项必不可少的内容。

1.1.1 测试技术基础

对测试系统有完整和全面的理解，能够帮助人们按照实际工程需要设计出一个有效的测试系统，从而达到高效、准确测试的目的，为地下工程建设提供保障。选择测试系统的根本出发点是测试目的和要求，若要达到技术合理、经济节约，则必须考虑以下因素的影响。

（1）灵敏度。测试系统的灵敏度高意味着它能检测到被测物理量极微小的变化，即被测量稍有变化，测量系统就有较大的输出，并能显示出来。但灵敏度越高，往往测量范围越窄，稳定性越差，对噪声也越敏感。在工程监测中，被测物理量往往变换范围比较大，所需要的是相对精度在一定的允许值内，而对绝对精度的要求不是很高。因此，在选择仪器时，最好选择灵敏度有若干档可调的仪器，以满足不同的测试阶段对仪器不同灵敏度的测试要求。

（2）准确度。准确度表示测试系统所获得的测量结果与真值的一致程度，并反映了测量中各类误差的综合。准确度越高，则测量结果中所包含的系统误差和随机误差就越小。此外，测试仪器的准确度越高，价格就越昂贵。在工程监测中，监测仪器的综合误差为全量程的1%~2.5%时，这样的准确度基本能满足施工监测的要求。误差理论分析表明，由若干台不同准确度组成的测试系统，其测试结果的最终准确度取决于准确度最低的那一台仪器。从经济性的角度考虑，应当选择同等准确度的仪器来组成所需的测量系统。

如果条件有限，至少需保证前面环节测试的准确度高于后面环节，而不应出现与此相反的配置。

（3）线性范围。任何测试系统都有一定的线性范围，在此范围内，输出与输入成比例关系。线性范围越宽，表明测试系统的有效量程越大。测试系统在线性范围内工作是保证测量准确度的基本条件，然而，往往不容易保证测试系统处于绝对线性。在特殊情况下，只要能满足测量的准确度，也可以在近似线性的区间内进行测量，必要时可以进行非线性补偿或修正。非线性度是测试系统综合误差的重要组成部分，因此，非线性度总是会比综合误差小。

（4）稳定性。稳定性表示在规定条件下，测试系统的输出特性随时间的推移而保持不变的能力。影响稳定性的因素是时间、环境和测试仪器的状况。在输入量不变的情况下，测试系统在一定时间后，输出量会发生变化，这种现象称为漂移。当输入量为零时，测试系统也会有一定的输出，这种现象称为零漂。漂移和零漂多半是由系统本身对温度变化的敏感以及元件不稳定（时变）等因素引起的，对测试系统的准确度将产生影响。矿山工程监测的对象是在野外露天和地下环境中的岩土介质和结构，该过程温度、湿度变化大，持续时间长，因此对仪器和元件稳定性的要求比较高。应保证在监测的整个期间，被测物理量的漂移以及其随温度、湿度等产生的变化与综合误差在同一数量级内。

（5）各特性参数之间的配合。由若干环节组成的一个测试系统，应注意各特性参数之间的恰当配合，使测试系统处于良好的工作状态。譬如，一个多环节组成的系统，其总灵敏度取决于各环节的灵敏度以及各环节之间的连接形式（串联、并联）。该系统的灵敏度与量程范围是密切相关的，当总灵敏度确定后，过大或过小的量程范围都会给正常的测试工作带来影响。对于连续刻度的显示仪表，通常要求输出量落在接近满量程 1/3 的区间内，否则，即使仪器本身非常精确，测量结果的相对误差也会较大，从而影响测试的准确度；若量程小于输出量，则可能导致仪器损坏。又如，当放大器的输出用来推动负载时，应该以尽可能大的功率传给负载，只有当负载的阻抗和放大器的输出阻抗互为共轭复数时，负载才能获得最大的功率，这就是阻抗匹配。

总之，在组成测试系统时，除应充分考虑各特性参数之间的关系外，还应尽量兼顾体积小、重量轻、结构简单、易于维修、价格便宜、便于携带、通用化和标准化等一系列因素。

生活中有各种常见的各种测试系统，如常见的汽车通过振动传感器收集加速度信息，使车辆在急停时弹出安全气囊；借助陀螺传感器获取角速度信息，从而实现汽车导航；利用雷达传感器实现可视倒车的功能。又如物联网通过射频识别（Radio Frequency Identification，RFID）技术与传感器技术，使日常物品在无人工干预的条件下实现协同和互助。此外，智慧城市建设运用信息和通信技术手段感测、分析、整合城市运行核心系统的各项关键信息，从而对民生、环保、公共安全、城市服务、工商业活动等各种需求做出智能响应。

1.1.2　测试技术的工程应用

测试技术广泛应用于国民经济中的各个领域。

（1）工程领域：土木工程、采矿工程、航天航空工程、机械工程、水利电力工程、石化工程和运输工程。在矿山工程中的应用主要包括露天边坡及地下巷道稳定性等问题。

（2）工业自动化：在各种自动控制和生产系统中，测试环节是其重要组成部分。在现代工业自动化生产过程中，要用到机械手、机器人，其利用转动/移动位置传感器、力传感器、距离传感器、视听觉传感器、触觉传感器、热觉传感器、嗅觉传感器等来监控生产过程中的各项参数，使设备工作在正常状态或最佳状态；在机械加工过程中，自动监测主要用到切削力传感器、加工噪声传感器、超声波测距传感器、红外接近开关传感器等，这些传感器可以帮助提高生产率和产品质量，如图 1-1 所示。

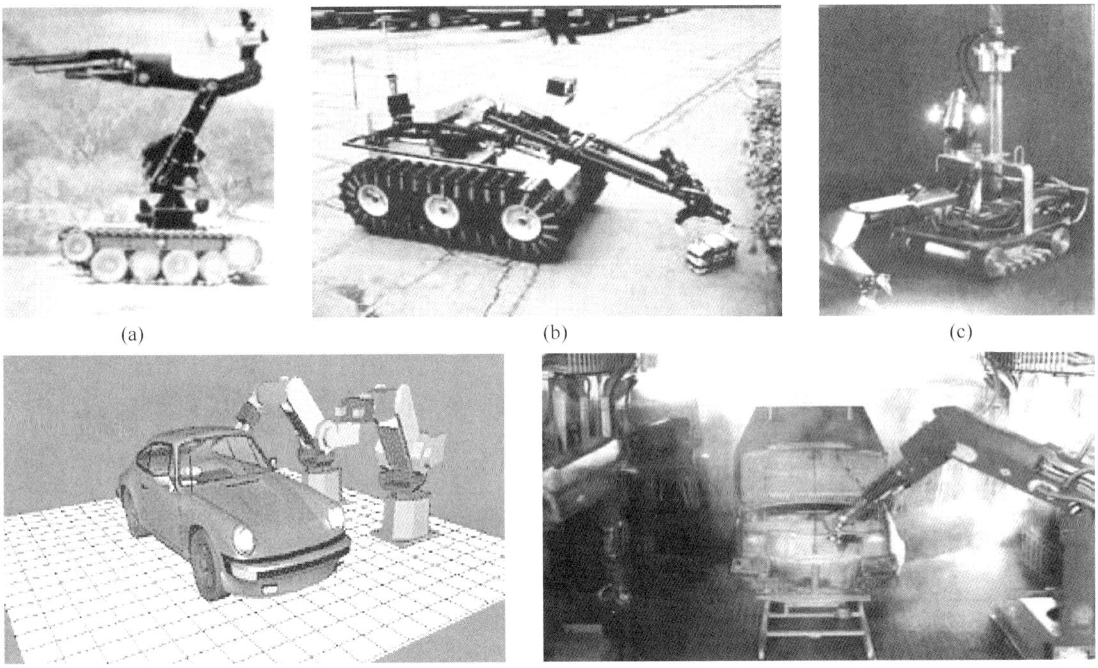

(a) (b) (c) (d) (e)

图 1-1 测试技术在工业自动化中的应用

（a）机器人火炮；（b）机器人排雷；（c）核工业机器人；（d）机械手喷漆；（e）机械手焊接

（3）流程工业设备运行状态监控。在电力、冶金、石化、化工等流程工业中，生产线上设备运行状态关系到整个生产线流程，通常建立 24 h 在线监测系统，如图 1-2 所示。

（4）产品质量检测。在汽车、机床、工程机械等设备，电机、发动机等零部件出厂时，必须对其性能质量进行测量和出厂检验。

图 1-3 所示为汽车出厂检验原理，测量参数包括润滑油温度、冷却水温度、燃油压力及发动机转速等。对抽样汽车进行测试可以了解产品质量。

（5）楼宇控制与安全防护。为使建筑物成为安全、健康、舒适、温馨的生活、工作环境，并能保证系统运行的经济性和管理的智能化，如闯入监测、空气监测、温度监测、电梯运行状况，引入典型楼宇自动化系统。该系统分为电源管理、安全监测、照明控制、空调控制、停车管理、水/废水管理和电梯监控。在这些监测及控制系统中，会用到各种不同类型的传感器，如图 1-4 所示。

（6）家庭与办公自动化。在家电产品和办公自动化产品设计中，人们大量应用传感

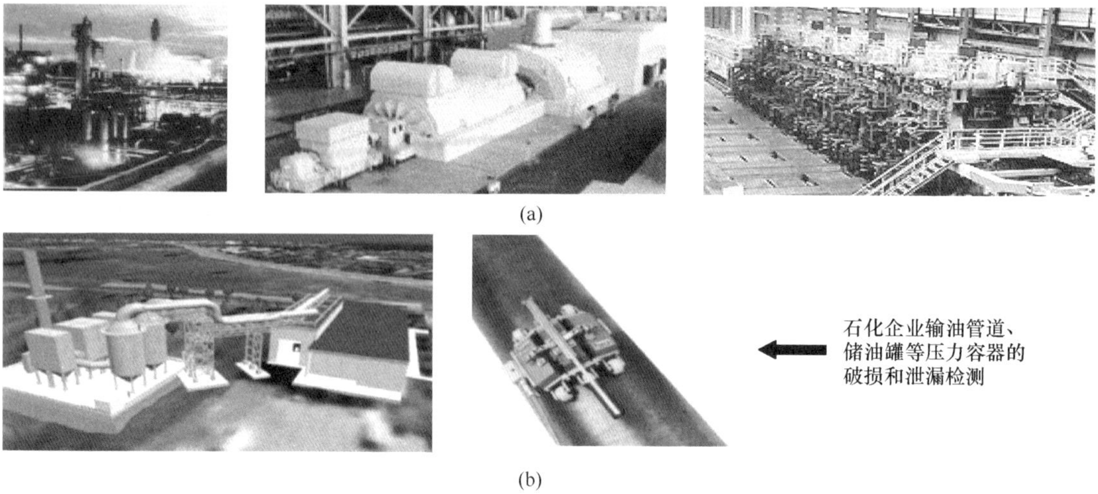

图 1-2 测试技术在流程工业设备运行状态监控中的应用
（a）火电厂；（b）石化厂

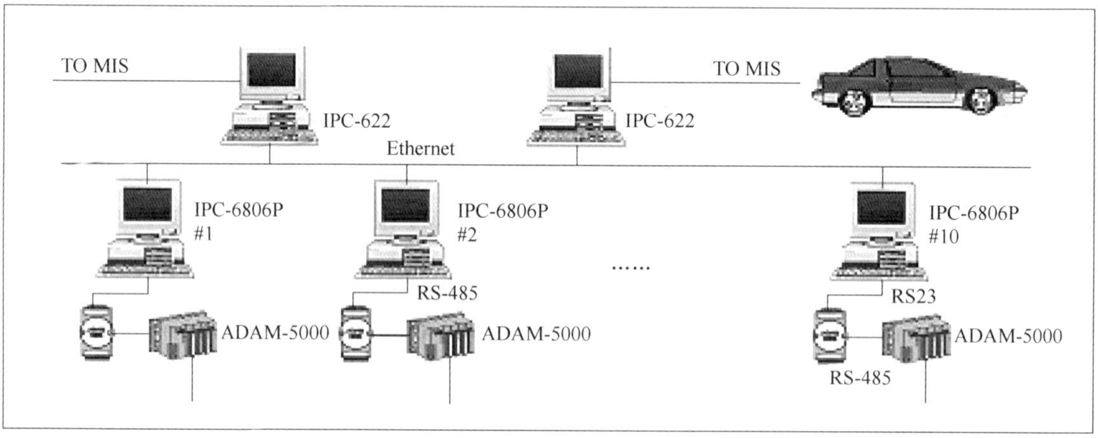

图 1-3 测试技术在产品质量检测中的应用

器和测试技术来提高产品性能和质量。如全自动洗衣机中的传感器：衣物重量传感器、衣质传感器、水温传感器、水质传感器、透光率光传感器（洗净度）、液位传感器、电阻传感器（衣物烘干检测）。

智能家居通过物联网技术将家中的各种设备（如音视频设备、照明系统、窗帘控制、空调控制、安防系统、数字影院系统、影音服务器、影柜系统、网络家电等）连接到一起，提供家电控制、照明控制、电话远程控制、室内外遥控、防盗报警、环境监测、暖通控制、红外转发以及可编程定时控制等多种功能和手段。家庭自动化是智能家居的一个重要系统。

1.1.3 工程测试的必要性及主要问题

工程测试的必要性包括如下。

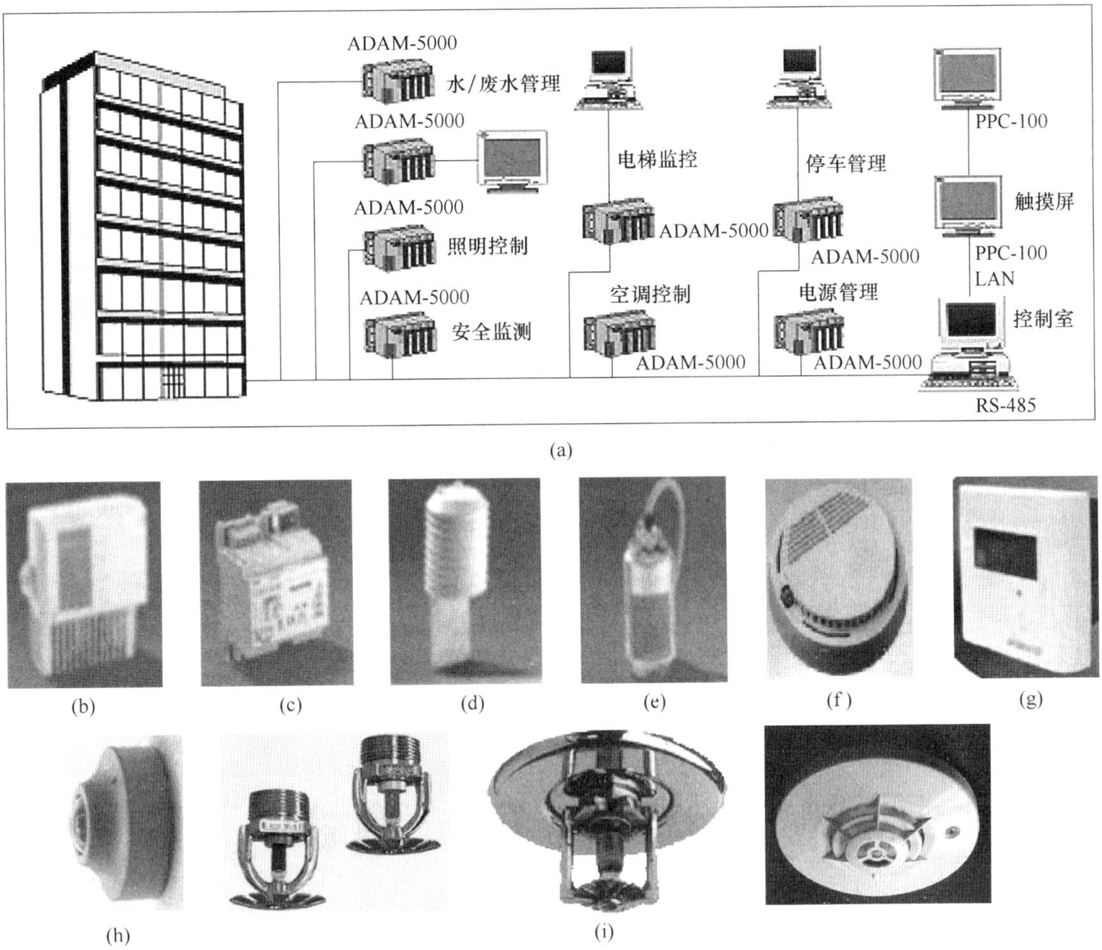

图 1-4 测试技术在楼宇控制与安全防护中的应用

(a) 典型楼宇自动化系统；(b) 室内恒温器；(c) 空气质量传感器；(d) 湿度传感器；(e) 水压传感器；(f) 烟雾传感器；(g) 亮度传感器；(h) 红外人体探测器；(i) 火灾感知传感器及玻璃球洒水喷头

(1) 保证工程的施工质量和安全，提高工程效益。

(2) 服务于工程建设的全过程。使工程师对建（构）筑物与岩土共同作用的性状及施工和建（构）筑物运营过程的认识在理论和实践上更加完善；运用长期积累的观测资料掌握变化规律，对建筑物的未来性态作出及时有效的预测；为未来设计提供了大量定量信息，为更新设计理论、改进施工方法及对破坏机理研究等提供了宝贵的参考资料。

(3) 为法律仲裁提供依据。

在工程测试中存在的主要问题包括：

(1) 部分工程未把监测、检测与信息反馈作为重要工序编入施工组织设计，有的虽然作为工序编入，但实施不规范、不彻底、应用效果差。

(2) 工程技术人员没能真正领会和掌握信息化设计与施工技术，施工中缺少专业人员，特别是信息反馈方面，很少能结合施工情况，对测试信息进行合理分析，进而对工程设计和施工起指导作用。

（3）缺乏环境的评估标准，有必要就工程施工对周围环境影响的评估程序、评估方法以及控制标准进行研究。

（4）在我国部分工程施工中，引入了第三方监测，对促进测试技术健康发展具有一定的积极意义，但还需进一步规范。

测试技术在家庭与办公自动化中的应用，如图 1-5 所示。

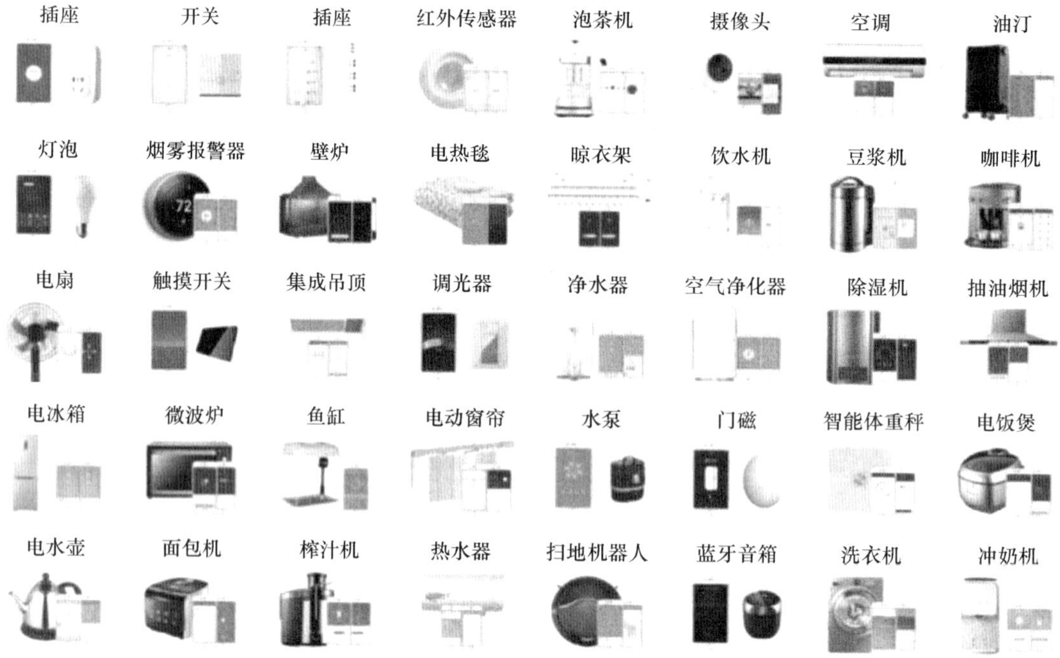

图 1-5　测试技术在家庭与办公自动化中的应用

1.2　矿山测试技术的类型

矿山测试技术贯穿于采矿工程的各环节，包括科学研究、设计到安全生产的各个阶段，主要应用于矿岩地质性质及物理力学性质实验测量和探测、生产阶段监测、安全监测、环境监测等方面。此外，测试技术手段在分析地下井巷、露天边坡、尾矿库以及排土场等的稳定性方面也有广泛应用。

1.2.1　采矿科学研究和设计

测试技术一方面是矿山工程稳定性研究和设计的一般方法，另一方面用于建立力学模型并进行应力、位移、稳定性、破坏等分析，包括确定初始地应力场和岩体力学参数、地层水文地质等工程地质特性，获取实测数据对分析结果进行验证等。

1.2.2　矿山生产阶段监测

在矿山生产阶段，监测（控）手段必不可少。其可以在矿山工程信息化施工和可变更设计（动态设计）中进行同步监测，验证初步设计参数选择的正确性并改进未来的设计，以及对施工技术的优越性和合理性进行评估和改进。

例如新奥地利隧道施工法（简称新奥法，New Austrian Tunneling Method，NATM）是测试技术在矿山生产阶段的典型应用，喷混凝土、锚杆、量测被认为是其三大要素。新奥法的基本原理为充分利用围岩的自承能力和开挖面的空间约束作用，以锚杆和喷射混凝土为主要支护手段，约束围岩的松弛和变形，并通过对围岩和支护结构的监控、测量来指导地下工程的设计与施工。新奥法的基本特征是量测监控，量测的重点是围岩和支护的力学特征随时间动态变化。衬砌的做法和施作时间是依据围岩变位量测决定的。

1.2.3 安全监测

安全监测是诊断和预测的需要，其主要目的是：

（1）掌握矿山工程运行是否处于持续良好的正常状态，对不安全迹象和险情进行诊断以便采取措施进行加固；对矿山工程的未来性态做出预报，对可能发生的破坏提供预警，获得充裕时间进行设备、人员安全撤离和采取紧急补救措施。

（2）满足研究和提高设计的需求。观测资料是对矿山工程工作状态的真实反映，为未来设计提供定量信息，有利于了解破坏机制，提高设计水平；对新的施工技术优越性进行评估和改进。

常见的安全监测包括：矿山工程如巷道、矿柱、矿房、边坡等的稳定性监测；采场稳定性监测；爆破震动监测；爆破冲击波监测等。

1.2.4 环境监测

矿山环境监测对象为矿山地质环境、水环境、生态环境、大气环境和空间环境。监测内容主要包括：矿井温度、湿度、粉尘监测；有毒、有害、可燃、可爆气体监测；通风热力学参数监测；放射性强度监测；爆破、机械噪声监测等。

1.2.5 采矿自动化

自动化矿山的先导是数字化矿山，要实现数字化矿山则必须对全部采矿过程获取数据。

1.3 矿山现代测试技术的发展趋势

1.3.1 发展现状

随着人们对采矿科学技术发展研究的深化，工程测试技术越发得到人们的广泛重视，并逐渐发展成为一门独立的科学。由于科学技术的进步和仪器制造水平的不断提高，专门服务于矿业的仪器逐渐增多，这些仪器通过力学、热学、声学、光学、电学等原理，对各种参数进行精确测量，从而使设计、生产和科学研究工作开始建立在较为可靠的数据基础上。工程测试为矿业工程逐渐从经验和工程类比阶段进入科学定量研究阶段提供了方法和手段。

在自然科学研究中，通常采用三种方法，即分析法、模型法和现场观测法。三种方法各有优劣，只有综合运用才能取长补短、相辅相成。现场观测研究不仅是直接解决生产问题的有效手段，也是验证理论是否正确的重要方法。由于矿业工程特殊环境，矿体及围岩是非均质、各向异性的不连续体，不同位置的岩体其物理力学性质、受开采影响所表现出来的变化都不相同，大大增加了人们认识岩体中各种规律的困难程度。现场实际情况复杂，各方面的影响因素众多，使得分析计算和模拟研究的难度很大。因此，对现场的实际观测研究格外重要。只有在实测研究的基础上，进行合理的假设和简化，先建立数学模型，再做解析运算，辅之以经验与工程类比法，才可以正确解决问题。

我国采矿工程技术人员对许多重大难题的突破以及对客观规律的认识，都是以测试研究为基础的，如不良岩层中巷道的维护，铁路下、建筑物下和水体下采矿，以及工作面冒顶、冲击地压、支架破坏、瓦斯突出等各种灾害的治理。奥地利 N. Labcewicz 教授创立的新奥法（NATM）已把监测列为正常生产工序中不可或缺的环节。该施工法从根本上改进了隧道施工技术，成为理论、实践与测试研究相结合的典范。

矿山测试技术的主要任务是满足科学研究、设计和安全生产的需要，其量测主要内容可归纳为：岩体工程地质及物理力学性质测试；岩体原始应力场（地应力场）的测量；在岩体中进行采掘工作后，岩体中应力的重新分布、变形和破坏情况，以及作用到支护结构上的应力的测量；支护结构质量及受力状态的实验测量；岩体及地下结构动载作用下各种动力学和运动学参数的实验测量；矿上开采过程中各种参量的测量，如风量、风速、温度、瓦斯浓度、水温水压等。

目前，虽然已经有了先进的计算方法，如有限元和边界元法等，但为使采矿工程从经验和工程类比法进入科学计算阶段，还必须有符合实际的数学力学模型。计算所采用的原始数据——岩石力学性质参数和原岩应力的正确性，是一切计算结果准确的基础。

岩石力学参数的测定手段包括实验室测定方法和各种现场原位测定法。其中，现场原位测定法费用昂贵且时间长；实验室测定方法则与实际情况有相当差距，只能根据经验折减。建立实验室岩石试件力学参数的测定结果与现场岩体力学参数之间的关系，是实验测量技术的研究方向之一。

原岩应力的测量，目前主要是应力解除法。原岩应力测试除为理论计算提供正确参数外，还与采矿工程的方案选择、工程位置和断面形状的确定都有直接关系。有了地应力资料，设计时就可以将重要工程放在减轻地应力影响的有利位置和方向上，为后续施工提供便利。

支护受力状况的测试不仅可以分析支护的安全程度，而且对巷道稳定性情况的分析以及新型支护的研究、设计都很重要。目前用于量测支护受力状态的仪器较多，可实现载荷和应力应变情况的量测。支护质量的无破损探测是一项新兴的探测技术，为保证重要工程衬砌的施工质量提供了科学的检测手段。

矿山岩土工程测试方法很多，可归纳为机械法、电测法、光测法和声测法等。目前使用较为普遍的是电测法，其适用于各种目标的测量。

1.3.2 发展方向

现代测试技术的发展方向主要有以下 4 个方面：

(1) 量程范围更加宽广；

（2）传感器向新型、微型、智能型发展；

（3）测量仪器向高精度和多功能方向发展；

（4）参数测量与数据处理向自动化发展。

矿山领域的测试技术也面临着诸多新挑战，国家相关部门通过制定法规治理采空区等矿山重大事故隐患，国家重点研发计划等国家级研发项目针对深部高应力、高水压、高地温、大井深、强扰动等导致的重大难题开展深部岩体力学与开采理论的相关研究，以及高寒高海拔地区矿山开采安全技术与装备研发，都对矿山测试技术提出了更高的标准与要求。

矿山测试技术的发展方向为利用高性能智能传感组件、无线传输网络和信号采集系统，采用数据智能处理与数据动态管理方法，通过多参量、多传感组件进行实时监测、安全预警和可靠性预测。其中主流发展技术包括光纤监测技术、三维激光扫描技术、非量测相机的近景摄影测量技术、无线传感网络技术等。

习题与思考题

习题与思考题答案

1-1　什么是测试技术？

1-2　测试技术的发展与生产和科学技术的发展有怎样的关系？

1-3　现代测试技术的发展方向主要有哪几个方面？

1-4　选择测试系统必须考虑哪些因素的影响？

1-5　矿山测试技术主要应用于哪些方面？

1-6　矿山测试技术的主要任务及内容有哪些？

1-7　矿山测试技术对于智能采矿的发展有哪些促进作用？

2 测试技术基础

2.1 概　　述

测试技术是指用于评估、验证和诊断物体、系统或过程性能和功能的一系列方法、工具和技术手段。其核心目的是通过精准的测量和分析，确保产品、设备或系统在设计、生产、使用过程中能够满足预定的性能标准和质量要求。测试技术在工程、制造、科研、医疗等多个领域有广泛应用，通过获取数据、识别问题并进行优化，帮助提高系统的可靠性、安全性和效率。

测试技术涵盖了从传感器和仪器设备的选择、数据采集、信号处理，到测试结果的分析与反馈等多个环节。常见的测试方法包括物理测试、化学测试、电气测试、振动测试等。随着科技的发展，现代测试技术越来越依赖自动化、数字化和智能化，能够提供更高精度、更快速和更全面的数据分析。测试技术不仅有助于提高产品质量、减少故障和成本，还在研发和创新过程中发挥着重要作用，是确保技术进步和产品安全性的重要保障。

测试系统则是将测试技术付诸实践的工具和平台。一个完整的测试系统通常包括传感器（如温度传感器、压力传感器、振动传感器等）、信号采集设备、数据处理与分析软件、显示和记录仪器等。测试系统可以通过自动化控制和数据分析，实现对被测对象的实时监控与评估。此外，测试系统的设计通常需要考虑精度、响应速度、稳定性和用户需求等因素。它不仅能够提高测试效率、降低人工误差，还能为工程优化、故障诊断、产品验证等提供科学依据，是现代技术研究和产品开发中不可或缺的工具。

2.2 测试系统的组成

测试系统是执行测试任务的传感器、仪器和设备的总称。传统测试系统一般由传感器、中间变换装置和显示记录装置组成，如图 2-1 所示。其按照被测对象分类见表 2-1。

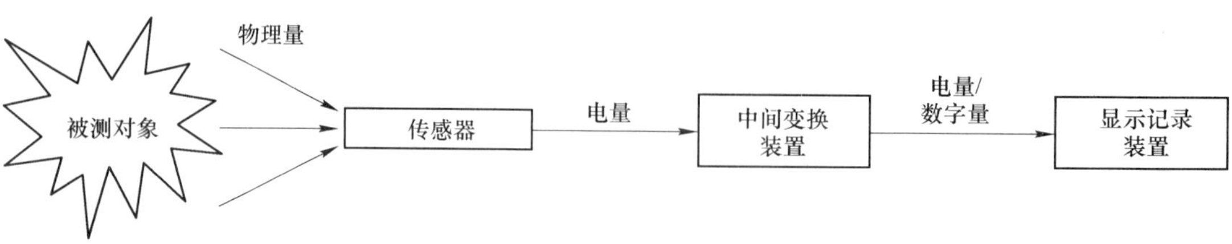

图 2-1　传统测试系统组成框图

表 2-1　被测对象的类别

被测量类别	被　测　量
热工量	温度、热量、比热容；压力、压差、真空度；流量、流速、风速
机械量	位移（线位移、角位移）、尺寸、形状；力、重量、力矩、应力；质量；转速、线速度；振动幅值、频率、加速度、噪声
物性和成分	气体化学成分、液体化学成分；酸碱度（pH 值）、盐度、浓度、黏度、密度、相对密度
状态量	颜色、透明度、磨损量、材料内部裂纹或缺陷、气体泄漏、表面质量

pH 计是指用来测定溶液酸碱度值的仪器，可视为一个简单的测试系统，其工作原理如图 2-2 所示。

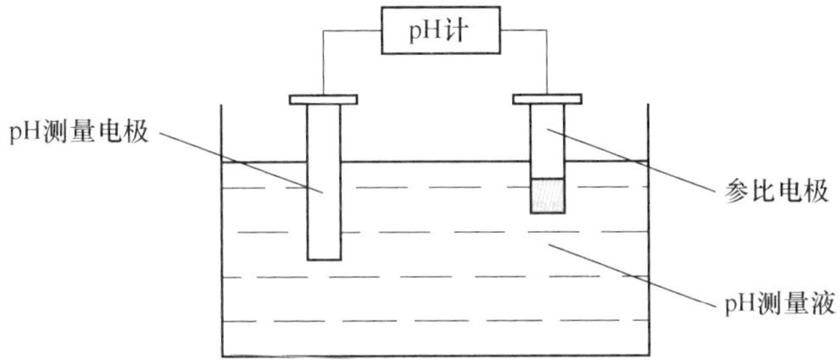

图 2-2　pH 计工作原理

pH 计是利用原电池的原理工作的，原电池的两个电极间的电动势依据能斯特定律，既与电极的自身属性有关，还与溶液里的氢离子浓度有关。原电池的电动势和氢离子浓度之间存在对应关系见式（2-1），氢离子浓度的负对数即为 pH 值。

$$E = E_0 + \frac{RT}{nF}\ln a_{\mathrm{Me}} \tag{2-1}$$

其中，参比电极的基本功能是维持一个恒定的电位，作为测量各种偏离电位的对照。测量电极的功能是建立一个对所测量溶液的氢离子活度发生变化作出反应的电位差。把对 pH 敏感的电极和参比电极放在同一溶液中，就可组成一个原电池，该电池的电位是玻璃电极和参比电极电位的代数和。$E_{电池}=E_{参比}+E_{玻璃}$。这个电池的电位随待测溶液的 pH 变化而变化，而测量 pH 计中的电池产生的电位是困难的，因其电动势非常小，且电路的阻抗又非常大 1~100 MΩ；因此，必须把信号放大，使其足以推动标准毫伏表或毫安表。电流计的功能就是将原电池的电位放大若干倍，放大的信号通过电表显示，电表指针偏转的程度表示其推动的信号的强度。pH 电流表的表盘刻有相应的 pH 数值；而数字式 pH 计则直接以数字显出 pH 值，见图 2-3。

测试系统是执行测试任务的传感器、仪器和设备的总称，其通常具有将被测对象置于预定状态下，并对被测对象所输出的特征信息进行采集、变换、传输、分析、处理、判断和显示记录，最终获得测试目的所需的信息的功能。典型的力学测试系统如图 2-4 所示，该系统由荷载系统、测量系统、显示与记录三大系统组成。这三大系统又可被细化为被测对象、传感器、信号变换与测量电路、显示与记录系统四大部分。若要以最佳方案完成测试任务，就应该对整套测试系统的各功能单元作全面综合的考虑。

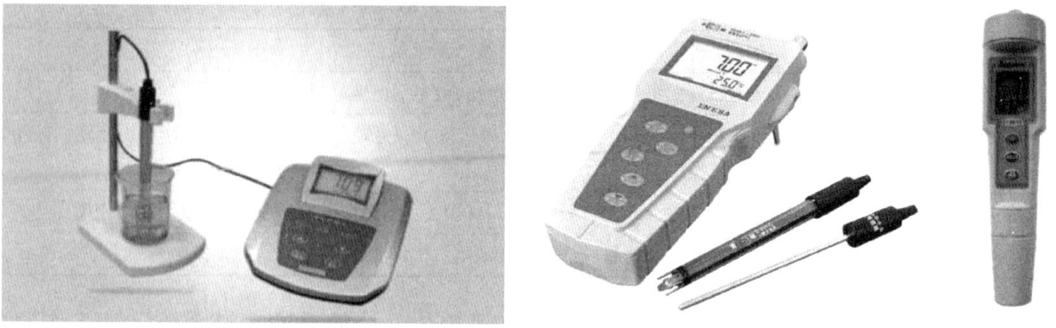

(a)　　(b)

图 2-3　常见的 pH 计类型

（a）pH 电流表；（b）数字 pH 计

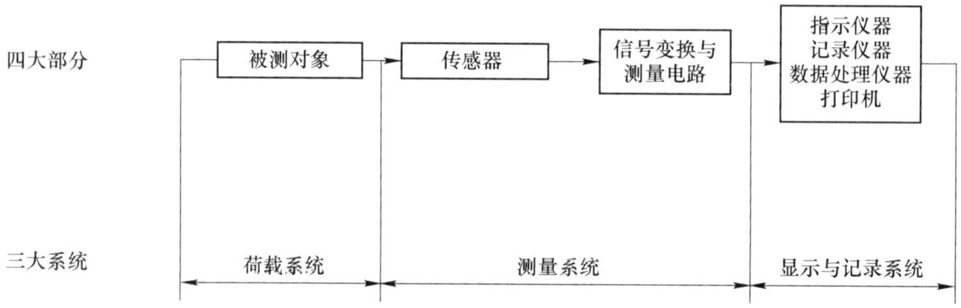

图 2-4　测试系统的组成

2.2.1　荷载系统

荷载系统是将被测对象置于一定的受力状态下，使与被测对象（试件）有关的力学量之间的联系充分显露出来，以便进行有效测量的一种系统。如测定岩石及结构面力学性质的直剪试验系统中的直剪试验架和液压控制系统就是一个荷载系统。其中，液压泵提供施加到试件上的荷载，液压控制系统则使荷载按一定速率平稳施加，并在需要时保持荷载恒定，从而使试件在处于一定法向应力水平的条件下进行剪切试验。地下工程试验采用的荷载系统，除液压式外，还有重力式、杠杆式、液压式、弹簧式和气压式等。

2.2.2　测量系统

测量系统由传感器和测量电路组成，它可把被测量（如力、位移）通过传感器变成电信号，经过后接仪器的变换、放大、运算，变成易于处理和记录的信号。传感器是整个测试系统中采集信息的关键环节，它的作用是将被测非电量转换成便于放大、记录的电量，所以，有时称传感器为测试系统的一次仪表，其余部分为二次仪表或三次仪表。测量装置就是根据不同的被测参量，选用不同的传感器和后接仪器组成的测量环节，不同的传感器要求与其相匹配的后接仪器也不同。

如在直剪试验系统中，需要观察在不同法向应力水平下，试件在剪切过程中法向和剪切方向的力和位移的变化。采用四支位移传感器分别测量试件在法向和剪切方向的位移，采用两只液压传感器分别测量试件在法向和剪切方向的荷载。其中，用荷载传感器和动态电阻应变仪组成力的测量系统，用位移传感器和位移变送器组成位移测量系统。动态电阻应变仪以及位移变送器内的中间变换和测量电路中通常有电桥电路、放大电路、滤波电路及调频电路等。

信号处理系统是将测量系统的输出信号进一步进行处理以排除干扰，或输出不同的物理量，如对位移量的一次微分得到速度，二次微分得到加速度。计算机中需要设计智能滤波等软件，以排除测量系统中产生的噪声干扰和偶然波动，以提高所获得信号的置信度。对模拟电路则需要用专门的仪器或电路，如滤波器等。

信号调理器（变送器 transmitter）是传感器与显示记录仪表之间的中间电路。其作用有：

（1）放大：传感器输出的电信号很微弱，大多数不能直接输送到显示、记录或分析仪器中去，需要进一步放大（测控放大器）。

（2）预滤波：传感器输出的电信号中混杂有干扰噪声，需要去掉噪声，提高信噪比（高频、低频、带通、带阻滤波器）。

（3）阻抗变换、调制解调：调制是将各种数字基带信号转换成适于信道传输的数字调制信号；解调则是在接收端将收到的数字频带信号还原成数字基带信号。

常用电路如电桥电路、放大电路、滤波电路、调制解调电路、相敏检波电路、谐振电路、阻抗变换电路、A/D 转换电路、V/F 转换电路等。变送器把传感器输出的信号转换成规范化标准信号：4~20 mA 电流信号；0~5 V 电压信号。变送器的作用是检测工艺参数并将测量值以特定的信号形式传送出去，以便进行显示、调节。

2.2.3 显示和记录系统

显示与记录系统是测试系统的输出环节，它是将对被测对象所测得的有用信号及其变化过程显示、记录或存储下来，数据显示可以用各种表盘、电子示波器和显示屏来实现，而数据记录则可采用函数记录仪、光线示波器、磁盘、存储器、无纸记录仪、动态记录仪等设备来实现。图 2-5 所示的直剪试验计算机辅助测试系统中，以计算机屏幕、打印机和绘图仪等作为测试系统的显示与记录设备。

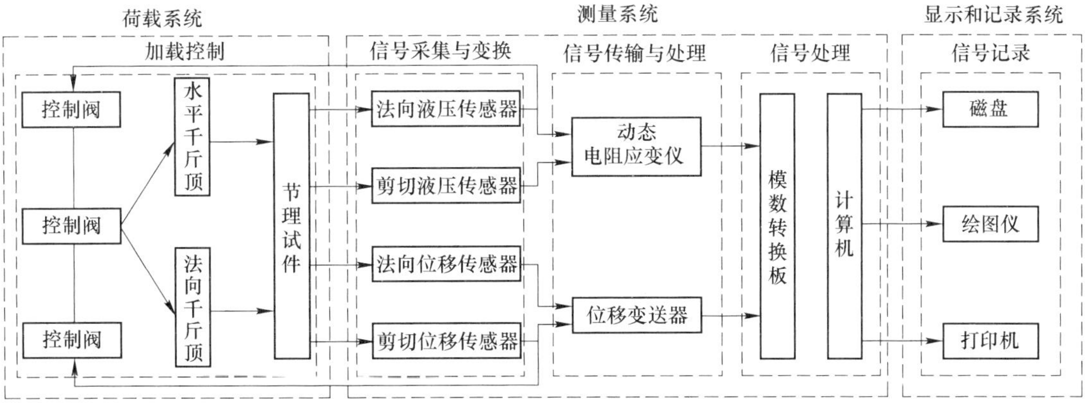

图 2-5 直剪试验计算机辅助测试系统

在测试系统中，测试过程的全部或大部分操作、调试及计算等工作是由测试人员直接参与并取得结果的测试系统称为人工测试系统，这是传统的测试方法。目前，尤其是在地下工程现场测试中，它仍然是被较多采用的测试手段。在全自动测试系统中，所有仪器及设备都与计算机联机工作，具有程控输入和编码输出的功能，测试过程不用人工参与。

2.3 测试系统的主要性能指标

测试系统的主要性能指标有精度和误差、稳定性、测量范围（量程）、分辨率和传递特性等。测试系统的主要性能指标是经济合理地选择测试系统时必须明确提出的指标。

2.3.1 测量系统的精度和误差

测试系统的精度是指测试系统示出的指示值和被测量的真值之间的接近程度。精度与误差是同一概念的两种不同表示方法。通常，测试系统的精度越高，其误差越小，反之，精度越低，则误差越大。实际中常用测试系统相对误差和引用误差的大小来表示其精度的高低。

绝对误差 E_a 满足：

$$E_a = x - x_0 \tag{2-2}$$

相对误差 E_r 满足：

$$E_r = \frac{E_a}{x_0} = \frac{x - x_0}{x_0} \times 100\% \tag{2-3}$$

引用误差 E_q 满足：

$$E_q = \frac{E_a}{x_m} = \frac{x - x_0}{x_m} \times 100\% \tag{2-4}$$

绝对误差 Δx 满足：

$$\Delta x = x(\text{仪器指示值}) - A_0(\text{真值}) \tag{2-5}$$

相对误差 γ_x 满足：

$$\gamma_x = \frac{x(\text{仪器指示值}) - A_0(\text{真值})}{A_0(\text{真值})} \tag{2-6}$$

引用误差 γ_y 满足：

$$\gamma_y = \frac{x(\text{仪器指示值}) - A_0(\text{真值})}{x_m(\text{仪器测量上限})} \tag{2-7}$$

式中 x——由仪器或传感器测量获得的测量值；

x_0——被测物理量的真实值；

x_m——测量仪器的测量上限值。

绝对误差越小，说明测量结果越接近被测量的真值。实际上真值是难以确切测量的，因此，常用更高精度的仪器来进行测量，并将测得的值 x_0 代替真值，也叫约定真值。在使用引用误差表示测试仪器的精度时，应尽量避免仪器在靠近测量下限的 1/3 量程内工作，以免产生较大的相对误差。

相对误差可用来比较同一仪器不同测量结果的准确程度，但不能用来衡量不同仪器的质量好坏，或不能用来衡量同一仪器在不同量程时的质量。因为对同一仪器在整个量程范围内，其相对误差是一个变值，随着被测量量程的减少，相对误差增大，精度随之降低。当被测量值接近量程起始零点时，相对误差趋于无限大。实际中，常以引用误差来划分仪器的精度等级，可以较全面地衡量测量精度。

测量的绝对误差与仪表的满量程之比称为引用误差 γ_m，它常以百分数表示，即：

$$\gamma_m = \frac{\delta}{y_{FS}} \times 100\% \tag{2-8}$$

这一指标通常用来表征仪器自身的精度，而不是测量的精度，所以式中 δ 采用的是最大允许误差。实际中，常以引用误差来划分仪表的精度等级，可以较全面地衡量测量精度。

2.3.2 稳定性

仪器示值的稳定性可以用两种指标加以衡量。一是时间上稳定性，以稳定度表示。二是仪器外部环境和工作条件变化所引起的示值不稳定性，以各种影响系数表示。

其中，稳定度是指被测量保持不变，仪器由于随机性变动、周期性变动、漂移等引起的示值变化。一般用精密度的数值和时间长短同时表示。例如，每 8 h 内引起的电压波动为 1.3 mV，则可写成稳定度为 $S_v = 1.3$ mV/8 h。

环境影响系数是指仪器工作场所的环境条件，如大气压、室温、振动等外部状态以及电源电压、频率和腐蚀气体等因素对仪器精度产生的影响，统称为环境影响，用影响系数表示。例如，周围介质温度变化所引起的示值变化，可以用温度系数 β_r，即示值变化/温度变化来表示。电源电压变化所引起的示值变化，可以用电源电压系数 β_m 来表示，即示值变化与电压变化率的比值。如 $\beta_r = 0.02$ mA/10%，表示电压每变化 10% 所引起的电流示值变化为 0.02 mA。

2.3.3 测量范围（量程）

系统所能测量的最大被测量（即输入量）的数值称为测量上限，所能测量的最小的被测量则称为测量下限；而用测量下限和测量上限表示的测量区间，则称为测量范围。测量范围有单向（只有正向或负向）、双向对称、双向不对称和无零值的几种。测量上限和测量下限的代数差值为量程。

2.3.4 分辨率

分辨率是指系统能够检测到的被测量的最小变化值，也叫灵敏阈，有时该值用相对满量程输入值的百分数表示。例如，若某一位移测试系统的分辨率是 0.5 μm，则当被测量的位移小于 0.5 μm 时，该位移测试系统没有反应，但并不是没有量的变化，只是测试仪器或仪表的分辨率大于被测量的变化而无法测出数据。通常要求测定仪器在零点和 90% 满量程点的分辨率，一般来说分辨率的数值越小越好。

阈值是能使测试系统的输出端产生可测变化量的最小被测输入量值，即零点附近的分辨能力。有的测试系统在零点附近有严重的非线性情况，形成所谓“死区”，则将死区大小作为阈值；更多情况下阈值主要取决于测试系统中传感器噪声的大小。

2.3.5 传递特性

传递特性可表示测量系统输入与输出对应关系的性能。了解测量系统的传递特性，对于提高测量的精确性和正确选用系统或校准系统特性是十分重要的。对不随时间变化（或变化很慢而可以忽略）的量的测量，称为静态测量；对随时间而变化的量的测量，称为动态测量。与此相应，测试系统的传递特性分为静态传递特性和动态传递特性。描述测试系统静态测量时输入-输出函数关系的方程、图形、参数称为测试系统的静态传递特性。描述测试系统动态测量时的输入-输出函数关系的方程、图形、参数称为测试系统的动态传递特性。作为静态测量的系统，可以不考虑动态传递特性，而作为动态测量的系统，则既要考虑动态传递特性，又要考虑静态传递特性，因为测试系统的精度很大程度上与其静态传递性有关。

2.4 测试系统的基本特性

2.4.1 线性系统

为达到不同测试目的，可组成各种不同功能的测试系统，这些系统所具有的主要功能应保证系统的输出能够精确地反映输入。对于一个理想的测试系统，其应该具有确定的输入与输出关系，其中以输出与输入呈线性关系时为最佳，即理想的测试系统应该是一个线性时不变系统。

若系统的输入 $x(t)$ 和输出 $y(t)$ 之间关系可以用常系数线性微分方程式来表示，则该系统就称为线性时不变系统，简称线性系统。这种线性系统的方程的通式为：

$$a_n y^n(t) + a_{n-1} y^{n-1}(t) + a_{n-2} y^{n-2}(t) + \cdots + a_1 y^1(t) + a_0 y^0(t)$$
$$= b_m x^m(t) + b_{m-1} x^{m-1}(t) + b_{m-2} x^{m-2}(t) + \cdots + b_1 x^1(t) + b_0 x^0(t) \quad (2\text{-}9)$$

式中，$y^n(t)$、$y^{n-1}(t)$、…、$y^1(t)$、$y^0(t)$ 分别是输出函数 $y(t)$ 的各阶导数；$x^m(t)$、$x^{m-1}(t)$ 、…、$x^1(t)$ 、$x^0(t)$ 分别是输入函数 $x(t)$ 的各阶导数；a_n 、a_{n-1}、a_{n-2} 、…、a_1、a_0 和 b_m 、b_{m-1} 、b_{m-2} 、…、b_1、b_0 为常数，其与测试系统特性和输入状况、测试点的分布因素有关。

从式（2-9）可以看出，线性方程中的每一项都不包含输入输出以及它们的各阶导数的高次幂和它们的乘积。此外其内部参数也不随时间的变化而变化，信号的输出与输入和信号的加入时间无关。

在研究线性测试系统时，对系统中的任一环节（如传感器、运算电路等）都可简化为一个方框图，并用 $x(t)$ 表示输入量，用 $y(t)$ 表示输出量，用 $h(t)$ 表示系统的传递关系，则三者之间的关系可用图 2-6 表示。$x(t)$ 、$y(t)$ 、$h(t)$ 是三个具有确定关系的量，若已知其中任何两个量，即可求出第三个量，这便是工程测试中常常需要处理的实际问题。

线性系统输出和输入成线性关系，其数学模型表示如下：

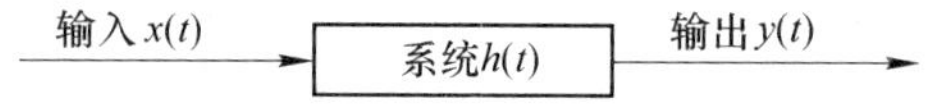

图 2-6 系统的输入与输出关系

$$a_n \frac{d^n y}{dt^n} + a_{n-1} \frac{d^{n-1} y}{dt^{n-1}} + a_1 \frac{dy}{dt} + a_0 y = b_m \frac{d^m x}{dt^m} + b_{m-1} \frac{d^{m-1} x}{dt^{m-1}} + \cdots + b_1 \frac{dx}{dt} + b_0 x \qquad (2\text{-}10)$$

式中，a_0，a_1，…，a_n，b_0，b_1，…，b_m 为测试装置本身参数有关的常数；$x(t)$ 是输入函数；$y(t)$ 是输出函数。

线性系统具备以下性质：

(1) 叠加性：系统对各输入之和的输出等于各单个输入的输出之和。

(2) 比例性：常数倍输入所得的输出等于原输出的常数倍。

(3) 微分性：系统对原输入信号的微分等于原输出信号的微分。

(4) 积分性：当初始条件为零时，系统对原输入信号的积分等于原输出信号的积分。

(5) 频率保持性：若系统的输入为某一频率的谐波信号，则系统的稳态输出将为同一频率的谐波信号。

线性系统的这些主要特性，特别是叠加原理和频率保持性，在测量工作中具有重要作用。

2.4.2 测试系统的静态特性

2.4.2.1 静态方程和标定曲线

当测试系统处于静态测试时，输入量 x 和输出量 y 不随时间而变化，因而输入和输出的各阶导数等于零，式（2-9）可变成代数方程，称为系统的静态传递特性方程（简称静态方程）：

$$y = \frac{a_0}{b_0} x = Sx \qquad (2\text{-}11)$$

式中，S 为斜率（也称标定因子），是常数。

表示静态（或动态）方程的图形称为测试系统的标定曲线（又称特性曲线、率定曲线、定度曲线）。在直角坐标系中，习惯上，标定曲线的横坐标为输入量 x（自变量），纵坐标为输出量 y（因变量）。图 2-7 是标定曲线实例及其相应的曲线方程：图（a）中输出与输入成线性关系，是理想状态；而图（b）（c）（d）三条曲线则可看成在线性关系上叠加了非线性的高次分量，其中图（c）是只包含 x 的奇次幂的标定曲线，是较为合适

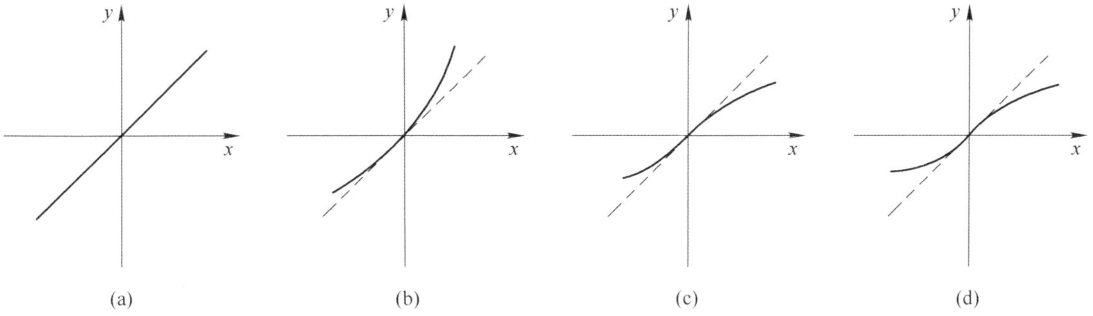

图 2-7 标定曲线的种类

（a）曲线方程 $y=a_0x$；（b）曲线方程 $y=a_0x+a_1x^2+a_3x^4$

（c）曲线方程 $y=a_0x+a_2x^3+a_4x^5$；（d）曲线方程 $y=a_0x+a_1x^2+a_2x^3+a_3x^4$

的，因为它在零点附近有一段对称的而且很近似于直线的线段，(b)(d) 两图的曲线则是不合适的。

标定曲线是反映测试系统输入 x 和输出 y 之间关系的曲线。一般情况下，实际的输入-输出关系曲线并不完全符合理论所要求的理想线性关系，所以，定期标定测试系统的标定曲线是保证测试结果精确可靠的必要措施。对于重要的测试，在进行测试前、后都需对测试系统进行标定，当测试前、后的标定结果的误差在容许的范围内时，才能确定测试结果有效。

求取静态标定曲线，通常以标准量作为输入信号并测出对应的输出，将输入与输出数据绘制成散点图，再用统计法求一条输入-输出曲线。标准量的精度应较被标定的系统的精度高一个数量级。

2.4.2.2 测试系统的主要静态特性参数

根据标定曲线便可以分析测试系统的静态特性。衡量测试系统静态特性的主要技术指标有系统灵敏度、线性度（直线度）、回程误差、分辨力、里程、重复性、零漂和温漂。

(1) 灵敏度。测试系统输出的变化量 Δy 与引起此变化量的输入变化量 Δx 之比，即为测试系统的灵敏度，如图 2-8 (a) 所示，其表达式为：

$$S=\frac{\Delta y}{\Delta x} \tag{2-12}$$

对于线性系统，由式 (2-12) 可知 $S=a_0/b_0=\text{Const}$，即线性系统的测量灵敏度为常数。无论是线性系统还是非线性系统，灵敏度 S 都是系统特性曲线的斜率。若测试系统的输出和输入的量纲相同，则常用“放大倍数”代替“灵敏度”，此时灵敏度无量纲。但当输入和输出具有不同量纲时，例如某位移传感器的位移变化为 1 mm 时，输出电压变化为 300 mV，则其灵敏度 $S=300$ mV/mm。

(2) 线性度（直线度）。标定曲线与理想直线的接近程度称为测试系统的线性度，如图 2-8 (b) 所示。线性度是一种用于描述系统的输出与输入之间是否保持理想系统的线性关系的量度。由于系统的理想直线无法获得，通常用一条反映标定数据的一般趋势且误差绝对值最小的直线作为参考理想直线。

若在系统的标称输出范围内，标定曲线与参考理想直线的最大偏差为 $B_{\max}$，则线性度可表示为：

$$\delta_{\mathrm{L}}=\frac{B_{\max}}{y_{\mathrm{FS}}} \tag{2-13}$$

参考理想直线的确定方法目前尚无统一的标准，通常的做法是：取过原点，与标定曲线间的偏差的均方值为最小的直线，即以最小二乘拟合直线为参考理想直线，以该直线的斜率的因数作为名义标定因子。

(3) 回程误差。回程误差也称为迟滞或滞后，它是描述测试系统的输出和输入变化方向有关的特性。在相同的测试条件下，当输入量由小到大（正行程）或由大到小（反行程）时，对于同一输入量所得到的两个输出量往往存在差值，在全部测量范围内，这个差值的最大值 $h_{\max}$ 与标称满量程输出 A 的比值的百分率称为回程误差，如图 2-8 (c) 所示，用误差形式表示为：

$$\delta_h = \frac{|h_{\max}|}{A} \times 100\% \tag{2-14}$$

产生回程误差的原因主要有两个：一是测试系统中有吸收能量的元件，如磁性元件（磁滞）和弹性元件（弹性滞后）；二是在机械结构中存在摩擦和间隙等缺陷。

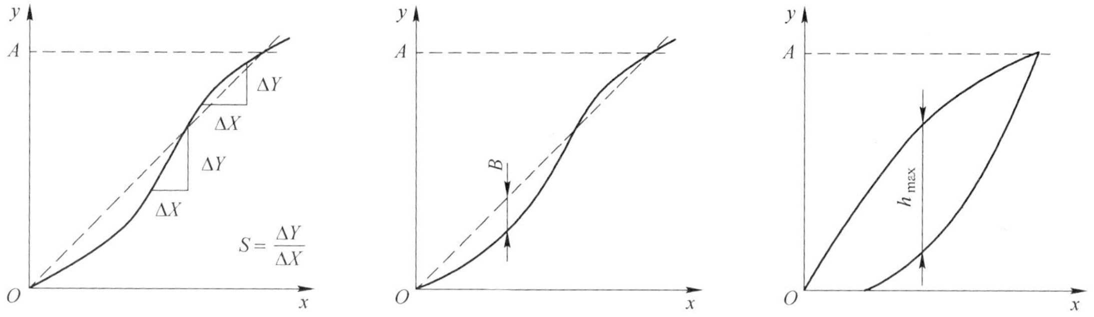

(a)　(b)　(c)

图 2-8　测试系统的主要静态特性参数图析

（a）灵敏度；（b）线性度；（c）回程误差

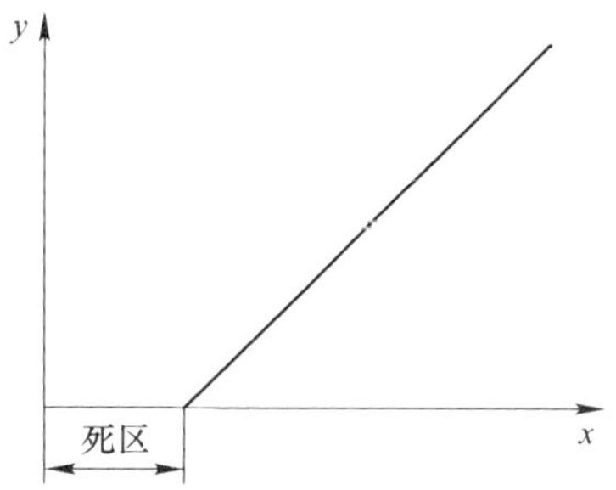

图 2-9　测试系统的死区

（4）分辨力。传感器能检测到的最小输入增量称为分辨力，是指系统能检测到的输入信号的最小变化值的能力。在输入零点附近的分辨力称为阈值。阈值（threshold）是指当一个系统的输入从零开始极缓慢地增加，只有达到了某一最小值后，才测得出输出变化，这个最小输入值输入就称为系统的阈值。测试系统在零点附近有严重的非线性情况，称为“死区”（dead band），如图 2-9 所示。

（5）量程。系统在正常工作时所能测量的最大量值范围，即测量范围上限与下限的算术差值被称为测量范围或量程 y_{FS}。在动态测量时，还需同时考虑仪器的工作频率范围。

（6）重复性。传感器在同一条件下，被测输入量按同一方向做全量程连续多次重复测量时，所得输出-输入曲线的不一致程度，称重复性，常用绝对误差表示。

重复性误差只能用实验方法确定。用实验方法分别测出正反行程时诸测试点在本行程内同一输入量时的输出量偏差，取其最大值作为重复性偏差，然后取其与满量程 A 的比值即可。比值越大，则重复性越差。

（7）零漂和温漂。传感器在无输入或输入为另一值时，每隔一定时间，其输出值偏离原始值的最大偏差与满量程的百分比为零漂。而温度每升高 1 ℃传感器输出值的最大偏差与满量程的百分比为温漂。

2.4.3　测试系统的动态特性

当被测参数随时间变化时，输入量与输出量间的函数关系称为动态特性。为保证检测、控制正确可靠，当测量某些随时间变化的参数时，只考虑传感器的静态性能指标是不够的，还要注意其动态性能指标。

实际被测量随时间变化的形式可能是各种各样的，所以研究动态特性时，通常根据正弦变化与阶跃变化两种标准输入来考察传感器的响应特性。传感器的动态特性分析和动态标定都以这两种标准输入状态为依据。对于任一传感器，只要输入量是时间的函数，则其输出量也应是时间的函数。为了便于分析和处理传感器的动态特性，同样需建立数学模型，用数学中的逻辑推理和运算方法来研究传感器的动态响应。对于线性系统的动态响应研究，最广泛使用的数学模型是普通线性常系数微分方程。

在实际测量过程中，输出信号不可能任意迅速地跟随输入信号，因此往往会出现输入波形与输出波形奇变，即波形失真。导致波形失真的因素有很多，包括摩擦和阻尼、质量惯性、热惯性、储能器的填充或放空等。

2.5 计算机辅助测试系统

2.5.1 计算机辅助测试系统组成

计算机辅助测试（computer assistant test，CAT）系统是由计算机、程控设备、接口及软件等组成（见图 2-10），用于收集数据采集、运算、分析、处理和测试控制的工具。其优势在于充分发挥计算机和各种设备的潜力，通过调用不同的测试软件就能完成不同的测试目的。

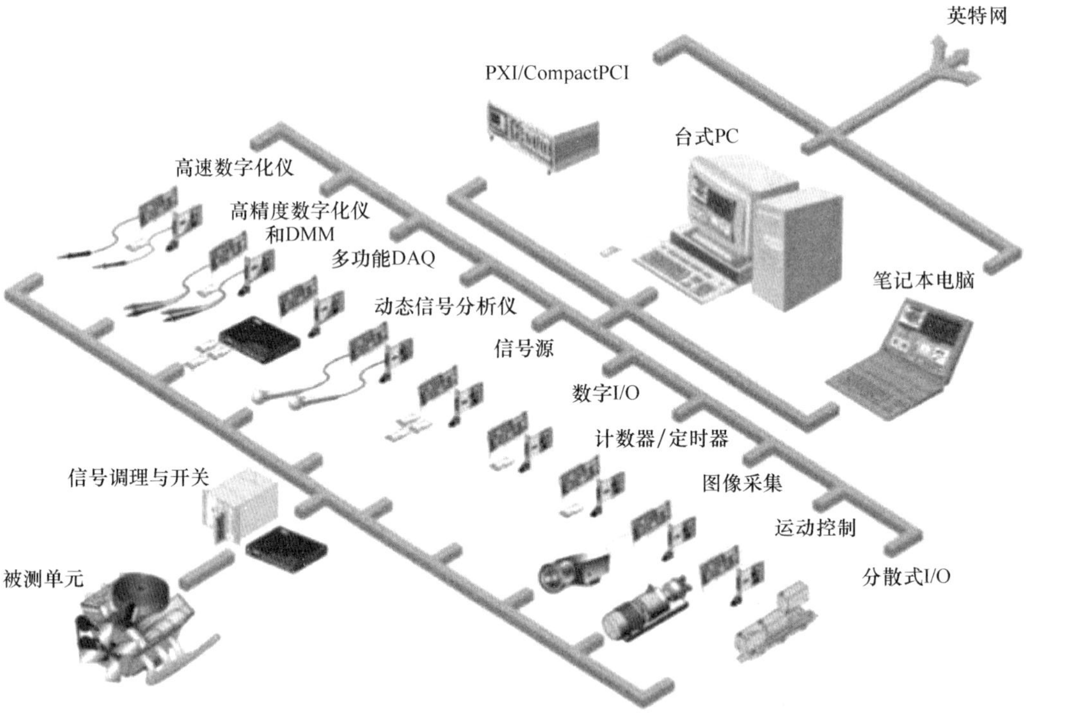

图 2-10　典型的计算机辅助测试系统原理框图

计算机辅助测试系统的特点是集数据采集、数据管理、通信管理、数据分析于一体。

其中传感器与信号调理器的作用与传统测量仪器相同；多路切换开关（程控开关）可以实现把多个通道的模拟信号按预定顺序与后接的保持电路接通并行模拟开关和地址译码驱动器，把输入的地址翻译成通道代码，把与输入地址相应的模拟开关接通，同时保证每次只有一个模拟开关是导通的；采样/保持器可以保证 A/D 转换器进行模数转换期间输入 A/D 转换器的电压稳定不变；A/D 转换器用于模拟量转换成数字量并进行编码以适应计算机工作；测控接口具有管理计算机与模数器之间的数据、状态和控制信息传输和交换的作用，如 PCI 标准总线系统、GPIB 仪器通用接口，VXI 标准总线系统；计算机作为系统的控制中心，使整个测量系统成为一个智能化的有机整体，在软件引导下按预定的程序进行信号采集与存贮、自动进行的运算分析与处理，指令以适当形式输出、显示或记录测量结果。安全监测自动化系统构成示意图见图 2-11。

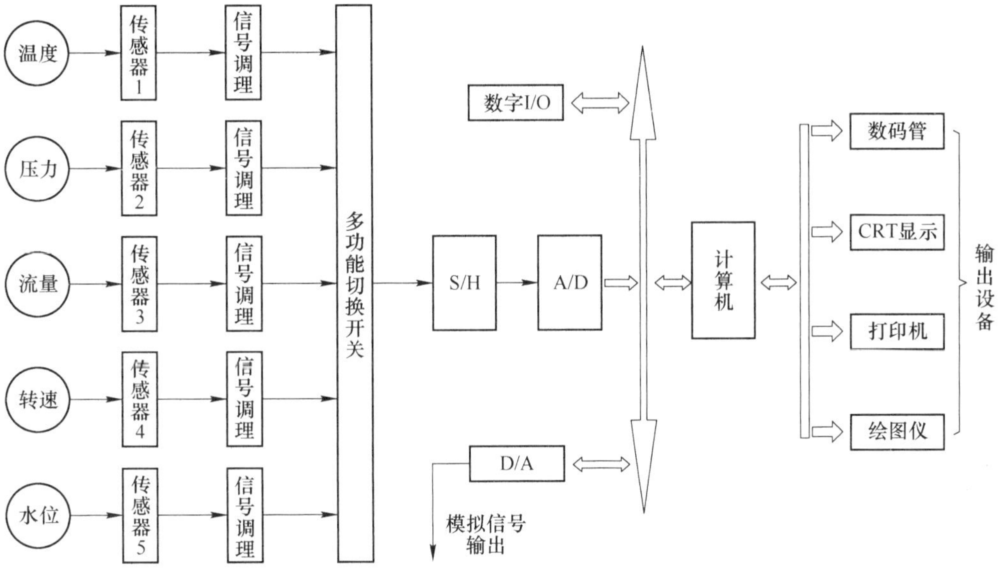

图 2-11　安全监测自动化系统构成示意图

2.5.2　计算机辅助测试系统功能

计算机辅助测试系统功能包括以下几个功能：

（1）自动测量功能。对于通用测量预先把操作程序存入存储器中，操作人员只要按键盘上所规定的功能键，数据采集器就能按预先编制的程序自动测量（如幅值、有效值、平均值）。

（2）多项选择功能。可按要求选择测量项目、信号通道、测量范围和频率范围，并达到最佳工作状态提高测量精度。

（3）结果判断功能。可根据预先给定的指标，判断测试结果的正确性，并能自动记录和显示。

（4）自动校正功能。可进行自动调零，按预先给定的标准进行自校、消除温度、噪声及干扰等因素，把系统误差存储起来，便于以后从测试结果中扣除，提高测试精度。

（5）数据处理和分析功能。把测量的数据进行分类处理并进行数学运算、模拟运算、误差修正、工程单位转换等，进行频谱分析。

（6）自动控制功能。对被测对象进行实时控制和定时控制。

（7）故障报警功能。能进行自身的故障诊断报警，由 CPU 向系统各部分发出校准信号经过比较，可以判断各部分有无故障。

（8）联网通信功能。一般计算机的外设，通过标准接口进行联网通信。

习题与思考题

习题与思考题答案

2-1 测试系统一般由哪几部分组成？

2-2 测试系统主要有哪些性能指标？

2-3 测试系统的主要静态特性参数有哪些？

2-4 测试系统有哪些动态特性？

2-5 计算机辅助测试系统由哪几部分组成？

2-6 计算机辅助测试系统的特点是什么？

2-7 计算机辅助测试系统有哪些功能？

3 传感器基础

3.1 传感器概述

根据《传感器的命名法及代号》（GB/T 7666—2005）的规定，传感器的命名应由主题词加四级修饰语构成：主题词为传感器；1~4 级修饰语依次为被测量、变换原理、特征描述（指必须强调的传感器结构、性能、材料特征、敏感元件以及其他必要的性能特征）、主要技术指标（量程、测量范围、精度等）在有关传感器的统计表格、图书索引、检索等特殊场合，采用上述规定的顺序，例如“传感器，位移，应变式，弹簧悬臂梁组合结构型，100 mm”；在技术文件、产品样本、学术论文教材及书刊的陈述句子中，作为产品名称应采用与修饰语级别相反的顺序，例如“100 mm 弹簧悬臂梁组合结构型应变式位移传感器”。但在实际应用中可采用简称，命名时除第一级修饰语外，其他各级可视产品的具体情况任选或省略。例如，简称可以是电阻应变式位移传感器、荷重传感器等。

传感器（sensor/transducer）定义即为能感受规定的被测量并按照一定规律转换成可输出电信号的器件或装置，它担负着获取信号和转换信号的任务。在矿业工程中测试中大多数属于非电量电测法，在这里传感器的任务是将待测的非电量转换成电量。传感器是测试系统的核心，是对被测量直接进行感应和测量的部件，在监测和检测中占有重要地位。在地下工程中，所需测量的物理量大多数为非电量，如位移、压力、应力、应变等。为使非电量用电测方法来测定和记录，必须设法将它们转换为电量。这种将被测物理量直接转换为容易检测到，并易于传输和处理的信号的元件称为传感器，也称换能器、变换器或探头。作为一种把物理量和化学量转换为电量的装置，传感器的作用是直接感受被测物理量并将被测物理量转换成便于放大、记录的电量（如电流、电压或电路参量）等。

3.2 传感器的组成与分类

3.2.1 传感器的组成

传感器主要由弹性元件和变换元件两部分构成。前者由弹性材料做成，能够直接感受被测非电量，其作用是实现各种非电量之间的转换，如把力、压力、位移、加速度、温度等变换成应变量或位移量等；后者可以把弹性元件输出量（如应变量或位移量）转换成电学量。如电阻应变片把应变转换成电阻，差动变压器把位移转换成电压等；测量电路则可以将转换元件输入的电参量经过处理转化成电压、电流或频率等可测电量，以便进行显示、记录、控制和处理。

3.2.2 传感器的分类

首先按被测物理量来分类，可分为位移传感器、速度传感器、加速度传感器、力传感器、温度传感器、气敏传感器、流量传感器等类型。这样能够明显体现传感器的功能，便于使用者根据测试物理量选择传感器。

其次按传感器工作原理来分类，可分为电阻式、电容式、电感式、差动变压器式、振弦式、磁电式、压电式、压磁式等类型。每一种传感器都有相同的工作原理，其后接变换电路及二次仪表也基本相同，对研究和学习都很方便。下面按照工作原理分类介绍各种类型传感器。

3.3 电阻式传感器

3.3.1 工作原理

电阻式传感器是把被测量如位移、力等参数转换为电阻变化的一种传感器，按其工作原理可分为电阻应变式、变阻式、热敏式、光敏式、电敏式等。其中，电阻应变式传感器使用最为广泛。

电阻应变式传感器是根据电阻应变效应先将被测量转换成应变，再利用金属的电阻应变片将机械构件上应变的变化转换为电阻变化，其结构通常由应变片、弹性元件和其他附件组成。在被测拉、压力等的作用下，弹性元件产生变形，粘贴在弹性元件表面上的应变片随之产生一定的应变，其数值由应变仪读出，再根据事先标定的应变与力的对应关系，即可得到被测力的数值。该类传感器的核心是电阻应变片、半导体、金属应变片，其性能好坏直接影响到传感器的精度和质量。弹性元件有梁式、弓式和弹簧组合式等，其结构形式可根据所测物理量的类型、大小、性质和安装传感器的空间等因素来确定。

电阻应变式传感器的核心元件之一为金属电阻应变片，其结构如图 3-1 所示，包含敏感栅、基底、黏结剂、覆盖层、引线等部件。

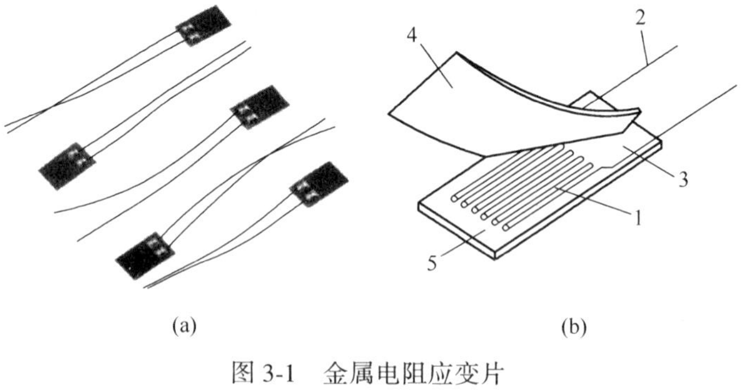

(a) (b)

图 3-1 金属电阻应变片

（a）金属应变片构造和电阻丝；（b）单根敏感栅

1—敏感栅；2—引线；3—基底；4—覆盖层；5—黏结剂

电阻应变片工作原理如图 3-2 所示，基于金属导体的应变电阻效应，即金属导体在外力作用下发生机械变形时，其电阻值随着所受机械变形（伸长或缩短）的变化而发生变化。

设电阻丝长为 L，面积为 S，电阻率 ρ，则电阻 R 满足

$$R=\rho\frac{L}{S} \tag{3-1}$$

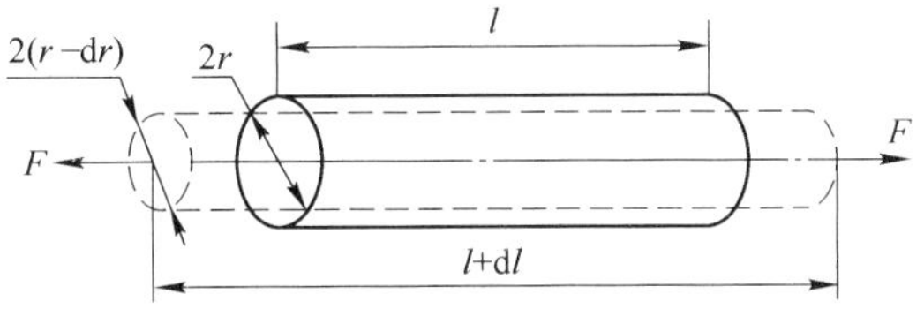

图 3-2　金属应变片工作原理

如果保持温度 T 不变，当电阻丝的两端受到轴向拉力作用，长度增加，面积减少，电阻率则因晶格发生变形等也会发生变化。对于半径为 r，泊松比为 μ 的电阻丝有

$$\frac{\mathrm{d}R}{R}=\frac{\mathrm{d}L}{L}-\frac{\mathrm{d}S}{S}+\frac{\mathrm{d}\rho}{\rho} \tag{3-2}$$

其中

$$\frac{\mathrm{d}L}{L}=\varepsilon_{\mathrm{x}} \tag{3-3}$$

$$\frac{\mathrm{d}S}{S}=\frac{\mathrm{d}(\pi r^2)}{\pi r^2}=\frac{2\mathrm{d}r}{r}=2\varepsilon_{\mathrm{y}}=-2\mu\varepsilon_{\mathrm{x}} \tag{3-4}$$

电阻相对变化率与电阻丝体积变化率存在线性关系如下

$$\frac{\mathrm{d}\rho}{\rho}=C\frac{\mathrm{d}V}{V}=C\frac{\mathrm{d}(SL)}{SL}=C\left(\frac{\mathrm{d}S}{S}+\frac{\mathrm{d}L}{L}\right)=C(-2\mu\varepsilon_{\mathrm{x}}+\varepsilon_{\mathrm{x}}) \tag{3-5}$$

式中　C——材料压阻比例系数。

电阻丝电阻相对变化率与变形之间关系如下

$$\frac{\mathrm{d}R}{R}=[(1+2\mu)+C(1-2\mu)]\varepsilon=K_{\mathrm{S}}\varepsilon_{\mathrm{x}} \tag{3-6}$$

其中

$$K_{\mathrm{S}}=(1+2\mu)+C(1-2\mu) \tag{3-7}$$

式中　K_{S}——电阻丝的灵敏系数。

灵敏系数表示电阻丝电阻变化率随应变变化的敏感程度。电阻丝材料为康铜、镍合金丝，直径 0.025 mm，箔式应变片箔片厚度 1~10 μm，其灵敏系数取决于几何变形和材料电阻率变化两个因素。

半导体应变片的敏感栅用半导体应变片材料制成，其电阻率变化与轴向应力或应变存在如下线性关系

$$\frac{\Delta\rho}{\rho}=K_{\mathrm{S}\rho}\sigma=K_{\mathrm{S}\rho}E\varepsilon_{\mathrm{x}} \tag{3-8}$$

式中　$K_{\mathrm{S}\rho}$——半导体材料的压阻系数；

　　　E——半导体材料的弹性模量。

半导体应变片变形时，电阻产生相对变化，两者存在如下关系

$$\frac{\Delta R}{R}=\varepsilon_{\mathrm{x}}(1+2\mu)+\frac{\Delta\rho}{\rho}=\varepsilon_{\mathrm{x}}(1+2\mu+K_{\mathrm{S}\rho}E)\approx E_{\mathrm{S}\rho}E\varepsilon_{\mathrm{x}} \tag{3-9}$$

应变片是根据应变电阻效应原理制造出来的，金属应变片的应变电阻效应以结构尺寸变化为主；半导体应变片的应变电阻效应主要基于压阻效应。其输入量为机械应变，输出

量为电学量（电阻）。应变片灵敏系数与单根电阻丝灵敏系数不同，应变片灵敏系数 K 定义为

$$K=\frac{\Delta R/R}{\varepsilon} \tag{3-10}$$

金属应变片灵敏系数 K_m 满足

$$K_m=(1+2\mu)+K_{m\rho}(1-2\mu)\approx 1.6+0.4=2 \tag{3-11}$$

半导体应变片灵敏系数 K_S 满足

$$K_S=(1+2\mu)+K_{S\rho}E\approx 50\sim 100 \tag{3-12}$$

通过比较可以发现，金属应变片灵敏系数约为 2；半导体应变计灵敏系数可达 100 以上。

电阻应变片把力学量（应变）的变化转换成电阻的变化。但是，一般电阻变化是很小的，不易直接测量，故设计电阻应变片测量电路进行测量。常用的测量电路是电桥电路，其作用是把电阻（电感、电容）的变化转换成电压或电流的变化。按供给电桥电源不同，电桥电路分为直流电桥和交流电桥。

直流电桥结构如图 3-3 所示，其特点是放大器的输入内阻很高，电桥输出端相当于开路。当输出端接电阻应变仪放大器时，输出为电压，故又称电压电桥。输出端开路时电桥的输出电压为 a 点和 b 点的电位差

$$U_0=U_a-U_b=I_1R_1-I_4R_4=\frac{R_1}{R_1+R_2}E-\frac{R_4}{R_3+R_4}E \tag{3-13}$$

$$U_0=\frac{R_1R_3-R_4R_2}{(R_1+R_2)(R_3+R_4)}E \tag{3-14}$$

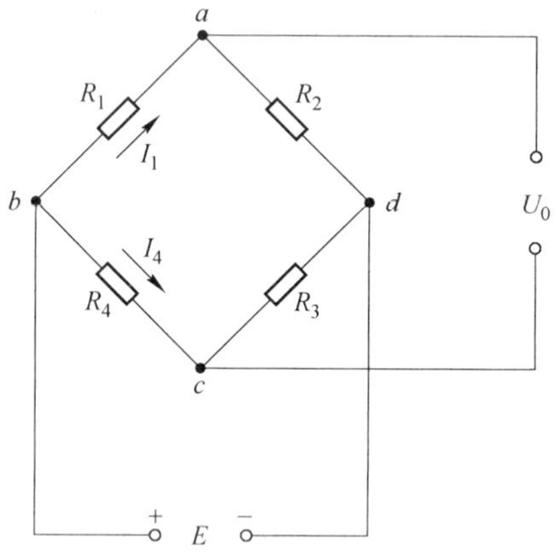

图 3-3　直流电桥

当电压平衡条件时，电桥输出电压为零，此时电桥平衡时相对桥臂电阻的乘积相等，即

$$R_1R_3=R_4R_2 \tag{3-15}$$

应变片将应变的变化转变为电阻的变化，而电桥把电阻的变化转变成电压的变化。当桥臂 1 电阻产生应变时，电桥失去平衡，此时电桥输出电压为

$$\Delta U_0=\frac{\Delta RR_4}{(R_1+R_2)(R_3+R_4)}E \tag{3-16}$$

应变片在电桥中有三种连接方法，分别是单臂接法、半桥接法、全桥接法（见图 3-4）。

实际应用中大多采用等臂电桥，即有 $R_1=R_2=R_3=R_4=R$。设工作应变片产生应变后电阻增量，则有

$$\Delta U_0=\frac{\Delta R}{4R}E=\frac{1}{4}K\varepsilon E \tag{3-17}$$

式中　K——应变片的灵敏系数。

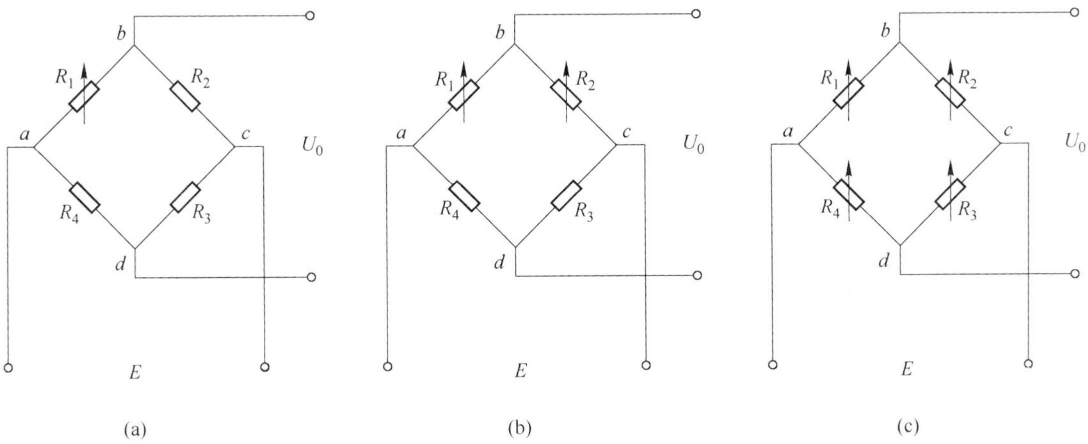

图 3-4 应变片连接方式

(a) 单臂接法;(b) 半桥接法;(c) 全桥接法

3.3.2 特点及其应用

电阻应变式传感器具有测量范围广、灵敏度和精确度高的特点，其最小可测 1~5 微应变，最大可测 2 万~3 万微应变。其测量误差一般小于 2%。

电阻应变式传感器在矿业、土木工程中的应用主要有测力传感器、压力盒、位移传感器等。

3.3.2.1 测力传感器

测力传感器是目前使用最广泛的一种传感器，主要有柱式、环式以及梁式三种类型，其结构如图 3-5 所示。其实物见图 3-6，它灵敏度高，并且可测量力的瞬时值。

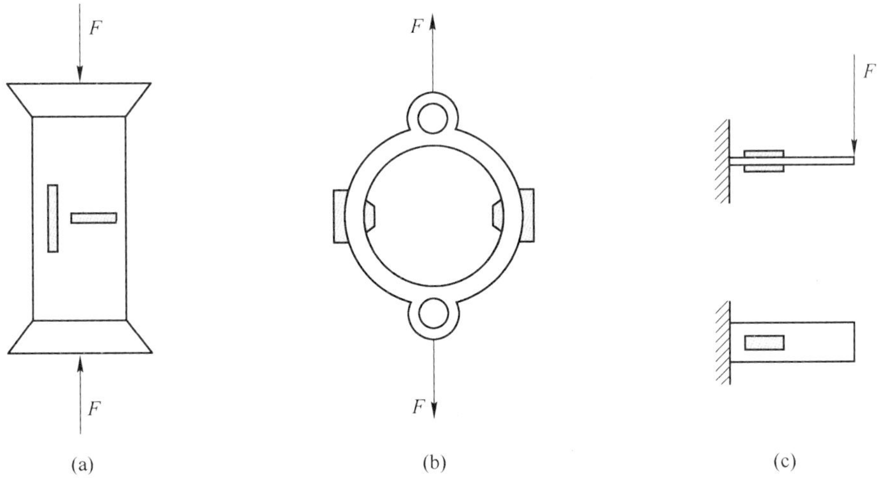

图 3-5 测力传感器类型

(a) 柱式;(b) 环式;(c) 梁式

3.3.2.2 膜片式压力传感器(压力盒)

压力盒是一种测量土压力和孔隙水压力的常用工具，其外观如图 3-7 所示。

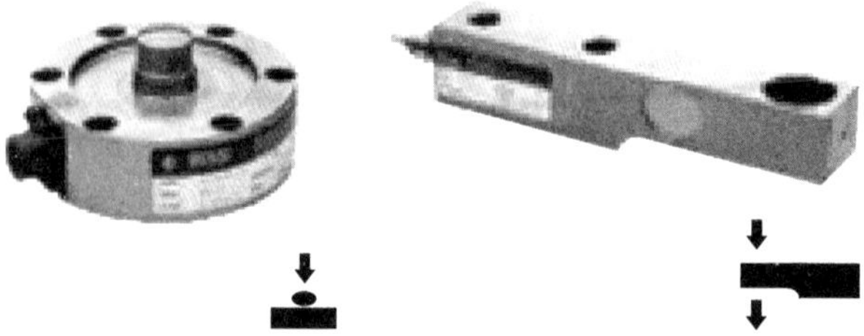

图 3-6 电阻应变式测力传感器实物图

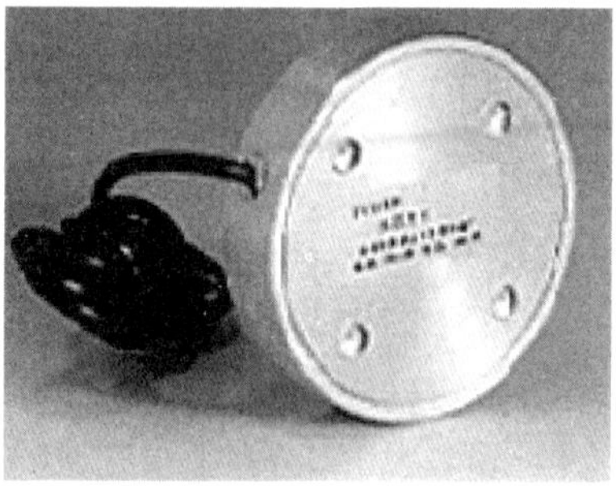

图 3-7 压力盒

膜片式压力传感器结构如图 3-8 所示，当膜片受到土压力，其产生径向应变和切向应变，关系式如下

$$\varepsilon_{\mathrm{r}} = -\frac{3p(1-\mu^2)R^2}{8h^2E} \quad \varepsilon_{\theta} = \frac{3p(1-\mu^2)R^2}{8h^2E} \quad (r=0) \tag{3-18}$$

$$\varepsilon_{\mathrm{r}} = -\frac{3p(1-\mu^2)R^2}{4h^2E} \quad \varepsilon_{\theta} = 0 \quad (r=R) \tag{3-19}$$

利用径向应变和切向应变进行测试的方式如图 3-9 所示。只利用径向应变进行测试时，只在中心处贴应变片，此时测得的结果为正应变；只利用切向应变进行测试时，则只在边缘处沿径向贴应变片，此时测得的结果为负应变。需注意的是，应变片应采用全桥接法。

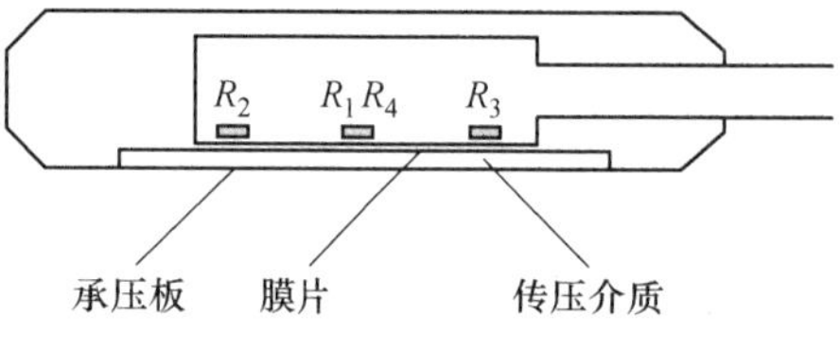

图 3-8 膜片式压力传感器结构

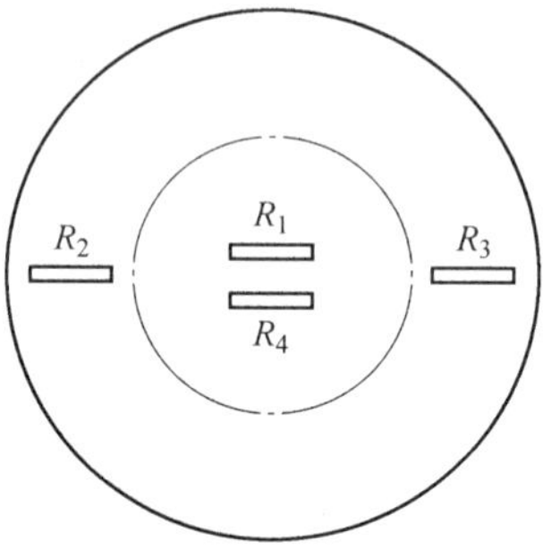

图 3-9 测量方式

3.3.2.3 位移传感器

位移传感器的测试原理为当自由端受待测物体的作用力而产生位移时，应变片产生与位移成正比的电阻变化。电阻式位移传感器测量范围较小，为 0.1 μm～0.1 mm，其测量精度小于 2%，线性度在 0.1%～0.5%。电阻式位移传感器，见图 3-10。

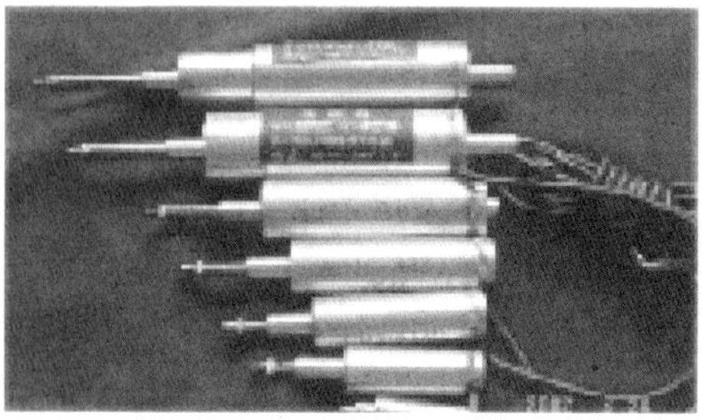

图 3-10 电阻式位移传感器

电阻式位移传感器结构图，见图3-11。

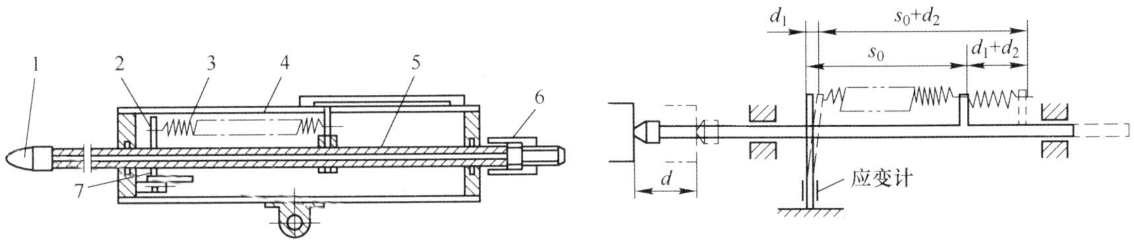

(a) (b)

图3-11 电阻式位移传感器结构图

(a) 结构示意图；(b) 原理示意图

1—测量头；2—弹性元件；3—弹簧；4—外壳；5—测量杆；6—调整螺母；7—应变计

3.4 电容式传感器

3.4.1 工作原理

电容式传感器是以各种类型的电容器作为传感元件，将被测量转换为电容量的变化，最常用的是平行板型电容器或圆筒型电容器。如图3-12所示为平行板型电容式传感器结构图。

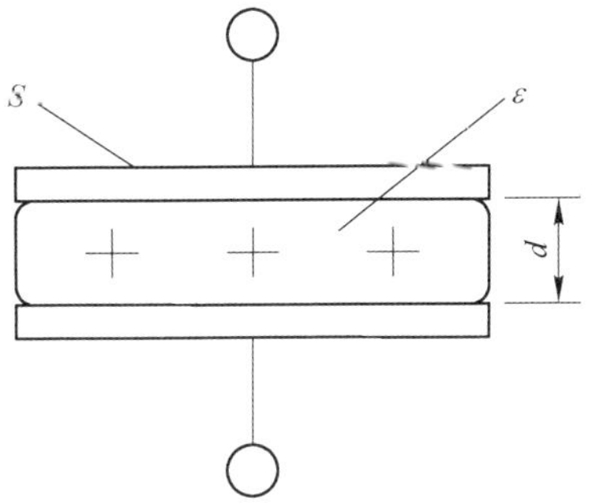

图3-12 平行板电容式传感器结构简图

ε—两极板间的介电常数；

S—两极板相对有效面积；

d—两极板间的间隙

以平行极板电容器为例，在忽略边缘效应的情况下，平板电容器的电容量 C 满足

$$C=\frac{\varepsilon\varepsilon_0 S}{\delta} \tag{3-20}$$

式中 ε——极板间介质的相对介电系数，在空气中的系数为1；

ε_0——真空的介电常数；

S——极板的遮盖面积，m^2；

δ——两平行板之间的距离，m。

式（3-20）表明，当被测量 δ、s 或 ε 发生变化时，都会引起电容的变化。如果保持其中的两个参数不变，而仅改变另一个参数，就可把该参数的变化变换为单一电容量的变化，再通过配套的测量电路，将电容的变化转换为电信号输出。因此，改变电容 C 的方法有三种，一是改变两个极板间的距离，二是改变形成电容的有效面积，三是改变介质介电常数，如图3-13所示。根据电容器参数变化的特性，电容式传感器可分为极距变化型、面积变化型和介质变化型三种，其中极距变化型和面积变化型应用较广。

电容式传感器的输出是电容量，尚需有后续测量电路进一步转换为电压、电流或频率信号。测量电路可以实现将电容微小变化（增量）转换成电压、电流或者频率变化，并

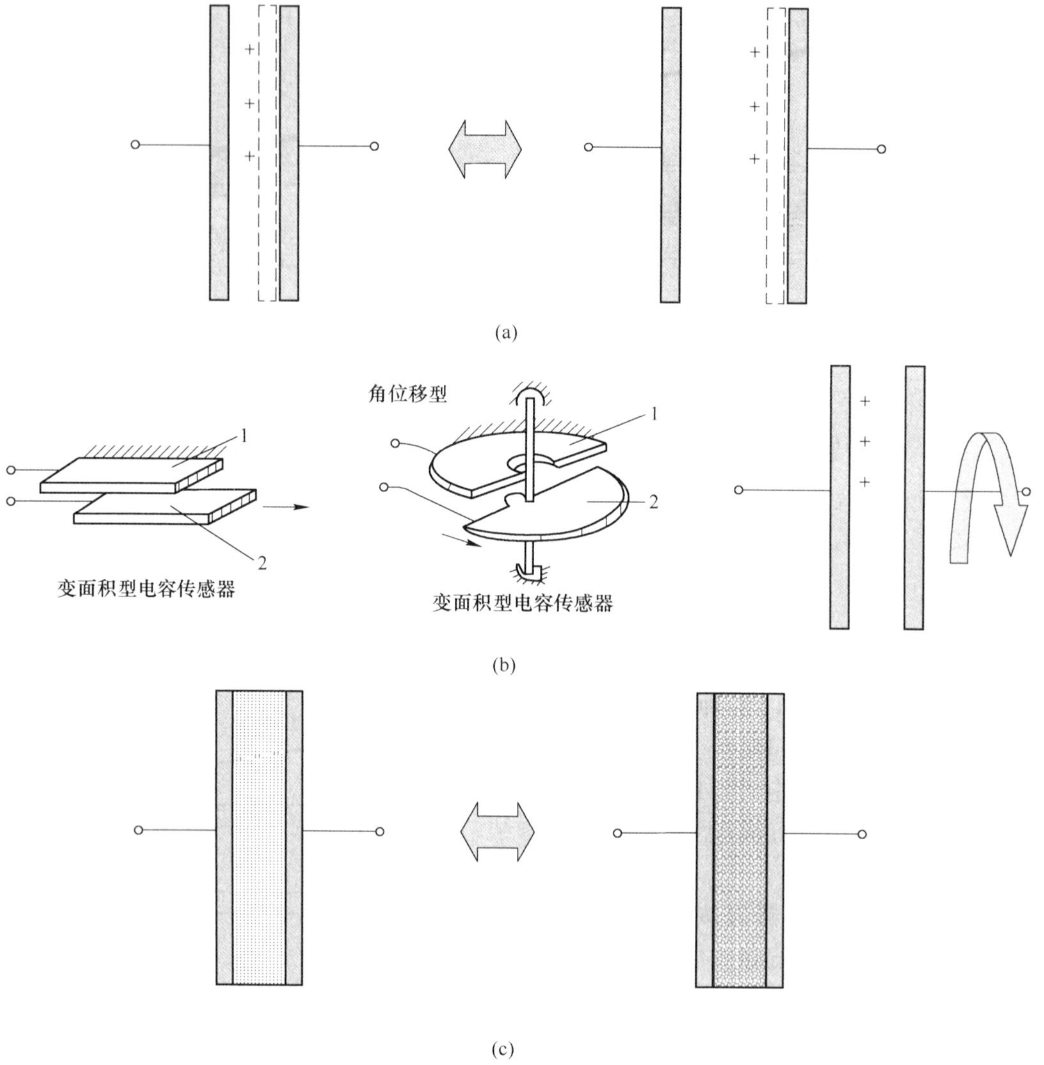

图 3-13 改变电容的三种方式

（a）变间隙；（b）变面积；（c）变介电常数

1—固定极板；2—动极板

且电容微小与成单值函数关系。测试电路主要包括电桥型电路、调频电路（振荡回路频率的变化或振荡信号的相值变化）和运算放大器电路。

（1）交流电桥电路具有将电容变化转变成电压变化的功能，如图 3-14 所示。

（2）调频电路将电容式传感器作为 LC 振荡器谐振回路的一部分，当电容传感器工作时，电容 C 发生变化，就使振荡器的频率 f 产生相应的变化，如图 3-15 所示，存在如下关系

$$f_0 = \frac{1}{2\pi\sqrt{LC_0}} \tag{3-21}$$

$$\Delta f = f - f_0 = \frac{1}{2\pi\sqrt{(C_0 + \Delta C)L}} - \frac{1}{2\pi\sqrt{LC_0}} \approx -f_0\frac{\Delta C}{2C_0} = -\frac{f_0}{2}\frac{x}{d_0} \tag{3-22}$$

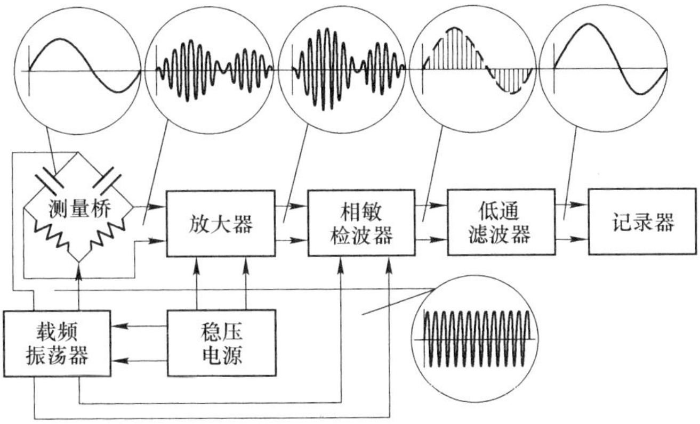

图 3-14　交流电桥电路工作示意图

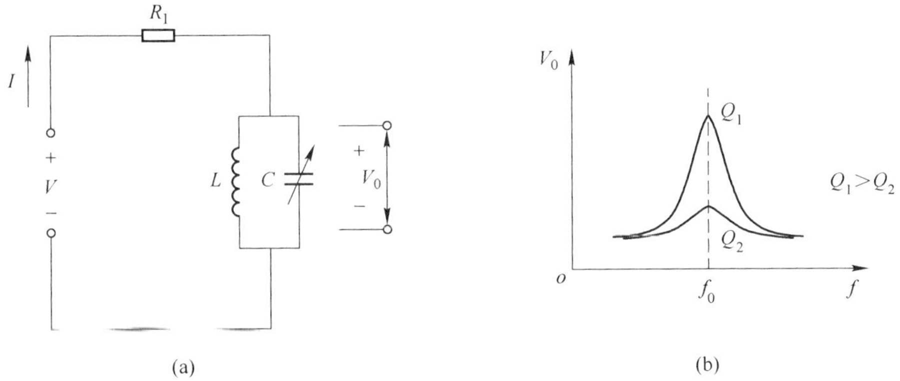

图 3-15　调频电路

（a）电路图；（b）输出电压与频率的关系曲线

（3）运算放大器电路的特点是可以将电容变化转变成电压变化，从而消除非线性误差，如图 3-16 所示，其工作原理如下

$$u_y = -u_0\frac{C_0}{C_x} = -u_0\frac{C_0}{\varepsilon S}\delta \quad (3\text{-}23)$$

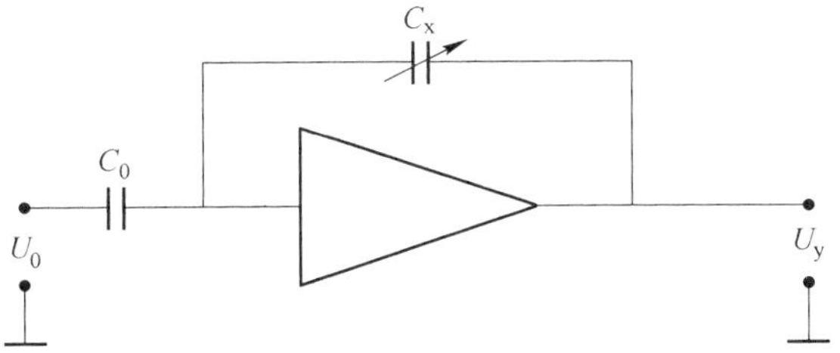

图 3-16　运算放大电路

3.4.2　特点及其应用

电容式传感器具有许多优势，如结构简单，体积小；灵敏度和分辨率高，可测量 0.01 mm 级位移变化量（测微仪）；动态特性好，因其可动部分质量小，固有频率高；可非接触式测量，可动态、静态测量；稳定性好，电容器极板多为金属材料，极板间多为无机材料，如空气、玻璃、陶瓷、石英等；因此可以在高温、低温强磁场、强辐射下和强烈振动等恶劣条件下长期工作，尤其是解决高温高压环境下的检测难题。但同时，该类传感器非线性误差较大，受外界电容影响大，量程小，应用受限制。

电容式传感器由于其工作原理及特点，可实现非接触测量，应用于压力、液位、振动、位移、加速度、成分含量等测量领域，如图 3-17 所示。

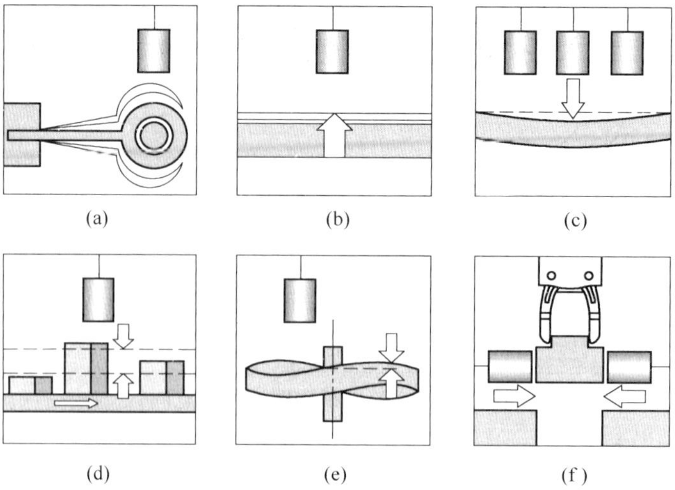

图 3-17　电容式传感器的应用

（a）震动、偏心、同心度；（b）位移、位置、膨胀；（c）挠度、波动、倾斜；
（d）尺寸、公差、分选、零件识别；（e）冲击、应变、轴向振动；（f）轴承振动、油膜间隙、摩擦

电容式传感器在矿山工程中的应用主要有液位计、孔隙水压力计（如图 3-18 所示）、位移计等。

其中液位计是一种常见的矿山测量仪器。该仪器是由一根绝缘层覆盖金属棒插入盛液容器内，金属棒作为电容的一个极，容器壁作为电容的另一极组成的，介质即为液体及其上面的气体。由于液体的介电常数 ε_1 和液面上的介电常数 ε_2 不同，可通过两电极间的电容量的变化来测量液位的高低，如图 3-19 所示，测量公式见式（3-24）。电容式液位计体积小，容易实现远传和调节，适用于具有腐蚀性和高压的介质的液位测量。

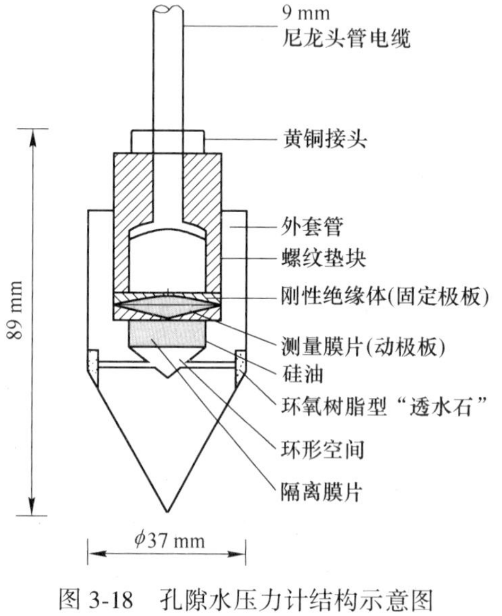

图 3-18　孔隙水压力计结构示意图

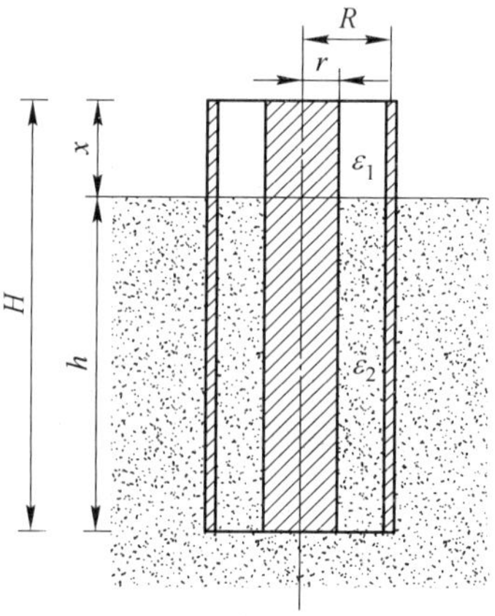

图 3-19　液位计测量原理

$$C=\frac{2\pi\varepsilon_1}{\ln(R/r)}H+\frac{2\pi(\varepsilon_1-\varepsilon_2)}{\ln(R/r)}x \tag{3-24}$$

式中 x——电容器浸入液体中的深度；

R——同心圆电极的外半径；

r——同心圆电极的内半径；

ε_1——被测液体的介电常数；

ε_2——空气的介电常数。

3.5 电感式传感器

3.5.1 工作原理

电感式传感器是根据电磁感应原理，利用线圈电感的变化来实现非电量电测。它是把被测量如位移、振动、压力、应变、流蜇、相对密度等，转换为电感量变化的一种装置。将被测量的变化转换成电感中的自感系数 L 或互感系数 M 的变化，引起后续电桥桥路的桥臂中阻抗 Z 的变化，当电桥失去平衡时，输出与被测的位移量成比例的电压 U_0。电感式传感器常分成自感式和互感式两类，如图 3-20 所示。本节主要介绍自感式电感传感器。

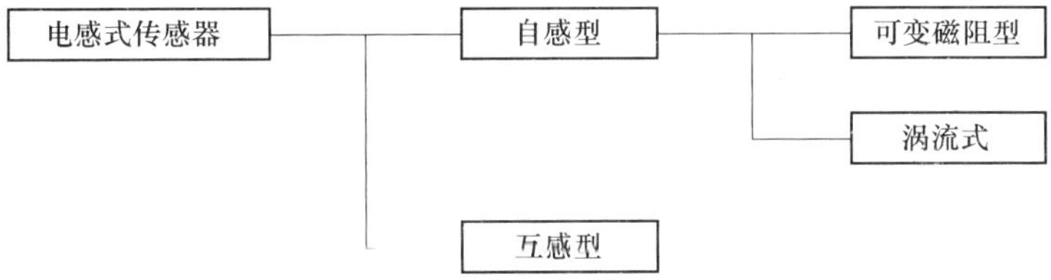

图 3-20 电感式传感器类型

电感式传感器通常由线圈和磁芯和衔铁等构成，图 3-21 为自感式电感传感器原理图。电感式传感器构造形式多种多样，但基本包括线圈、铁芯和活动衔铁 3 个部分。衔铁和铁芯之间有空气隙 δ。当衔铁移动时，磁路中气隙的磁阻发生变化，从而引起线圈电感 L 的变化，这种电感的变化与衔铁位置即气隙大小相对应。因此，只要能测出这种电感量的变化，就能判定衔铁位移量的大小，电感式传感器就是基于该原理设计制作的。

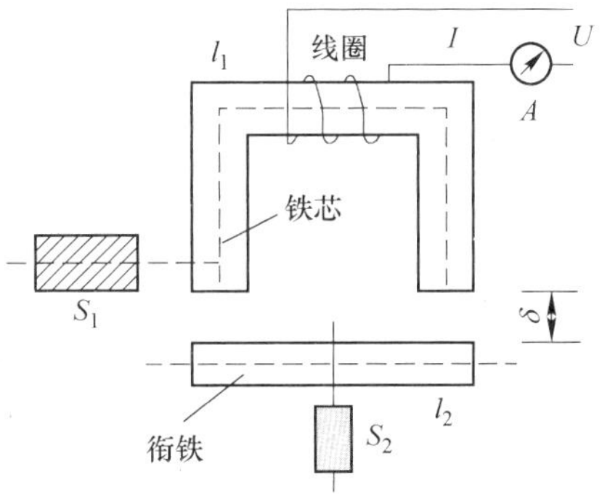

图 3-21 自感式电感传感器原理图

根据磁路的基本知识，设电感传感器的线圈匝数为 W，则线圈的电感量 L 为

$$L=\frac{W^2}{R_{\mathrm{m}}}=\frac{W^2}{R_{\mathrm{f}}+R_{\delta}} \tag{3-25}$$

$$R_{\delta}=\frac{2\delta}{\mu_0 S} \tag{3-26}$$

式中 R_{f}——铁芯磁阻；

R_{δ}——空气隙磁阻；

δ——气隙长度，m；

S——气隙截面积，m^2；

μ_0——空气导磁系数。

由于电感传感器用的导磁材料一般都工作在非饱和状态下，铁芯的导磁系数远大于空气的导磁系数，因此，铁芯磁阻 R_f 和空气隙磁阻 R_δ 相比是非常小的，常常可以忽略不计。这样把式（3-26）代入式（3-25）得到下式：

$$L = \frac{W^2}{R_\delta} = \frac{W^2 \mu_0 S}{2\delta} \tag{3-27}$$

式（3-27）就是电感传感器的基本特性公式。线圈匝数 W 确定，只要改变气隙长度 δ 或改变气隙截面积 S 都能使电感量发生变化，从而形成相应的单磁路电感传感器。改变气隙长度可用来测量位移，改变气隙截面积可用来测量角位移。

目前常用的自感式传感器包括变隙式电感传感器（通过改变气隙厚度制成）、变面积式电感传感器（通过改变气隙截面积制成）、螺管式电感传感器（通过改变螺管磁芯位置制成）几类，如图 3-22 所示。

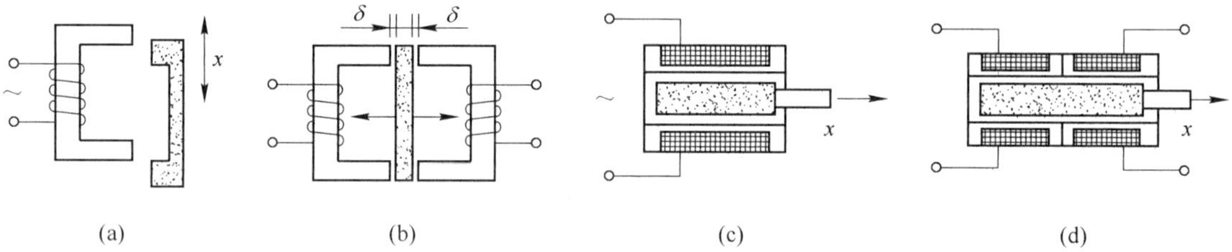

图 3-22 可变磁阻式传感器的典型结构

（a）变面积型；（b）差动变气隙型；（c）螺管型；（d）螺管差动型

3.5.2 特点及其应用

电感式传感器结构简单，无活动电接触点、工作可靠、灵敏度高、分辨率大、能测出 0.1 μm 的机械位移和 0.1 s 的微角度变化，重复性好，高精度的非线性度误差可达 0.1%。但其动态性能差，不适用高频测量。

在工程测量中常用的传感器，有变磁阻式压力盒和加速度计。如图 3-23 所示，为变磁阻式压力盒。在地压作用下压力盒的承压板将压力经油腔传递给波纹膜片（衔铁），使之发生变形。使磁路的气隙由 δ_0 变为 $\delta_0 - x$，从而引起电感变化。根据电感变化和压力标定关系可测出压力。

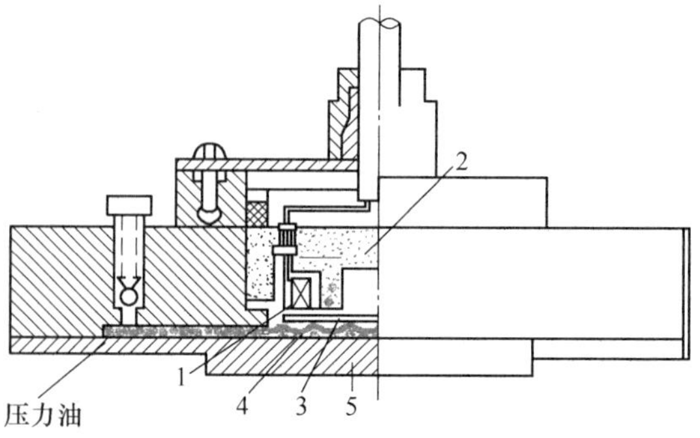

图 3-23 变磁阻式压力盒结构示意图

1—线圈；2—磁芯；3—衔铁；

4—波纹膜片；5—承压板

3.6　差动变压器式传感器

3.6.1　工作原理

把被测的非电量变化转换为线圈互感变化的传感器称为互感式传感器。根据变压器原理制成的，而且次级线圈绕组用差动形式连接，故称差动变压器式传感器，如图 3-24 所示。差动变压器式传感器的结构形式分为变隙式、变面积式、螺线管式，其中螺线管式应用最广泛。

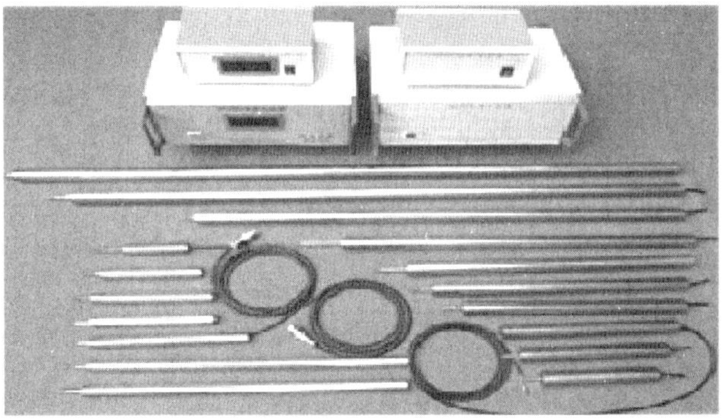

图 3-24　差动变压器式传感器

如图 3-25 所示，差动变压器式传感器的原绕组 W 沿骨架的中间槽绕制，副绕组 W_1、W_2 为两组在外侧槽反对称绕制的线圈，即接成差动形式。差动变压器式传感器的工作原理：原线圈接上交流电源，当移动磁芯时，各绕组之间的耦合将发生变化，互感系数发生变化。

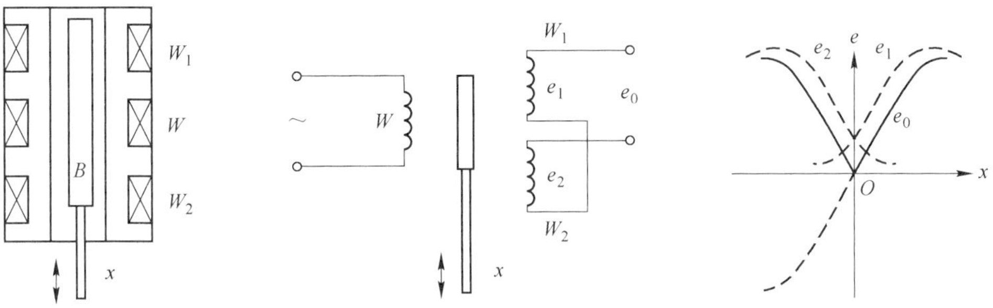

图 3-25　等效电路图和输出关系图

（a）工作原理；（b）等效电路；（c）输出特性

当一次绕组通电时，负载两端开路时，则由电工学可知，负载两端输出的电压有效值为

$$e = \frac{\omega[M_1(x) - M_2(x)]}{\sqrt{R_0^2 + (\omega L_0)^2}} E_0 \tag{3-28}$$

式中　R_0，ω，L_0——分别是初级线圈电阻、电源频率、电感；

$M_1(x)$，$M_2(x)$——分别是初级线圈与次级线圈间的互感；

E_0——初级线圈励磁；

e——次级线圈输出电压。

当磁芯处于两个副绕组的对称中心时，则输出电压等于零，称此点为平衡点；当铁芯偏离中间位置时，使互感系数一个增加，另一个减少，此时负载有电压输出，而且随着铁芯偏离中间位置增加，输出电压也增加。其输出电压与位移之间关系如图 3-25（c）所示，可见变压器输出线性度较好。

差动变压器式传感器是互感式电感传感器中最常用的一种，其原理如图 3-26（a）所示。

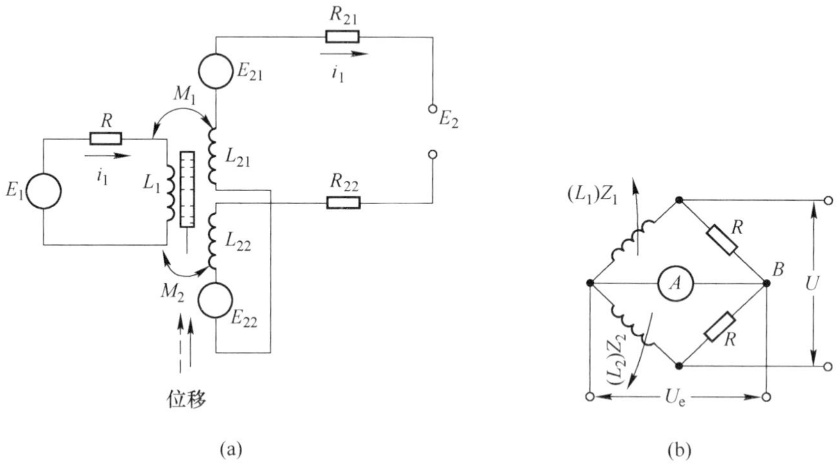

图 3-26 差动变压器式传感器

（a）原理图；（b）等效电路图

当初级线圈 L_1 通一定频率的交流电压激磁时，由于互感作用，在两组次级线圈 L_{21} 和 L_{22} 中就会产生互感电势 E_{21} 和 E_{22}，其计算的等效电路如图 3-26（b）所示。由于差动变压器的输出电压是交流量，其幅值大小与衔铁位移成正比，其输出电压如果用直流电压表来指示，只能反映衔铁位移的大小，不能显示位移的方向。为此，其后接电路应既能反映衔铁位移方向，又能指示位移的大小。其次在电路上应设有调零电阻。在工作之前，使零点残余电压调至最小。这样，当有输入信号时，传感器输出的交流电压经交流放大、相敏检波、滤波后得到直流电压输出，由直流电压表指示出与输出位移量相应的大小和方向，如图 3-27 所示。

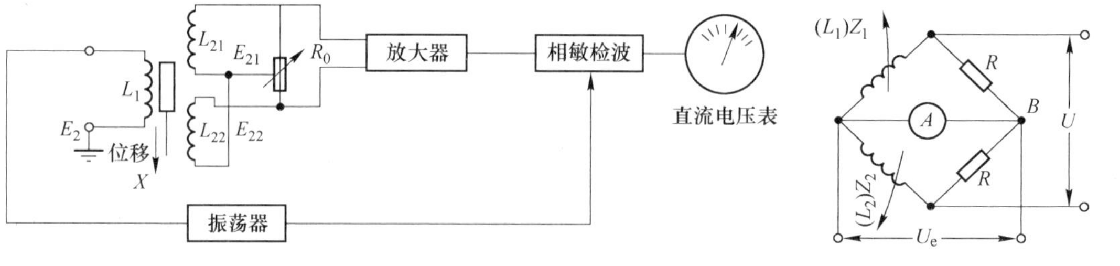

图 3-27 差动变压器的输出电路

3.6.2 特点及其应用

差动变压器式传感器的特点是结构简单、工作可靠；灵敏度高，可达每毫米几百毫伏；分辨率高，可测量0.01 μm的位移量；测量范围大，可达300 mm测量精度高；重复性和线性好，非线性误差只有0.5%。但同时该类型传感器频率响应较低，不适于测量高频动态参量。

图3-28是差动变压器式位移传感器的结构，差动变压器式传感器在结构上做一些调整也可做成差动变压器式压力传感器，如图3-29所示。该传感器采用一个薄壁筒形弹性元件，在弹性元件的上部固定铁芯下部固定线圈座线圈座内安放有三只线圈，线圈通过引线与测量系统相连。当弹性元件受到轴力图3-29中示出F的作用而产生变形时，铁芯就相对于线圈发生位移，从而它是通过弹性元件来实现力和位移之间的转换的。也可以做成位移、压力和加速度传感器。

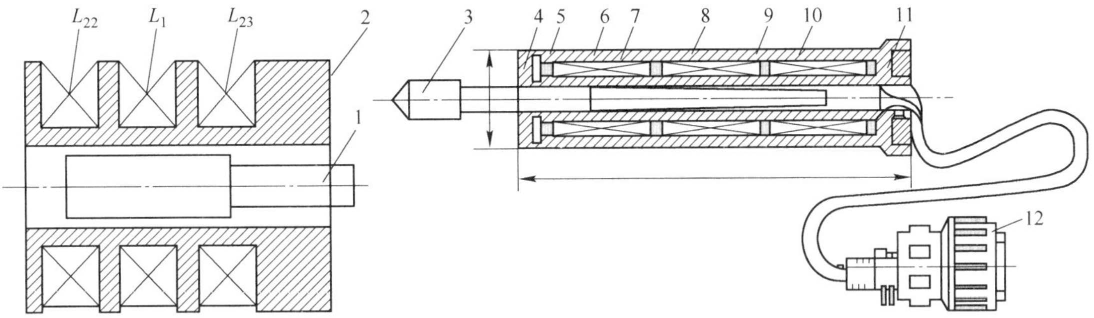

图3-28 差动变压器式位移传感器

1—衔铁；2—线圈架；3—触头；4—外壳；5—下端盖；6—磁屏蔽；7—次级线圈；8—初级线圈；9—骨架；10—衔铁；11—上端盖；12—插头

由于差动变压器式传感器具有线性范围大、测量精度高、稳定性好和使用方便等优点，所以广泛应用于直线位移测量中，也可通过弹性元件把压力、重量等参数转换成位移的变化再进行测量。在地下工程中量测隧道与地下硐室围岩不同深度的位移采用的多点位移计就是根据差动变压器式传感器原理制成的。它由位移计、连接杆、锚头的孔或孔底带有磁性铁的直杆产生相对运动，导致通电线圈中产生感应电动势变化。位移量一般以度盘式差动变压器测长仪直接读取，这种位移计可回收和重复使用，量测也较为方便。

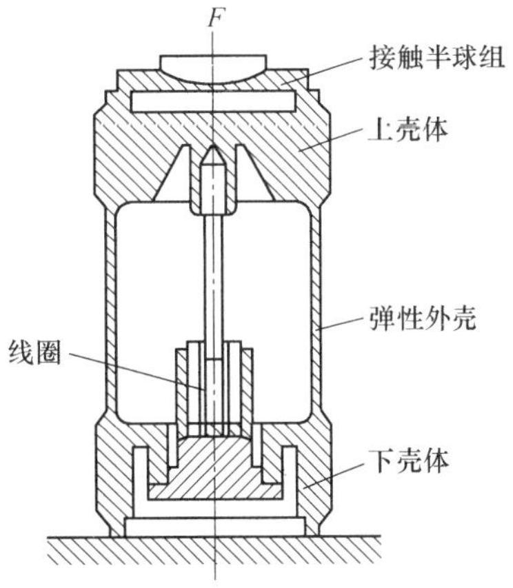

图3-29 差动变压器式压力传感器

3.7 振弦式传感器

3.7.1 工作原理

振弦式传感器是一种将机械振动频率的变化转换为电压频率的变化装置，其在矿山测试中也被广泛应用，如图 3-30 所示。

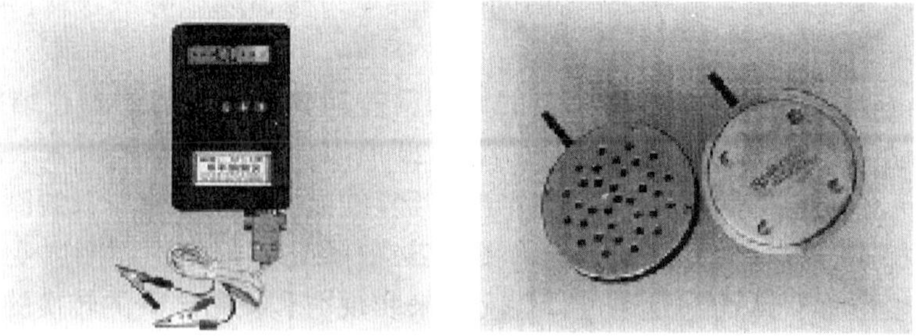

(a) (b)

图 3-30 振弦式传感器的应用

（a）频率读数仪；（b）孔隙水压力计

单线圈激振的振弦式传感器主要由张紧钢弦、永久磁铁、固定支承、弹性元件、导磁软铁等构成。永久磁铁与线圈构成激振器，同时又是拾振器，如图 3-31 所示。

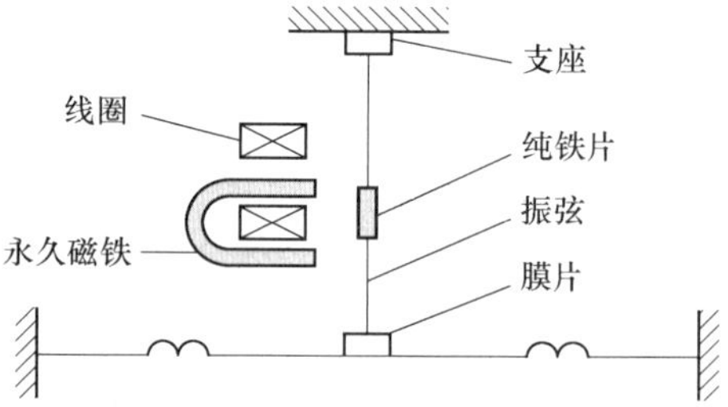

图 3-31 振弦式传感器系统组成图

振弦振动为衰减振动，必须在一定时间内给一次脉冲激发，其激发方式原理如图 3-32 所示。但由于测量的参数是频率，不是幅值，输出信号频率与幅值衰减关系不大。

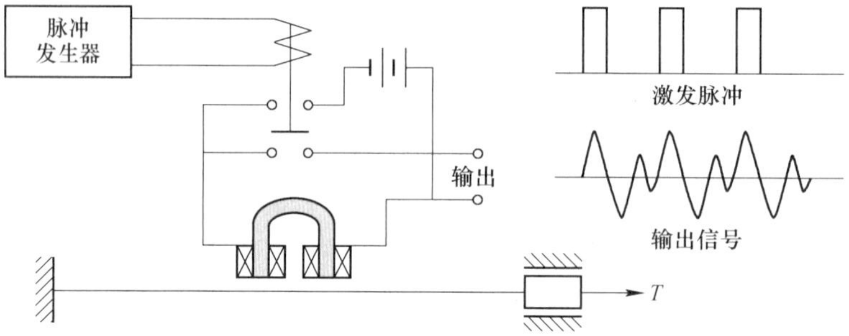

图 3-32 间隙激发方式电原理图

振弦式传感器工作时，如果往线圈里送一脉冲电压信号，线圈产生的磁场将吸引钢弦，脉冲电压过后，钢弦回弹，以后做自由振动，由振动理论可知钢弦自振频率 f 满足

$$f=\frac{2\pi}{\omega}=\frac{1}{2l}\sqrt{\frac{F}{\rho_1}} \tag{3-29}$$

式中 l——钢弦的长度；

ρ_1——钢弦的线密度；

F——钢弦所受拉应力。

由式（3-29）可知，钢弦频率取决于钢弦的长度 l、线密度 ρ_1 和所受拉力 F。钢弦的材质和尺寸一定时，钢弦自振频率取决于应力 F。

由于振弦是放在磁场中的，钢弦的自振使磁芯的间隙发生周期性的变化，从而使磁场回路的磁阻也发生周期性的变化，磁阻的变化又将引起线圈感应出电压信号。输出感应电压的频率与钢弦的自振频率相同。当振弦受力发生变化时，振弦的自振频率也随之变化，感应电动势也随之变化。

传感器输出的频率信号，经放大后，可直接用一般频率计测量，也可以用专用钢弦频率计对振弦式传感器的输出波形及其振幅、衰减等指标进行观察。图3-33为XP02型振弦式频率测定仪，该仪器具有牢固轻便、操作简便、不易损坏、连续工作时间长等优点。

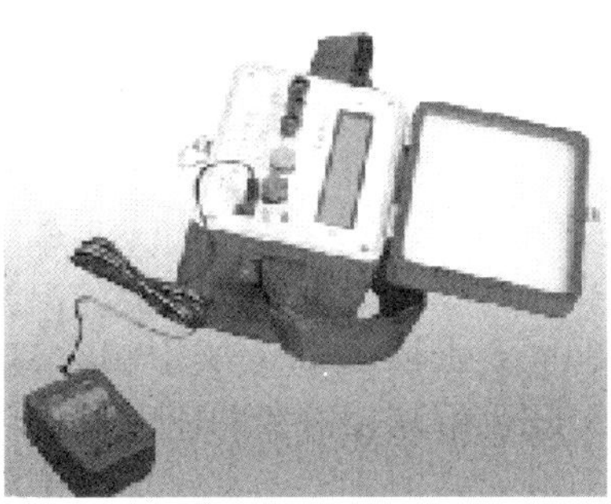

图 3-33 XP02 型振弦式频率测定仪

3.7.2 特点及其应用

振弦式传感器具有结构简单，设计、制造容易，精度高，线性度好，蠕变小、零点稳定，受温度影响小、易于防潮，便于数字化、抗干扰能力强、工作可靠，对电缆要求低，适应极端恶劣环境等优点，因此被广泛应用于基础、岩土及建筑结构的应力/应变量测。在渗压计、水位计、压力盒、荷载盒和沉降传感器等仪器都包含振弦式应变计部件；振弦式位移传感器常应用在多点位移计、边界计、测缝计等设备中。

图3-34为振弦式压力盒，其钢弦固定在承压板上并保持拉紧状态，钢弦的下方设置线圈，当压力盒受到外荷作用时，弹性传力膜板受力而变形，使拉紧钢弦的固定夹间距发生变化，钢弦受到力的作用使自振频率发生变化。

(a)

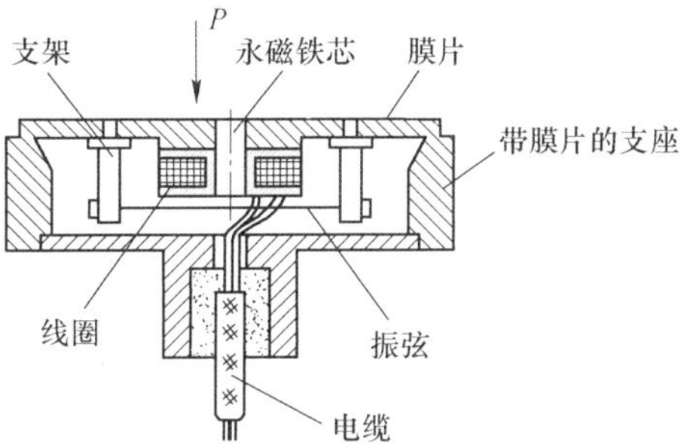

(b)

图 3-34 振弦式压力盒示意图

(a) 实物图；(b) 结构简图

图3-35为振弦式应变传感器，可测量混凝土结构内部的应变。它可埋设在混凝土支架或矿柱中测量混凝土的内部应变，也可埋设在钻孔中测量岩层的变形。

图3-36为振弦式孔隙水压力计，可测量长期埋设在水工建筑物或其他混凝土结构物及土体内，以测量结构物或土体内部的渗透（孔隙）水压力。它通过压力水通过透水体汇集到承压腔，作用于承压膜片上，膜片中心产生扰曲引起钢弦应力发生变化，进而影响钢弦的自振频率。这个频率的变化与水压力之间存在确定的函数关系，因此，通过测量钢弦的振动频率，可以间接得到水压力的大小。

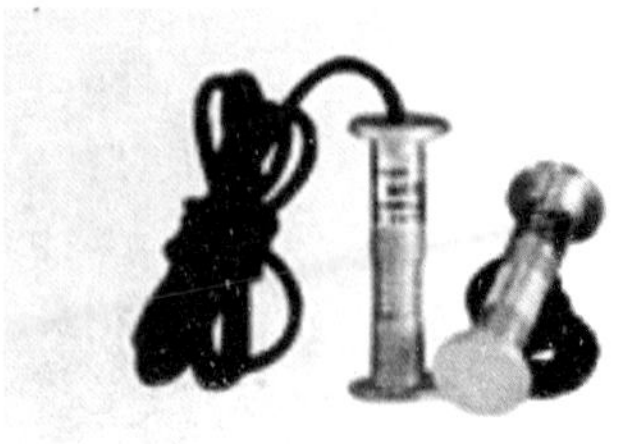

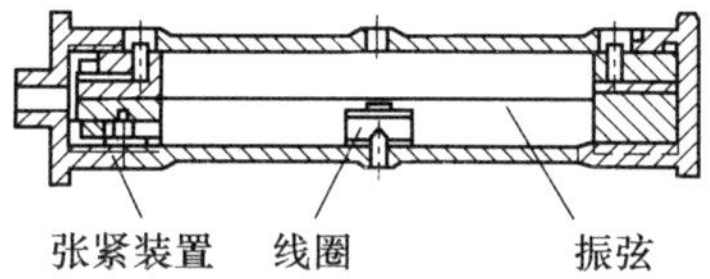

(a) (b)

图 3-35 振弦式应变传感器示意图

（a）实物图；（b）结构简图

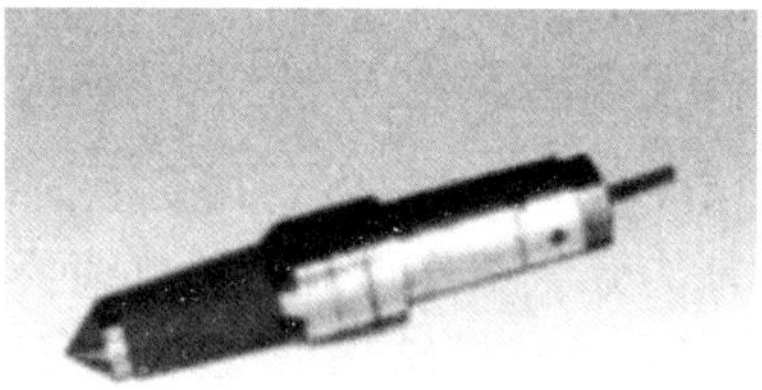

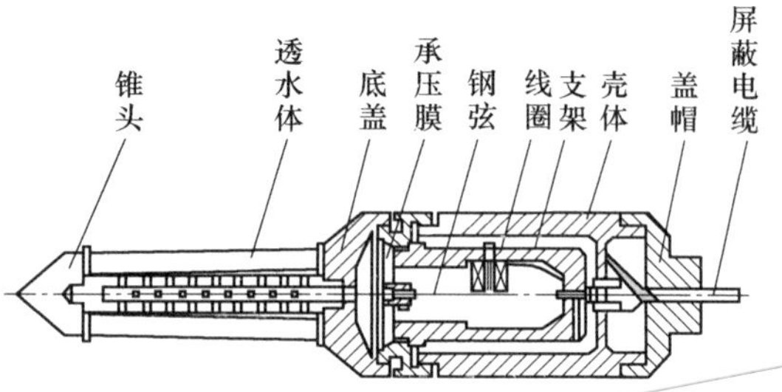

(a) (b)

图 3-36 振弦式孔隙水压力计

（a）实物图；（b）结构简图

3.8 磁电式传感器

3.8.1 工作原理

磁电式传感器是利用电磁感应原理将被测量转换成电信号的一种传感器。磁电式传感器简称感应式传感器，也称电动式传感器。磁电式传感器按照结构类型可分为线速度型、角速度型和磁阻式，其结构类型见图 3-37。

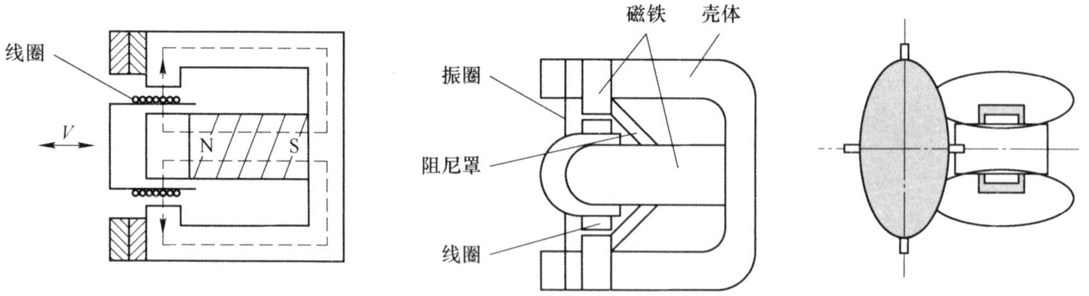

(a) (b) (c)

图 3-37 磁电式传感器结构简图

（a）线速度型；（b）角速度型；（c）磁阻式

磁电式传感器的工作原理为利用线圈在永久磁铁中运动，切割磁力线而产生电动势的原理制成的，如图 3-38 所示。由电磁感应定律计算出线圈运动时产生的电动势满足

$$E_S = N\frac{d\phi}{dt} = NJL\frac{dx}{dt} = NJLv = K_e v \tag{3-30}$$

式中　ϕ——磁通量；

N——线圈匝数；

v——线圈运动的速度，m/s；

L——线圈在磁场内的长度，m；

J——磁铁空隙中的磁场强度，V · s/m^2。

磁电式传感器的灵敏度定义为 K_e，满足

$$K_e = \frac{dE_S}{dv} = NLJ \tag{3-31}$$

由式（3-31）可知，磁电式传感器线圈感应的电动势与振动速度成正比，故为速度传感器。灵敏度是常数，是完全线性的。在此基础上如果测位移则加一个积分电路，如果测加速度则应加一个微分电路。测量线路磁电式传感器的输出电压为毫伏级，无须再转换，但需放大才能推动记录或示波仪器。如图 3-39 所示，当开关接 1 时为积分电路，信号经积分电路可测位移；当开关接 3 时为微分电路，信号经微分电路，可测加速度。当开关接 2 时，信号不经运算电路直接输出，可测速度。

(a)

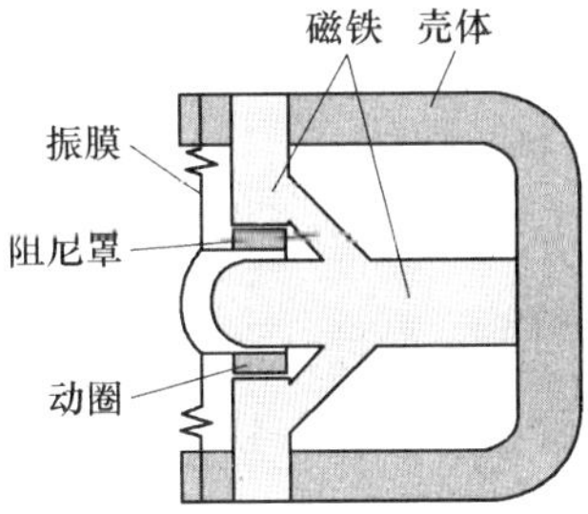

(b)

图 3-38　磁电式传感器示意图
（a）实物图；（b）结构简图

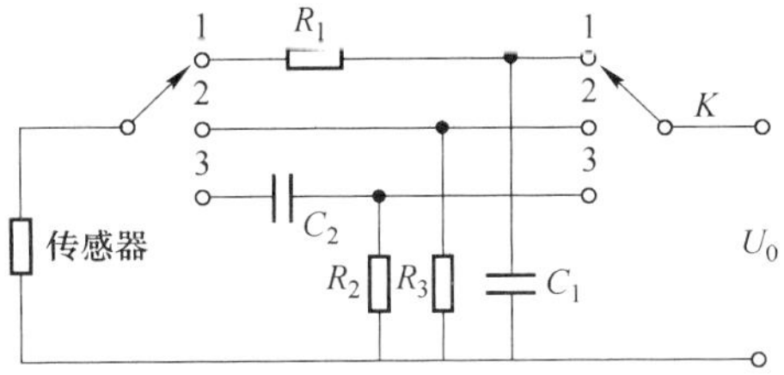

图 3-39　磁电式传感器测量线路转换图

3.8.2　特点及其应用

磁电式传感器可以将被测物理量的变化转变为感应电动势，是一种机-电能量变换型传感器，不需要外部供电电源，电路简单，性能稳定，输出阻抗小，又具有一定的频率响应范围（一般为 10~1000 Hz），适用于振动、转速、扭矩等测量。

3.9　压电式传感器

3.9.1　工作原理

压电传感器是利用压电材料的压电效应制成的传感器。压电效应包括正压电效应和逆压电效应。某些电介质在沿一定方向上受到外力的作用而变形时，其内部会产生极化现象，同时在它的两个相对表面上出现正负相反的电荷。当外力去掉后，它又会恢复到不带

电的状态，这种现象称为正压电效应。当作用力的方向改变时，电荷的极性也随之改变。相反，当在电介质的极化方向上施加电场，这些电介质也会发生变形，电场去掉后，电介质的变形随之消失，这种现象称为逆压电效应，或称为电致伸缩现象。压电式传感器就是根据该原理制成的，当有一外力作用在压电材料上时，传感器就有电荷输出。因此，从可测的基本参数来讲它是属于力传感器，但这种传感器也可测量能通过敏感元件或其他方法变换为力的其他参数，如加速度、位移等。

常见的压电材料有天然石英晶体、压电陶瓷、高分子压电材料等，如图 3-40 所示。压电陶瓷是人工制造的多晶压电材料，它比石英晶体的压电灵敏度高得多，而制造成本却较低，是常用的压电材料，如钛酸钡。高分子压电材料是一种柔软的压电材料，可根据需要制成薄膜或电缆套管等形状，如聚氟乙烯、聚偏二氟乙烯等。

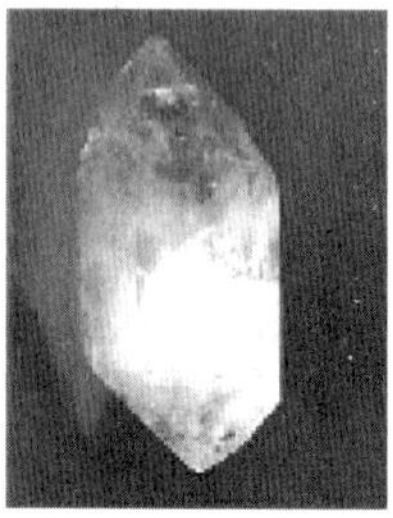

(a)

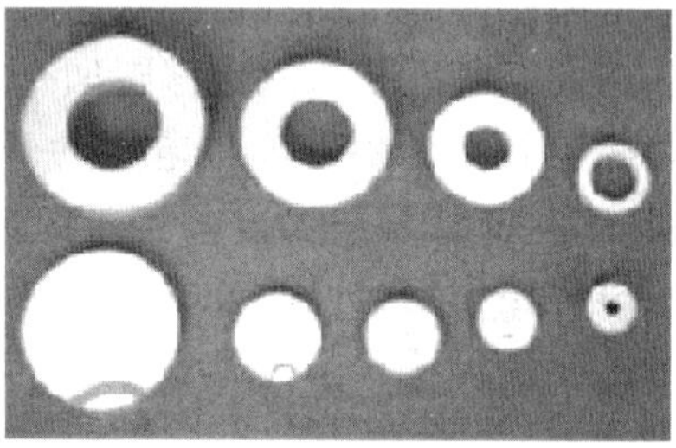

(b)

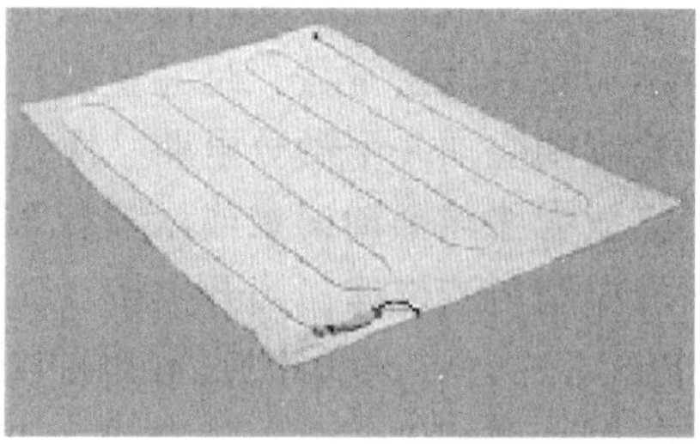

(c)

图 3-40　常见的压电材料

（a）天然晶体；（b）压电陶瓷；（c）高分子压电材料

在压电式传感器的压电材料切片表面上作用力 F 时，切片的两个平面上产生大小相等符号相反的电荷，如图 3-41 所示，其输入输出关系为

$$q = k_q F \tag{3-32}$$

式中　F——作用在晶体面上的力；

k_q——压电系数，c/N。

压电式传感器核心元件是压电晶片，在压电晶片的两面均有一个导电极板。由于极板间晶片的绝缘电阻高，因而压电传感器等效电路相当于一个电容器，如图 3-42 所示。

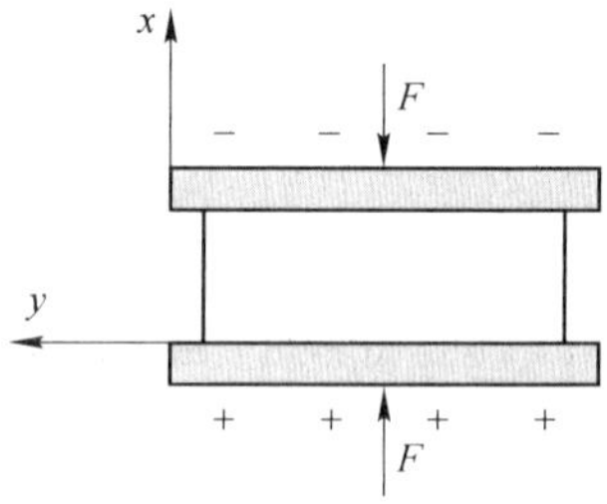

图 3-41　压电式传感器结构简图

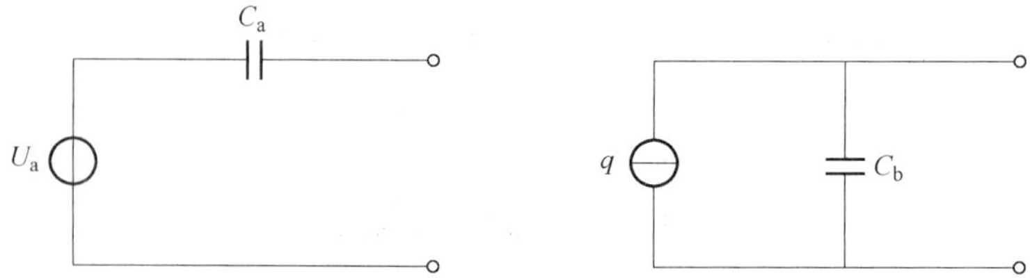

图 3-42　压电式传感器等效电路

（a）电压源等效电路图；（b）电荷源等效电路图

压电材料只有在交变力作用下，电荷才可能得到不断补充，用以供给测量回路一定的

电流，故只适用于动态测量。压电晶体片受力后产生的电荷量极其微弱，用一般的低输入阻抗仪表测量会导致压电片上的电荷通过测量电路迅速泄漏，只有当测量电路的输入阻抗很高时，才能保证测量精确度。为此，加速度计和测量放大器之间需加接一个可变换阻抗的前置放大器。目前使用的有两类前置放大器：一类是把电荷转变为电压，然后测量电压，称电压放大器；另一类是直接测量电荷，称为电荷放大器。电荷放大器有反馈电容，放大器上限频率较电压放大器低。

3.9.2 特点及其应用

压电式传感器的特点是输出电压或电荷与力成正比，线性度好；灵敏系数稳定，受温度影响小；刚度大，滞后小工作频带宽，最高固有频率可达 200 kHz，可适应较差工作环境；当采用电荷放大器输出时，输出电压不受电缆电容等的影响。

压电传感器是力敏元件，它可用于测量最终能转换为力的那些物理量，如力、压力、加速度等。在各种动态力、机械冲击与振动测量以及声学、医学、力学、宇航等方面都得到应用。

（1）压电式加速度传感器。该类传感器由两片压电晶体片（串联）、惯性体、弹簧组成，如图 3-43 所示。当压电传感器受振动后，惯性体对压电晶体片施加一个可变的惯性力，该惯性力与加速度正比。测量到晶体片产生的电势大小也就测量到加速度。在此基础上如需测速度或位移，加上一次或二次积分电路即可。

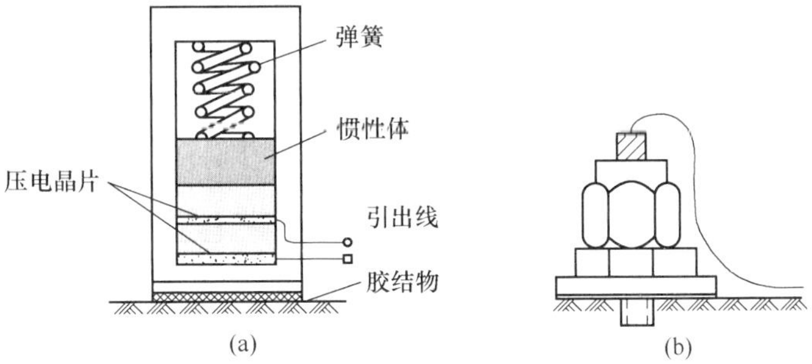

图 3-43 压电式加速度传感器

（a）结构简图；（b）安装图

（2）压电式压力传感器。常用的压电式压力传感器是膜片型结构，可测工作频率为 f 的动态压力，如图 3-44 所示。

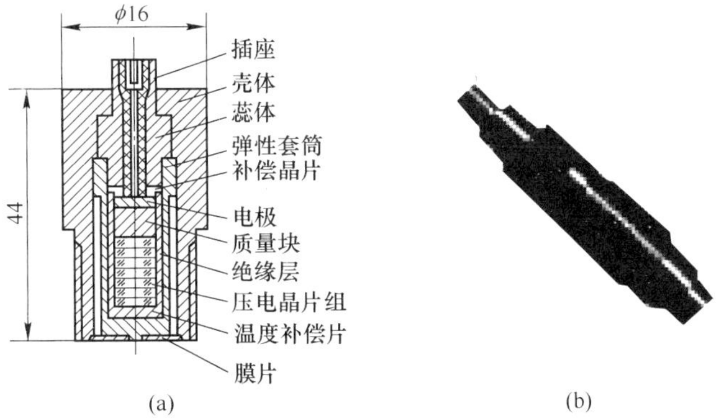

图 3-44 压电式压力传感器

（a）结构简图；（b）实物图

3.10　压磁式传感器

3.10.1　工作原理

铁磁材料受到拉力时在作用方向上的磁导率提高，而在与作用力相垂直方向上的磁导率略有降低（受到压力作用时效果相反），当外力作用力消失后导磁性能复原的压磁效应规律。压磁式传感器是利用铁磁材料的压磁效应原理制成的传感器。当铁磁材料受机械力作用后，在它的内部产生机械效应力，从而引起铁磁材料的导磁系数发生变化，如果在铁磁材料上有线圈，由于导磁系数的变化，将引起铁磁材料中的磁通量的变化，磁通量的变化则会造成线圈上自感电势或感应电势的变化，从而把力转换成电信号。

压磁式传感器测试时相对磁导率 m 变化与机械应变 ε 之间存在如下关系

$$\frac{\Delta\mu}{\mu}=K_Z\varepsilon \tag{3-33}$$

式中，K_Z 为铁磁体压磁的灵敏度。

压磁式传感器结构有多种形式，如图 3-45 为中字形压磁式传感器。当 W_1 中流过一定的交变电流时，铁芯中将产生磁场。在无外力作用时，硅钢片的磁导率是相同，磁力线沿最短路径闭合，基本上不通过测量线圈，故测量线圈中无电感应电动势输出。在压力 F 作用下，Ⅲ区将受到很大压应力，Ⅰ、Ⅱ区基本上仍处于自由状态，于是Ⅲ区磁导率下降，即磁阻增大，而Ⅰ、Ⅱ区的磁导率不变，此时部分磁力线绕过Ⅱ区而闭合。在测量线圈 W_2 中感应出电动势 E。压力 F 值越大，电动势 E 值也越大。根据上述原理和 E 与 F 的标定关系，制成压磁式传感器。

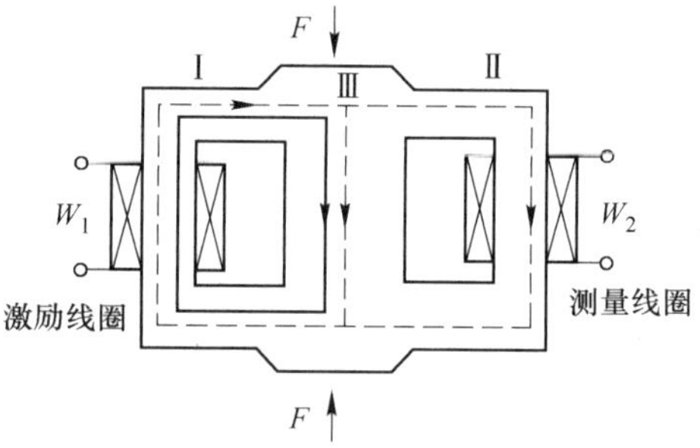

图 3-45　中字形压磁式传感器

W_1—励磁线圈（原绕组）；

W_2—测量线圈（副绕组）

3.10.2　特点及其应用

压磁式传感器可整体密封，因此具有良好的防潮、防油和防尘等性能，能在恶劣条件下工作。此外，它还具有温度影响小、抗干扰能力强、输出功率大、信号强、结构简单、价格较低、维护方便、过载能力强、寿命长等优点，但该类型传感器线性度和稳定性较差，精度和反应速度较低。常用于机械、冶金、矿山、运输等部门测力、测扭矩和称重。

（1）称重传感器是一种常见的压磁式传感器，其一般由传感器、机架或外壳、传感器引出电缆、接线盒、中间电缆、激磁电源、仪表和输出电缆组成，如图 3-46 所示。

（2）压磁式钻孔应力计在岩体孔径变形预应力法中被应用于钻孔应力计，其主要构成元件为磁芯、励磁线圈、测量线圈和框架以及磁芯工字形，如图 3-47 所示。

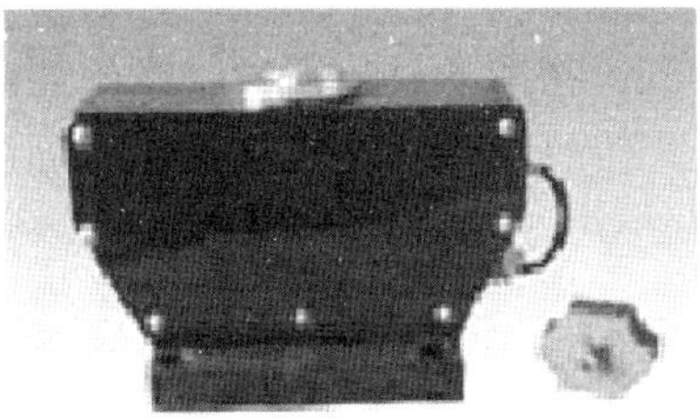

图 3-46 称重传感器

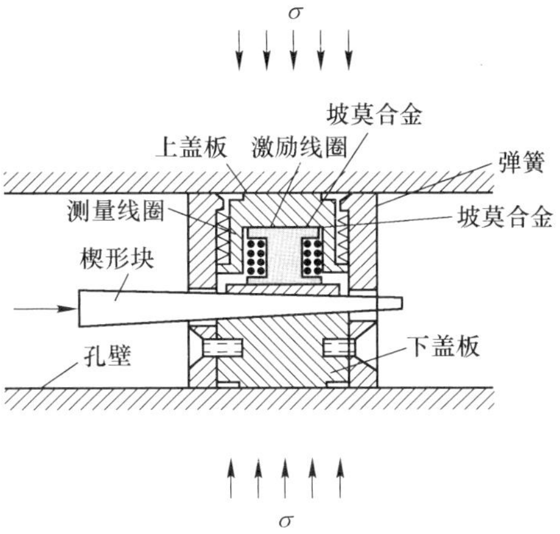

图 3-47 压磁式钻孔应力计结构简图

3.11 新型传感器简介

近年来许多新型传感器问世，如霍尔传感器、光电式传感器、光纤传感器、半导体气敏传感器、热敏电阻传感器、湿敏传感器等。这些智能化传感器不仅用于检测外界的信息，同时还具有识别功能，如表 3-1 所示。随着 IC 技术的不断开发，与信息处理器一体化的传感器正在逐渐增多。

表 3-1 新型传感器

人的五官	感觉器官	对象	传感器	原 理
视觉	眼	光	光传感器 视觉传感器	光电效应（光→电） 传感器智能化
听觉	耳	声波	压力传感器 听觉传感器	压电效应（声波→电） 传感器智能化
触觉	皮肤	压力、温度	压力传感器 温度传感器 触觉传感器	压电效应（压力→电） 塞贝克效应（温度→电） 传感器的高性能化
嗅觉	鼻	气体、气味物质	气体传感器 气味传感器	吸附效应（气→电） 吸附效应（质量变化→频率变化）
味觉	舌	味觉物质	味觉传感器	电化学效应（相互作用→电）

3.11.1 霍尔传感器

将金属或半导体薄片置于磁场中，当有电流流过时，在垂直于电流和磁场的方向上将产生电动势，这一现象被称为霍尔效应，如图 3-48 所示。霍尔传感器是利用霍尔效应原理的一种传感器。

霍尔元件两端电压满足

$$U_H = k_H IB\cos\alpha \tag{3-34}$$

霍尔位移传感器通过改变磁极系统与霍尔元件的相对位置来改变外磁场 B。其具有结构简单、体积小、噪声小，频率范围宽（从直流到微波），动态范围大（输出电势变化范围可达 1000：1），寿命长等特点。

3.11.2 光电式传感器

当光照射某一物体时，物体受到一连串光子的轰击，物体的材料因吸收光子能量而发生相应电效应，这一物理现象被称为光电效应。光电式传感器是利用光电效应原理制成的传感器，如图 3-49 所示。

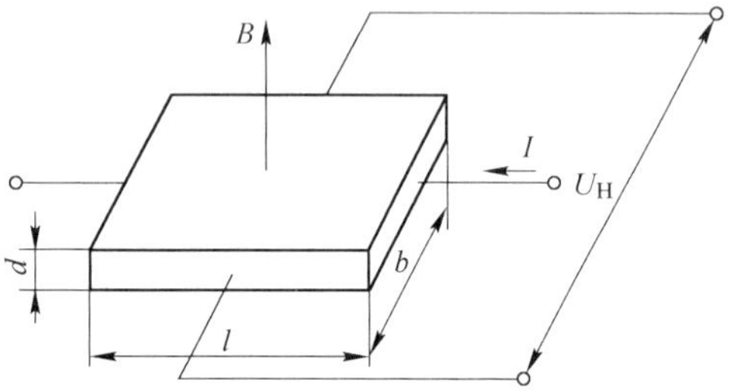

图 3-48 霍尔效应原理

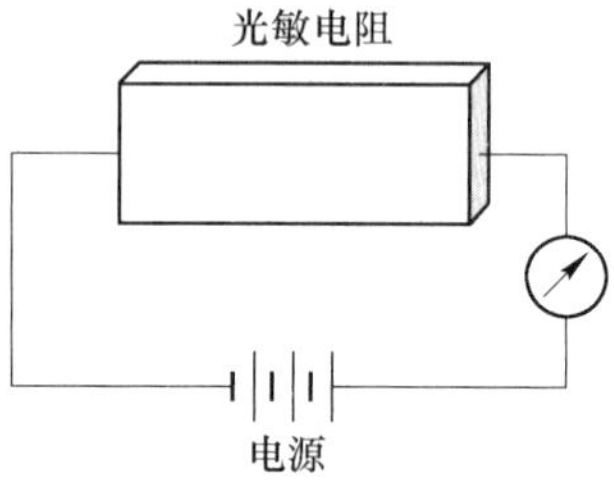

图 3-49 光电式传感器

光电效应又分为外光电效应和内光电效应。其中，外光电效应指的是在光线作用下，物质内的电子逸出物体表面向外发射的现象；内光电效应则是在光线作用下，受光照物体（通常为半导体材料）电导率发生变化（光电导效应）或产生光电动势的效应（光生伏特效应）。光电式传感器的光照特性如图 3-50 所示。

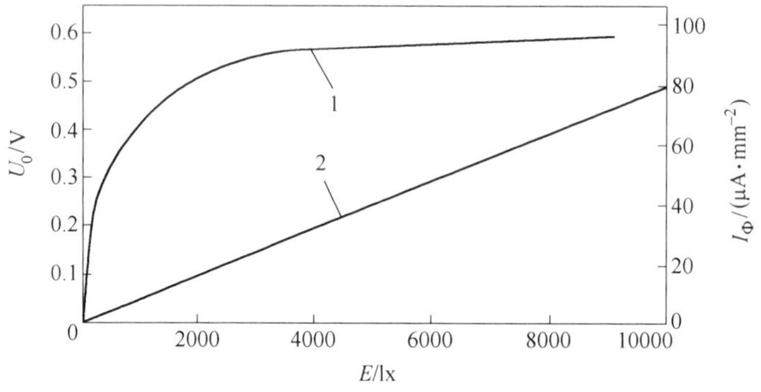

图 3-50 光电式传感器的光照特性曲线

1—开路电压曲线；2—短路电流曲线

光电传感器具有非接触、响应快、性能可靠等特点。常应用于检测直接引起光量变化的非电量，如光强、光照度、辐射测温、气体成分分析等；或检测能转换成光量变化的其他非电量，如零件直径、表面粗糙度、应变、位移、振动、速度、加速度，以及物体的形状、工作状态的识别等领域。

3.11.3 光纤传感器

光纤传感器是一种把被测量的状态转变为可测的光信号的装置。光纤传感器测试系统由光源、接口、光导纤维、光调制机构、光电探测器和信号处理系统等组成，如图 3-51 所示。

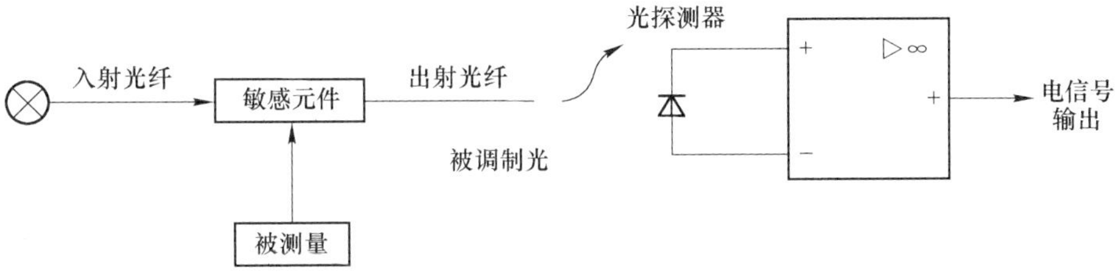

图 3-51 光纤传感器结构示意图

传感型（功能型）传感器利用光纤本身感受被测量变化而改变传输光的特性，光纤既是传光元件，又是敏感元件；传光型（非功能型）传感器则是利用其他敏感元件感受被测量的变化，光纤仅作为光信号的传输介质。

光纤传感器具有不受电磁场干扰、传输信号安全；非接触测量，高灵敏度、高精度、高速度、高密度；恶劣环境下使用以及非破坏性和使用简便等特点。该类传感器特别适应于高压/电磁感应噪声、危险或环境恶劣以及机器设备内部的狭小间隙等测试条件。

3.11.4 半导体气敏传感器

半导体气敏传感器是一种将检测到的气体成分和浓度转换为电信号的传感器。电阻式半导体气敏传感器是利用气敏半导体材料，如氧化锡（SnO_2）、氧化锰（MnO_2）等金属氧化物制成的敏感元件，当它们吸收了可燃气体的烟雾，如氢、一氧化碳、烷、醚、醇、苯以及天然气、沼气等时，会发生还原反应，放出热量，使元件温度相应增高，电阻发生变化，进而检测特定气体的成分或者测量其浓度，如图 3-52 所示。

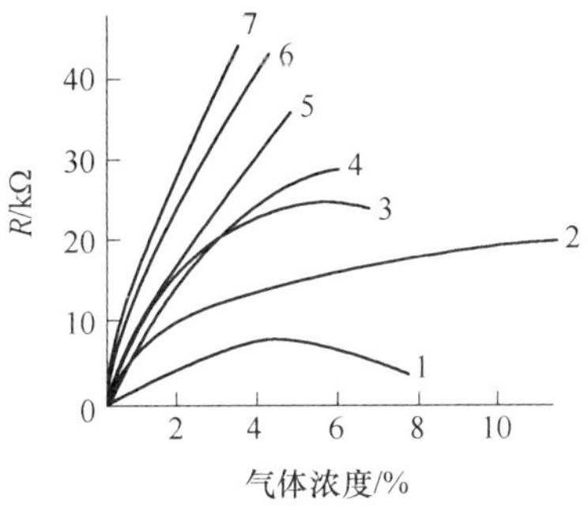

图 3-52 气敏器件阻值-浓度关系曲线
1—甲烷；2—一氧化碳；3—正乙烷；4—轻汽油；5—氢气；6—乙醚；7—乙醇

3.11.5 热敏电阻传感器

热敏电阻传感器是利用由锰、镍、铜、钴、铁等金属氧化物按一定比例混合烧结而成的半导体热敏电阻制成的传感器。其通常具有负的电阻温度系数，如图 3-53 所示，电阻与温度之间的关系如下，随温度上升而阻值下降。

$$R = R_0 e^{\beta\left(\frac{1}{T}-\frac{1}{T_0}\right)} \tag{3-35}$$

3.11.6 湿敏传感器

湿敏传感器的湿敏元件主要分为电阻式和电容式两大类，如图 3-54 所示。湿敏电阻其工作原理为在基片上覆盖一层用感湿材料制成的膜，当空气中的水蒸气吸附在感湿膜上时，元件的电阻率和电阻值都发生变化；湿敏电容其工作原理为当环境湿度发生改变时，湿敏电容的介电常数发生变化，其电容量也发生变化，电容变化量与相对湿度成正比。

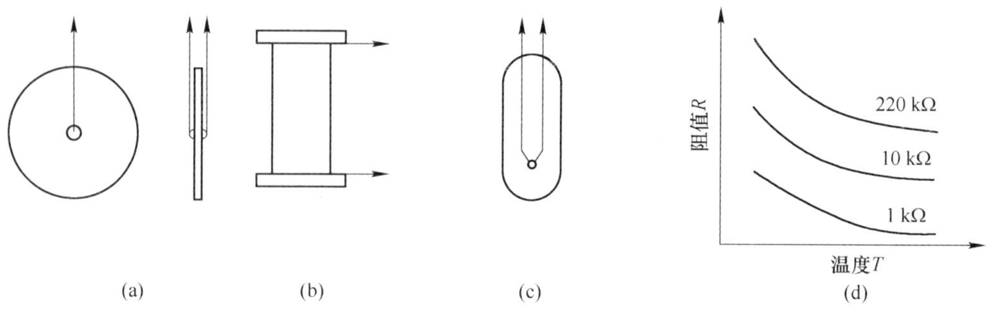

图 3-53　典型的热敏电阻器件及温度特性曲线

（a）圆盘形；（b）杆形；（c）玻璃封壳的株形；（d）温度特性曲线

图 3-54　典型的湿敏元件

制造湿敏原件的常用材料如聚苯乙烯、聚酰亚胺、酪酸醋酸纤维等。

习题与思考题

习题与思考题答案

3-1　传感器由哪几部分构成？

3-2　传感器按变换原理可分为哪些？

3-3　电阻式传感器按工作原理可分为哪些？

3-4　应变片在电桥中有哪几种连接方法？

3-5　电阻应变式传感器有哪些特点？

3-6　简述电容式传感器的特点及应用范围。

3-7　什么是电感式传感器？

3-8　什么是互感式传感器？

3-9　差动变压器式传感器的结构形式分为哪几种？

3-10　简述差动变压器式传感器的特点。

3-11　什么是振弦式传感器？

3-12　振弦式传感器具有哪些特点，一般应用于哪些设备中？

3-13 简述磁电式传感器的特点及应用范围。

3-14 常见的压电材料有哪些？

3-15 简述压电式传感器的特点及应用范围。

3-16 简述压磁式传感器的特点及应用范围。

3-17 列举几个新型传感器，并说明它们有哪些特点。

4 岩体变形测试技术

4.1 概　　述

岩体中建造各种工程（边坡、地下空间和建筑物基础）都会改变原岩应力场，同时引起岩体变形。岩体变形测量包括位移测量和应变测量两大类，其中位移测量具有方法简单，应用范围广的优点，是本章的重点，而应变测量相对复杂，多在研究中使用。

测量洞周表面或围岩不同深度的位移可采用单点位移计、多点位移计和滑动式位移计等，而地表和拱顶下沉可采用精密水准仪测量。岩体变形测量仪器，见图 4-1。

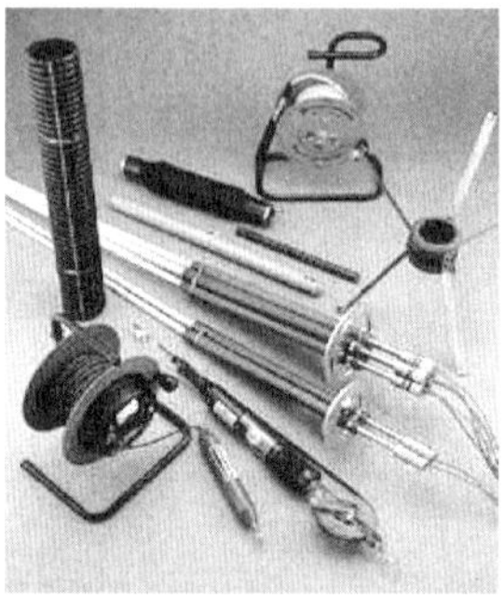

(a)

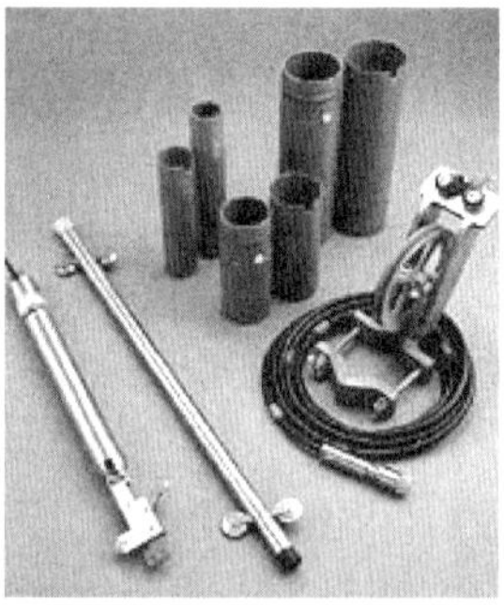

(b)

图 4-1　岩体变形测量仪器
（a）位移测量仪器；（b）倾斜测量仪器

4.1.1　位移测量特点和应用

位移（变形）监测具有方法简单、精度高、结果直观、能综合反映岩体状态等特点，在工程中占据重要位置，主要应用范围如下：

（1）安全监测：用于分析变形发展规律，掌握围岩所处的状态，预测围岩发展趋势，评价岩体稳定性（趋于稳定还是有失稳隐患），对安全性做出判断，如有问题，及时发现，以避免或减少不安全带来的损失。

（2）施工监测，信息化施工：用于指导下一步的施工开挖和支护等工作，检验支护效果。

（3）设计研究：用于位移反分析，验证理论。

4.1.2　位移测量分类

位移测量主要包括表面位移测量、内部位移测量和倾斜测量，其中表面位移测量主要对边坡、大坝等地面工程的变形、基础沉降、裂纹扩展进行测量，常用仪器包括大地测量光学仪器和各种位移计（如经纬仪、水准仪、电子测距仪、激光准直仪），此外表面位移测量还包括对硐室、隧道、巷道等地下工程的表面进行相对位移测量，常用仪器为收敛计；内部位移测量一般是通过钻孔位移法测量岩体内部位移，使用仪器为钻孔位移计；而倾斜测量包含水平倾斜测量和垂直倾斜测量，例如采用测斜仪测量钻孔的倾斜，采用倾斜仪测量地表倾斜。

4.2 收敛位移测量

地下隧洞周边或结构物内部净空尺寸的变化称为收敛位移，收敛位移是判断围岩稳定性的比较直观和明确的指标，如图 4-2 所示。

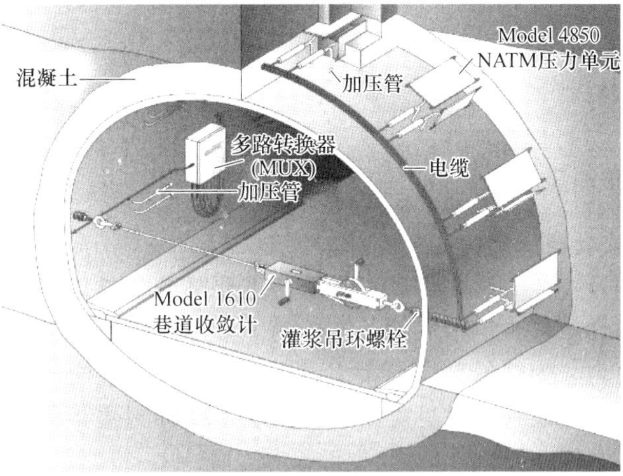

图 4-2 巷道收敛位移测量

4.2.1 收敛测量仪器

收敛计是用于测量围岩表面位移的工具。围岩表面位移与许多因素有关，诸如地应力、开挖方式、巷道形状及尺寸、支护方法、施工质检及附近其他工程的影响等。因此围岩变形的发生、发展是一个非常复杂的过程，它是对各种相关因素的综合反映，所以，通常用围岩变形所提供的信息评价围岩稳定性，检查支护方式，指导施工，为安全生产提供参考数据。

收敛计按两测点之间的连接方式可分为：

(1) 带式收敛计（见图 4-3）：如 QJ-85 型收敛计，钢带长度有 15 m 和 30 m。最常用。

(2) 杆式收敛计（见图 4-4）：如 GY-1 型杆式收敛计，它的精度为 0.04 mm，量程为 25 mm，用于小跨度硐室测量。

(3) 丝式收敛计（见图 4-5）：连接收敛计两测点的钢丝用热稳定很好的铟钢丝做成，测量精度较高，但价格也高，用大跨度硐室测量。按所用位移传感器的原理可分为机械式、电阻式、电容式、电感式、振弦式等收敛计。使用最普遍的是机械式仪表，这种仪表稳定性好，结构简单、价格便宜。

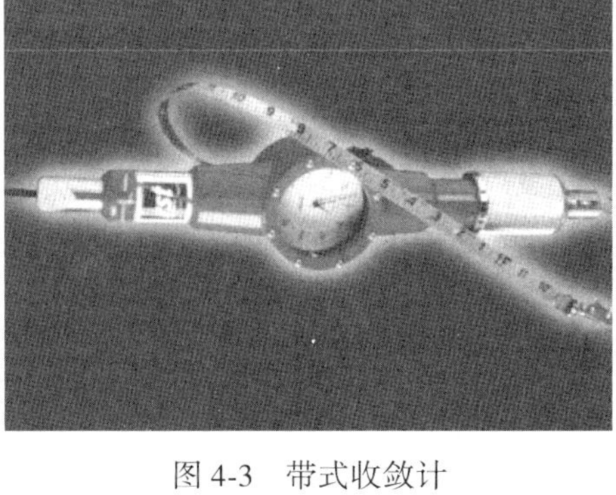

图 4-3 带式收敛计

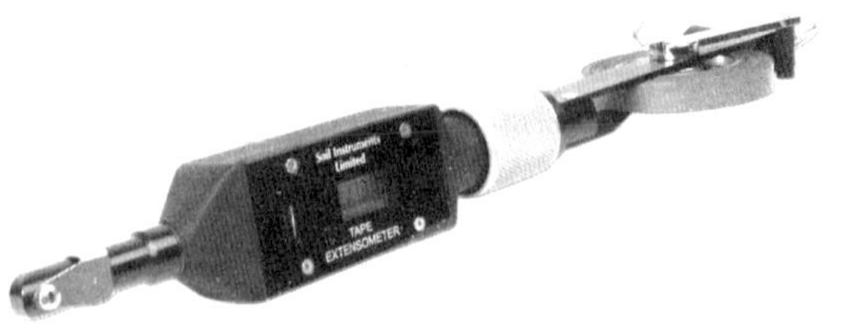

图 4-4 杆式收敛计

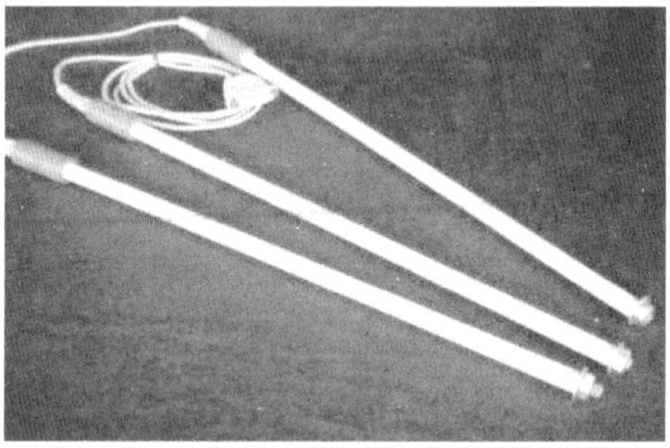

图 4-5 丝式收敛计

4.2.2 收敛计结构和测量原理

4.2.2.1 带式收敛计的结构

带式收敛计结构及安装方法如图 4-6 所示，主要部分包括带有定位孔钢带尺、弹簧、固定销、球铰和位移计。其中钢带尺用于连接两个参考点和传递位移作用；弹簧用于保证钢带尺受到恒定的拉力，弹簧的顶拉力大小可通过拉力调节螺栓调整；位移计用于测量两参照点之间的相对位移，位移计常见类型为百分表、螺旋测微器和各种位移传感器。

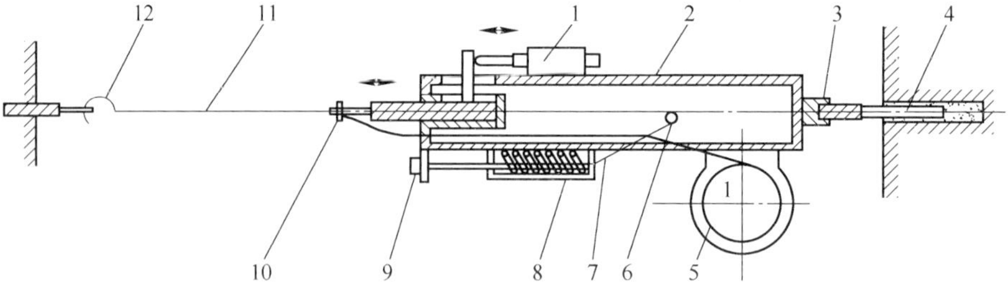

图 4-6 带式收敛计结构示意图

1—百分表（位移传感器）；2—外壳；3—球铰；4—测点；5—钢尺盒；6—滑轮；7—钢丝绳；8—弹簧秤；9—调节螺栓；10—钢尺；11—销钉；12—挂钩

图 4-7 为带式收敛计，其技术参数为：测量跨度 15 m、30 m；重复性±0. 127 mm；外形尺寸 533 mm×254 mm×127 mm。

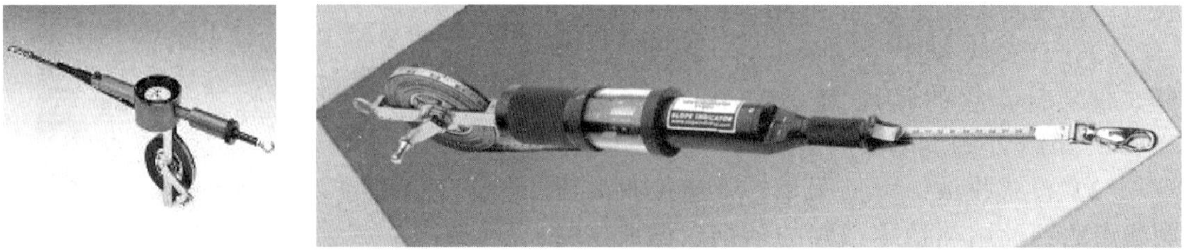

图 4-7 带式收敛计

4.2.2.2 收敛位移测量步骤

收敛位移测量大致可分为以下六个步骤：

（1）测点布置：依据工程断面大小，选择 3 个或多个测点布置在同一断面内，组成闭合的三角形，见图 4-8。

（2）测点结构：通常是向围岩打直径 40 mm，深为 250 mm 的小孔，孔中注入水泥砂浆，然后把球铰支座插入，见图 4-9。

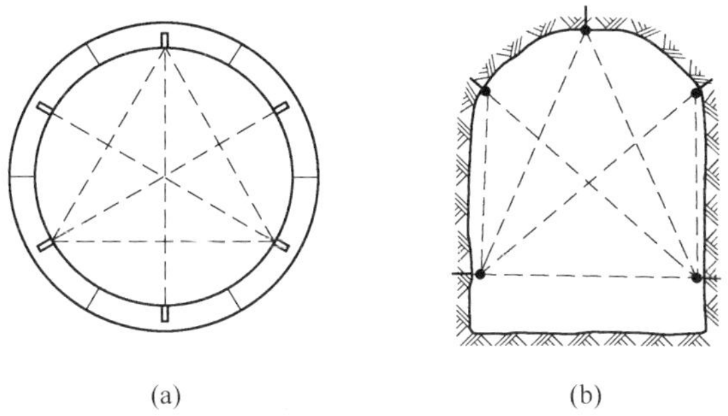

图 4-8　测点布置示意图

（a）圆形巷道测点布置；（b）拱形巷道测点布置

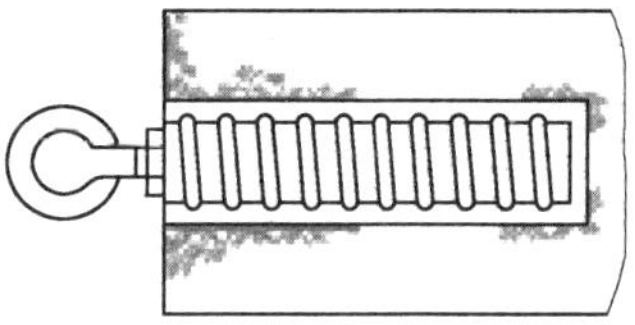

图 4-9　测点结构示意图

（3）初读数：测点埋设后，安装收敛计，调整钢尺拉力，待钢尺平稳后，测取相对两点距离的初读数。每条测线应量测三次，取其平均值。

（4）中间读数：每隔一定时间测量一次，收敛值是间隔时间内的位移相对变化量。

（5）记录：将测点号、测线长、环境温度及操作人员等记录在表格内。

（6）测点保护，防止被损坏。

4.2.2.3　收敛计的读数

（1）悬挂仪器及调整钢尺张力。测量前先估计两测点的大致距离，将钢尺固定在所需长度上（拉出钢尺将定位孔固定在定位销内），将螺旋千分尺旋到最大读数位置上（25 mm），将仪器两轴孔分别挂于事先埋设好的圆柱测点上，一只手托住仪器另一只手旋进螺旋千分尺，直至内导杆上的刻度线与向套上的刻度线重合时，即可读数。

（2）读数。定位销处的钢尺读数称为长度首数，螺旋千分尺读数为尾数。

测距等于首数加尾数，即测距=首数+尾数。

一般应重复操作三次读取三组数值，进行加权平均计算确定测量值，以减小测量时的视觉误差。

（3）收敛值及收敛速度的计算。

收敛值为两测点在某一时间内的距离的变化量。

设 T_1 时的观测值为 L_1，T_2 时的观测值为 L_2，则收敛值 $\Delta L = L_1 - L_2$。

$$\text{收敛速度}\ \Delta V(t) = \Delta L/\Delta T$$

其中：$\Delta T = T_2 - T_1$。

（4）温度校正计算。

机械式收敛计均有温度误差，所以每次测出的读数还应加上温度修正值，即实际测量值=修正后的钢尺长度+千分尺的读数，即：

$$L' = L_n[1 - a(T_0 - T_n)]$$

式中　L'——温度修正后的钢尺实际长度；

L_n——第 n 次观测时钢尺的长度读数；

a——钢尺线膨胀系数，取 $a=12\times10^{-6}$ ℃$^{-1}$；

T_0——首次观测时的环境温度，℃；

T_n——第 n 次观测时的环境温度，℃。

4.2.3 收敛位移计算和成果整理

收敛测量得到的是两固定点连线方向上的相对位移，但在实际工程中，我们常常需要测点的水平和垂直相对位移，以单一闭合三角形为例说明计算方法。

收敛值测量的计算简图如图 4-10 所示，首先需要进行如下工程假设：

(1) 围岩变形均发生在与巷道轴线相垂直的断面内。

(2) 顶点 A 只有竖向位移，横向位移很小，即认为 $\Delta A_x=0$。

(3) 侧帮上两测点 B 和 C 处在同一水平上，两点的竖向位移分量忽略不计，即 $\Delta B_y=0$，$\Delta C_y=0$。

则在测量中需求出的未知量是 ΔA_y、ΔB_x、ΔC_x。

计算中规定向巷道内位移为正，已知的收敛测量数据如下：

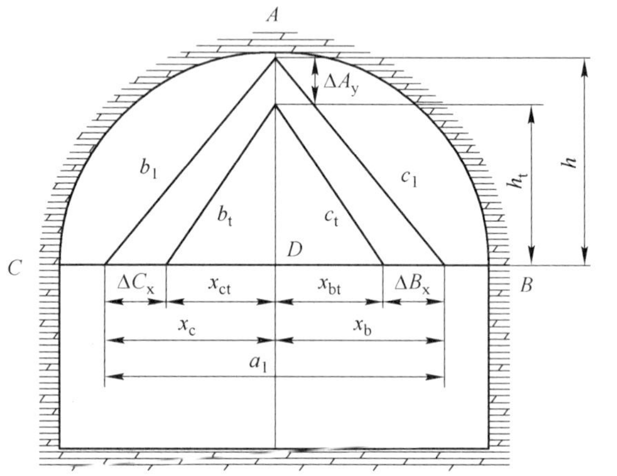

图 4-10 收敛值测量的计算简图

(1) 初始基线长度：a_1、b_1、c_1。

(2) 任意时刻的基线长度为：a_t、b_t、c_t。

A、B、C 三点移动后所构成的三角形仍是闭合，假设 AD 垂直 BC，且 D 点为不动点。它到各测点的距离分别为 h、x_b和 x_c。根据勾股定理有：

$$x_b=\frac{a_1^2+c_1^2-b_1^2}{2a_1} \tag{4-1}$$

$$x_c=\frac{a_1^2+b_1^2-c_1^2}{2a_1} \tag{4-2}$$

$$h=\sqrt{b_1^2-x_c^2} \tag{4-3}$$

同理求出 t 时刻的 h_t、x_{bt}和 x_{ct}：

$$x_{bt}=\frac{a_t^2+c_t^2-b_t^2}{2a_t} \tag{4-4}$$

$$x_{ct}=\frac{a_t^2+b_t^2-c_t^2}{2a_t} \tag{4-5}$$

$$h_t=\sqrt{b_t^2-x_{ct}^2} \tag{4-6}$$

于是各点位移为：

$$\Delta A_y=h-h_t \tag{4-7}$$

$$\Delta B_x=x_b-x_{bt} \tag{4-8}$$

$$\Delta C_x = x_c - x_{ct} \tag{4-9}$$

根据测量结果可以绘成 u-t 曲线以显示位移变化规律，并可做出速度和加速度的变化规律，见图 4-11。

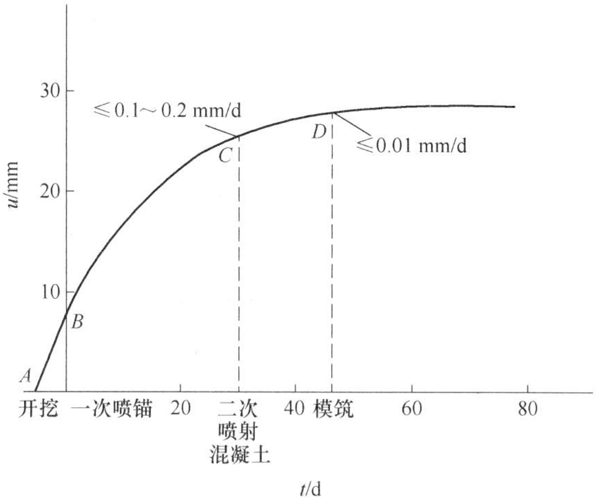

图 4-11　测试断面上某测点的 u-t 曲线图

4.3 钻孔位移测量

钻孔位移测量是指沿钻孔轴线方向测量岩体内部相对位移的测量，如图 4-12 所示。钻孔位移测量的传感器如图 4-13 所示。

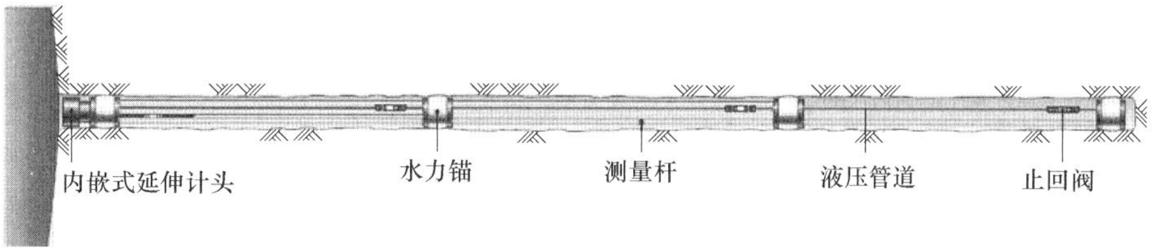

图 4-12　钻孔位移测量

4.3.1 钻孔位移测量仪器

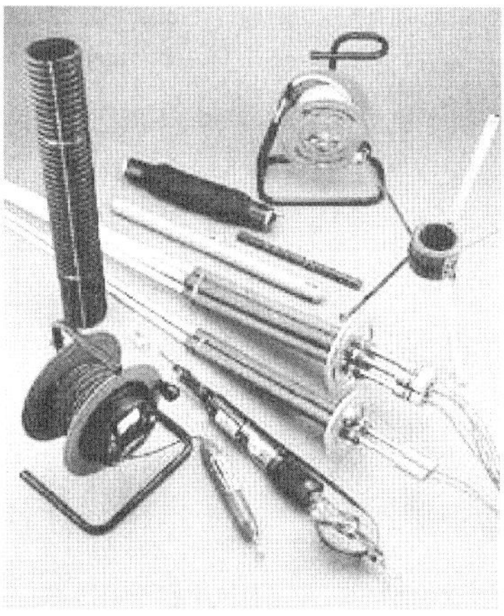

图 4-13　钻孔位移测量的传感器

钻孔伸长计，又称钻孔位移计，是用于钻孔位移测量的仪器，其主要是由测点锚固装置、测杆（丝）、测读仪器等部分组成，如图 4-14 所示。其中测点锚固装置使测杆的一端与围岩牢固结合在一起，保证它们具有相同的位移，锚固方式有注浆式、涨壳式、油压式等；测杆（丝）一端锚在围岩上，另一端自由，将锚固点的位移传递至孔口（参考点）；测读装置的外壳固定在孔口的洞壁上，测量头顶在测杆自由端上，常见的机械式位移计有千分表、百分表等，常见的电测式位移计有电阻式、电感式、振弦式、差动变压器式等。

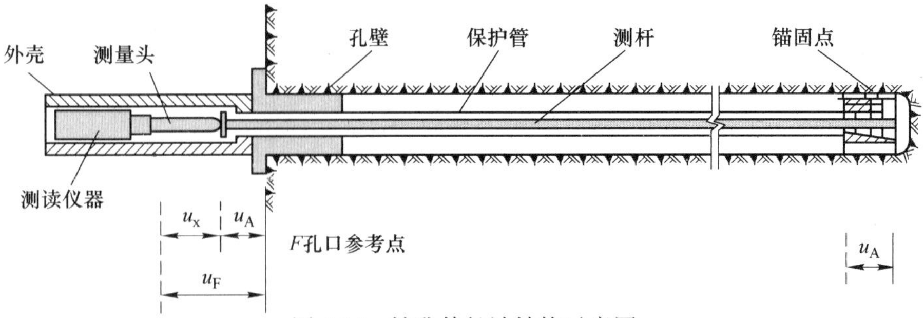

图 4-14 钻孔伸长计结构示意图

多点位移计，又称为钻孔多点伸长计，多为钻孔安装，如图 4-15 所示。所谓多点即在一个钻孔内安装几个不同深度的测头，可以同时测到不同深度的位移量。适用于各类地下硐室、边坡等施工和运营中围岩的安全监测和对基础建筑物的沉降监测等，每测孔可安装 2~6 个不同深度的测点。其技术参数为：标准量程可达 300 mm，最小读数 0.025 mm，一般所需钻孔直径为 38~76 mm，最大孔深可达 50 m。

4.3.2 钻孔位移测量步骤

根据测试目的要求布置钻孔，一个测试断面内孔数不少于 3 个，钻孔深度 2~10 m，每个孔中测点不少于 3 个；钻孔孔径大小取决于位移计结构和测点数目，通常为 ϕ40~ϕ120 mm；打好的钻孔要经过清洗和检查，孔深、孔径要符合要求，并记录钻孔岩性的变化；安装位移计；测量出各个测点的实际位置；位移计全部安装完毕，测取初读数；保护孔口测读装置，见图 4-16。

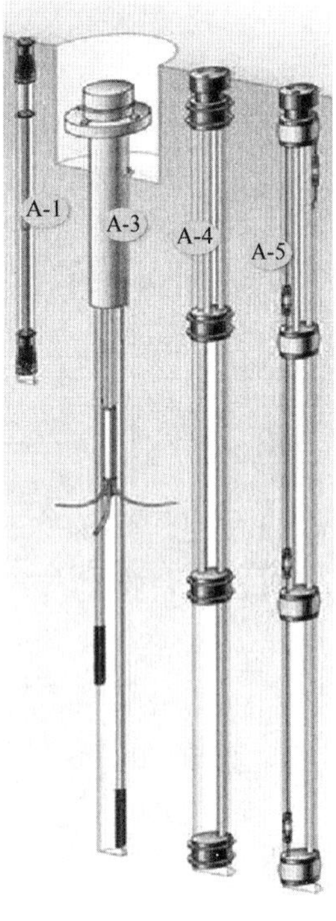

图 4-15 单点及多点位移计示意图

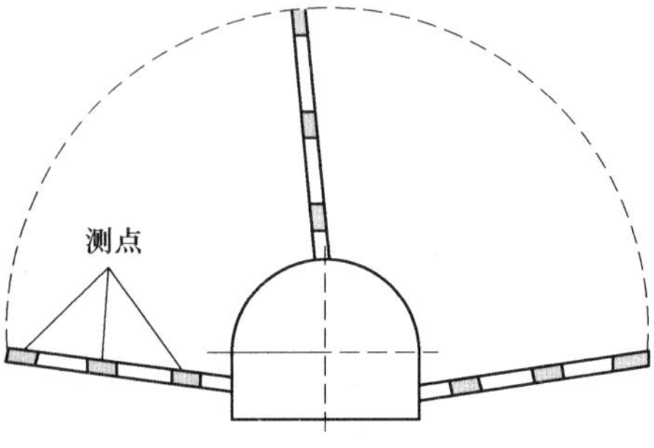

图 4-16 测试钻孔布置

4.3.3 钻孔位移计算与数据整理

如图4-17所示，由孔口测得各测点的数据，是各点与孔口之间的相对位移，孔内 A 点的绝对位移为 u_A，巷道表面（孔口）位移 $u_F>u_A$，孔口上实际测得的 A 点位移（相对位移）为 u_{xA}（读数），即

$$u_{xA}=u_F-u_A \tag{4-10}$$

同样，孔中 B、C、D 各点观测值为

$$u_{xB}=u_F-u_B \tag{4-11}$$

$$u_{xC}=u_F-u_C \tag{4-12}$$

$$u_{xD}=u_F-u_D \tag{4-13}$$

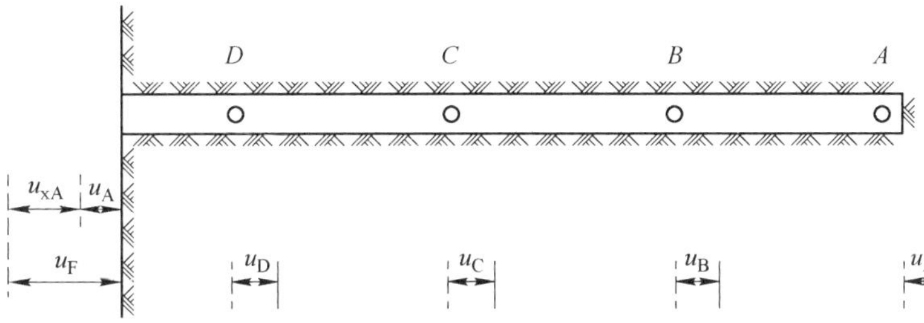

图4-17 钻孔位移计算示意图

当钻孔足够深，超出应力影响范围以外，认为 $u_A=0$ 时，则可计算各测点的绝对位移。且为方便计算，一般规定向巷道内位移为正，向围岩方向位移为负。可通过整理测试数据，绘出各测点的 u-t 曲线，计算时间变化率，分析位移随钻孔深度的变化趋势，见图4-18。

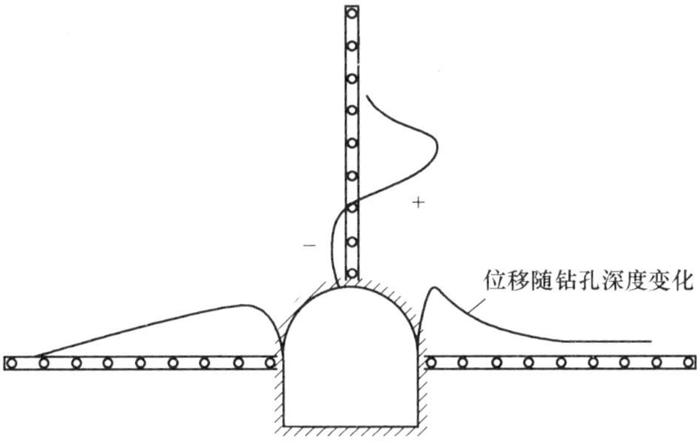

图4-18 钻孔各测点 u-t 图

4.4 位移测试结果及应用

通过位移测试能够得到围岩位移的时空分布结果，故可将位移测试应用到工程研究与设计的多个领域中，如理论研究（如用于位移反分析法），动态设计，信息化施工以及评价岩体稳定性与支护效果等方面。

4.4.1 岩体变形特征

围岩位移测试的对象是岩体，所以在进行围岩位移测试之前需要了解岩体的变形特征，以便有利于掌握围岩状态的变化规律。岩体变形包括组成岩体骨骼的岩块变形和结构面的变形两种，岩块变形一般以弹性变形为主，且占总变形量比例较小；结构面的变形占很大比例，构成了黏塑性变形的主要部分；节理的蠕变则以剪切流变为主，并且与节理面的粗糙度有关。根据大量岩石工程的位移观测，位移变形一般可分为以下三类，如图4-19所示。

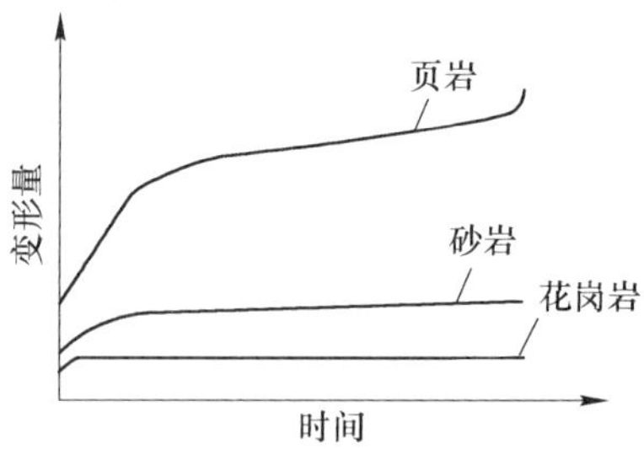

图4-19 不同类型岩石的位移变形特征

（1）荷载施加后，位移很小，随后变形量不再增加。较为典型的为花岗岩，这类岩体工程中只要保证其强度指标满足要求，不会造成工程后患。

（2）岩石受荷载后，开始变形增长较快，一定时间后变形趋于稳定。较为典型的为砂岩，稳定后的变形量可能比初始变形量（即 $t=0$ 时瞬时弹性变形量）增大40%。

（3）岩石在恒定荷载作用下变形会随时间不断增加，直至岩石破坏。较为典型的为页岩，流变曲线可分三个阶段，在流变初始阶段，流变速度随时间递减，逐步过渡到稳定流变阶段；在稳定流变阶段，流变速率随时间不变；当流变的总变形量达到某一数值后，岩石内形成滑动面，并且流变速率迅速增加，最后发展到岩石破坏。

4.4.2 位移测试应用

依据位移测试结果可以得到断面内围岩位移分布，直观判断围岩状态，而通过位移量、位移变化进度、位移稳定时间等物理量可判断围岩状态，例如位移量大小是选择支护形式的重要依据之一，位移变化速度反映了围岩动态变化，位移稳定时间则表明围岩所具有的自稳能力。

位移测试在岩石工程设计或施工管理中均有较为广泛的应用，如选择支架、确定围岩松动范围、确定二次支护时间以及判断岩体稳定性等方面，以位移测试在新奥法和位移反分析法中的应用为例。

（1）新奥法。施工中开挖卸载使围岩径向应力降至零，伴随着大量回弹能释放，岩体质点向临空面方向移动；若设置刚性支护，会在强大的变形压力破坏，若设置临时柔性支护，那么既容许围岩回弹变形，又维护围岩整体性，控制裂隙的扩展，防止水的侵入及各种理化作用，所以采用喷射砼层封闭围岩，并用一定数量的锚杆维护围岩的完整性。而新奥法则是由测量变形量、速率确定开挖工艺参数、支护类型、二次支护时间（永久支护时间），如图4-20所示。

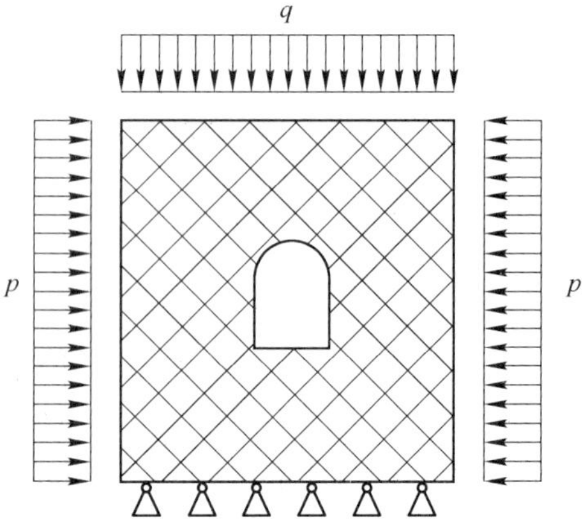

图4-20 地下工程计算模型

（2）位移反分析法。假设一系列组合荷载

作用在地层-结构模型上，通过有限单元法计算得到一系列相应的位移，从而得到荷载-计算位移曲线，再由实测的隧洞位移值得到荷载值，如图 4-20 所示。

位移反分析法的主要步骤为：

1）假定某一地下工程的计算模型，其中 q 为假定的垂直荷载；p 为相应的水平荷载；

2）用有限单元法计算隧洞周边各点的计算位移值；

3）假设的若干个 p，q 值就有若干组计算位移值，并作出荷载-计算位移曲线；

4）由隧洞周壁的位移实测值，查曲线可得到 p、q 值。

4.5 倾 斜 测 量

4.5.1 测斜仪

测斜仪是一种通过测定钻孔倾斜角从而求得水平向位移的原位监测仪器，测斜仪分为便携式测斜仪和固定式测斜仪，而便携式测斜仪可分为便携式垂直测斜仪和便携式水平测斜仪，固定式测斜仪可分为单轴和双轴测斜仪，目前应用最广的是便携式测斜仪。测斜仪的基本配置包括测斜仪套管、测斜仪探头、控制电缆及测斜读数仪，如图 4-21 所示。

测斜仪的工作原理如图 4-22 所示。当测斜探头在测斜管内自下而上逐段滑动测量时，探头内的传感器敏感地反映出测斜管在每一深度段 L 处的倾斜角度变化，进而根据倾斜角求出不同高程处的水平位移增量，即 $d_i = L\sin\theta_i$，由测斜管底部测点开始逐段累加，可得任一高程处的水平位移，如式（4-14）所示：

$$S_j = \sum_{i=1}^{j} d_i = \sum_{i=1}^{j} L\sin\theta_i \tag{4-14}$$

式中 S_j——测斜管底端固定点（$i=0$）以上 $i=j$ 点处的位移；

d_i——第 i 测量段的水平位移增量；

θ_i——第 i 测量段管轴线与铅垂线的夹角。

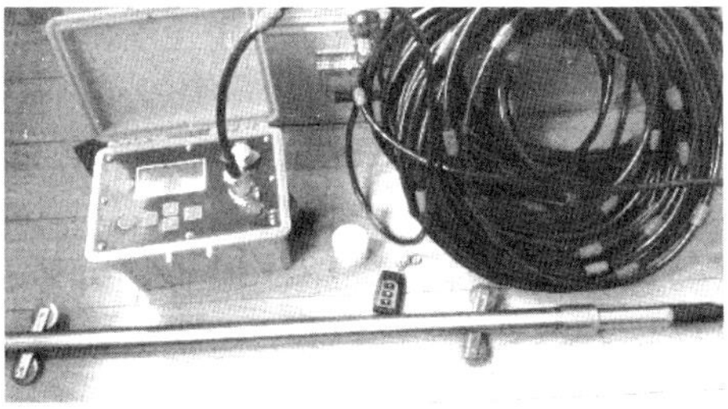

图 4-21 测斜仪

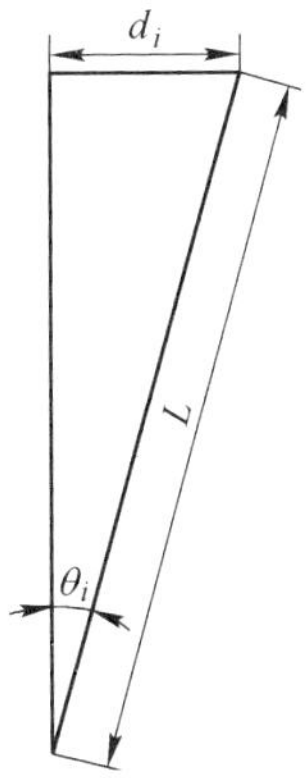

图 4-22 测斜仪工作原理

4.5.2　倾斜仪

倾斜仪用于长期测量混凝土大坝、面板坝、土石坝等水工建筑物的倾斜变化量，同样适用于工业及民用建筑、道路、桥梁、隧道、路基、土建基坑等的倾斜测量，并可方便实现倾斜测量的自动化。倾斜仪分为水管式倾斜仪、固定摆倾斜仪和气泡倾斜仪，如图 4-23 所示。

(a)　(b)　(c)

图 4-23　倾斜仪

（a）高精度双轴倾斜仪；（b）摆锤式倾斜仪；（c）气泡倾斜仪

倾斜仪的工作原理主要基于传感器技术，利用物理效应来测量结构的倾斜角度变化。以下是三种常见的倾斜仪工作原理：

（1）固体摆式倾角传感器：在小角度范围内测量时，可以认为力、摆线与垂直方向的夹角成线性关系。当固体摆发生倾斜时，摆线与垂直方向的夹角发生变化，从而引起力的变化。通过测量力的变化，可以推算出摆的倾斜角度变化，见图 4-24。

（2）液体摆式倾角传感器：结构物产生的倾斜变形，通过安装支架传递给倾斜传感器，传感器内装有电解液和导电触点，当传感器发生倾斜变化时，电解液的液面始终处于水平，但液面相对触点的部位发生了改变，也同时引起了输出电量的改变。倾斜仪随结构物的倾斜变形量与输出的电量相对应，以此可测出被测结构物的倾斜角度，同时它的测量值可显示出以零点为基准值的倾斜角变化的正负方向，见图 4-25。

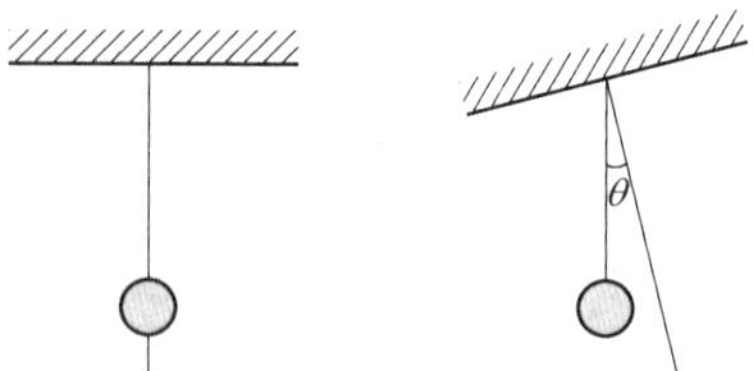

图 4-24　固体摆现象

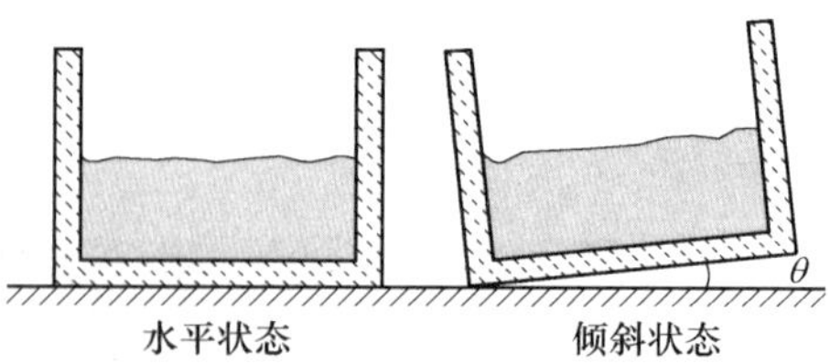

图 4-25　液体摆现象

（3）气体摆式倾角传感器：气体摆的原理与液体摆类似，但工作介质是气体。当气体摆发生倾斜时，气体流速和压力发生变化，导致电阻值发生变化。通过测量电阻的变化，可以推算出气体摆的倾斜角度变化。

总之，倾斜仪工作原理主要是通过测量物理效应的变化来推算结构的倾斜角度变化。不同类型的倾斜仪采用不同的物理效应，但最终目的都是实现结构的稳定性和安全性监测。

4.6　岩体应变测量

岩体应变测量常用的仪器有振弦式表面应变计、埋入式应变计和钻孔应变计等，下面将分别进行介绍。

4.6.1　表面应变计

表面应变计适用于焊接到各种钢结构的场合，如钢管、坑道的支撑、桩以及桥梁等，也可用螺丝安装固定在各种结构表面，长期监测其表面应变，并可同步测量埋设点的温度和自动化测量，如图 4-26 所示为 XB-160 型振弦式表面应变计。

4.6.2　埋入式应变计

埋入式应变计适用于长期埋设在水工结构物或其他混凝土结构物内，测量结构物内部的应变量，并可同步测量埋设点的温度。加装配套附件可组成多向应变计组、无应力计、岩石应变计等测量应变的仪器。大弹模应变计主要用于高仓位混凝土连续浇筑，如地下连续墙、防渗墙、灌注桩等工程场合。振弦式应变计具有智能识别的功能，见图 4-27。

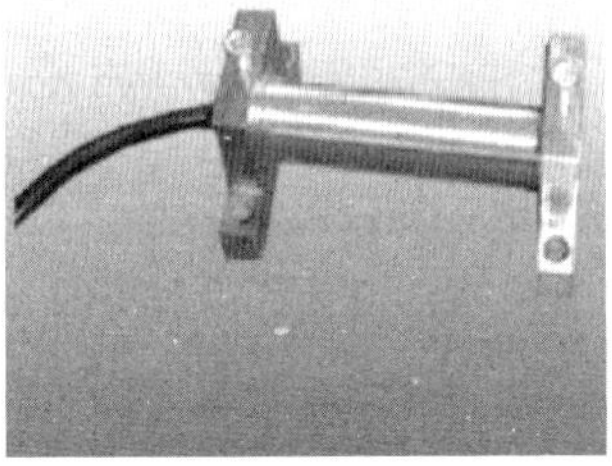

图 4-26　XB-160 型振弦式表面应变计

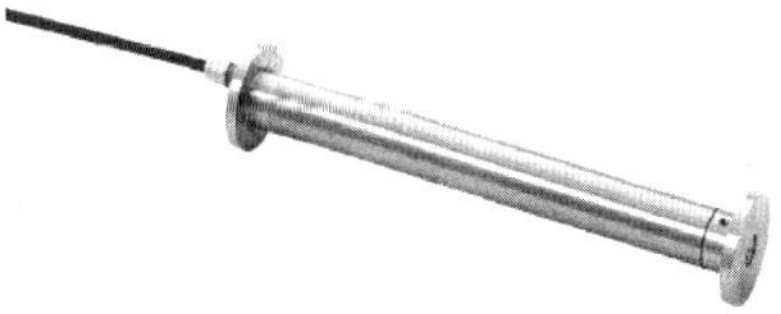

图 4-27　VWS 型振弦式埋入式应变计

4.6.3　钻孔应变计

振弦式钻孔应变计是利用钢弦的频率特性制成的应变传感器，采用薄壁圆管式，适用于钻孔内埋设使用，其结构如图 4-28 所示。应变计连成一根测杆后，用砂浆锚固在钻孔中，可测得不同点围岩的变形，也可单个埋在混凝土中测量混凝土的内应变。

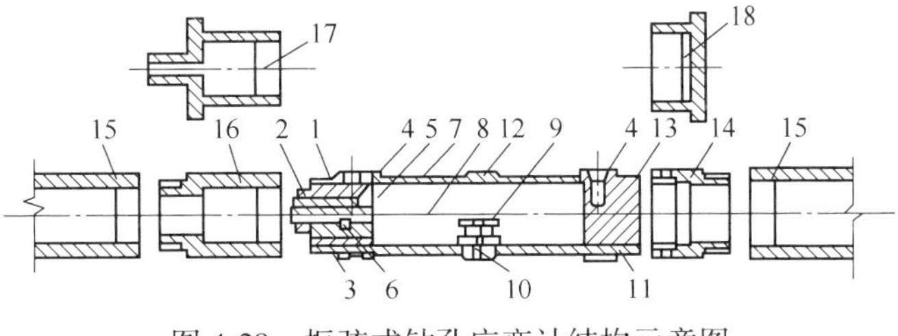

图 4-28　振弦式钻孔应变计结构示意图

1—接头甲；2—调弦螺母；3—调弦螺杆；4—固定螺钉；5—固弦销甲；6—止螺旋丝；7—外壳；8—钢弦；9—线圈；10—线圈铁芯；11—接头乙；12—固封螺丝；13—固弦销乙；14—连接套乙；15—连接杆；16—连接套甲；17—端头甲；18—端头乙

习题与思考题

习题与思考题答案

4-1 岩体测量包括哪两大类？

4-2 简述位移测量的特点及应用范围。

4-3 位移测量主要分为哪几类，它们有哪些应用，常用的测量仪器有哪些？

4-4 什么是收敛位移？

4-5 围岩表面位移与哪些因素有关，测量围岩表面位移的工具通常是什么？

4-6 使用最普遍的收敛计是什么，这种仪表有什么特点？

4-7 收敛计按两侧点之间的连接方式可分为哪几类，分别有哪些特点？

4-8 球铰链式收敛计主要包括哪几部分？

4-9 简述球铰链式收敛计的测量原理。

4-10 简述带式收敛计的结构及安装方法。

4-11 简述收敛位移测量步骤。

4-12 什么是钻孔位移测量？

4-13 钻孔伸长计由哪几部分组成？

4-14 简述钻孔位移测量步骤。

4-15 岩体变形一般包括哪两种？

4-16 位移变形一般可分为哪几类？

4-17 位移测试结果有什么作用？

4-18 位移测试一般有哪些应用？

4-19 简述位移反分析法的主要步骤。

4-20 说说什么是测斜仪，测斜仪分为哪几类，应用最广泛的测斜仪是哪一类？

4-21 测斜仪的基本配置包括什么？

4-22 简述测斜仪的工作原理。

4-23 简述倾斜仪的工作原理。

4-24 常用岩体应变测量仪器有哪些，分别有哪些应用？

5 地应力测试技术

5.1 地应力概述

地应力可以概要定义为存在于岩体中未受扰动的自然应力，或称原岩应力。地应力场呈三维状态有规律地分布于岩体中。当工程开挖后，应力受到开挖扰动的影响而重新分布，重新分布后形成的应力则称为二次应力或诱导应力。

地应力是引起采矿、水利水电、土木建筑、道路和各种地下或露天岩土开挖工程变形和破坏的根本作用力，科学准确的地应力测量是确定工程岩体力学属性，进行围岩稳定性分析，实现岩土工程开挖设计和决策科学化的必要前提。传统的采矿及岩土工程设计和施工是根据经验来进行的，当开挖活动在小规模范围内和接近地表的深度内进行的时候，经验类比的方法往往是有效的。但是，随着开挖规模的不断扩大和不断向深部发展，特别是数百万吨级的大型地下矿山、大型地下电站、大坝、大断面的地下隧道、地下硐室以及高陡边坡的出现，经验类比法就越来越失去其作用。根据经验进行开挖施工往往造成各种岩体工程的失稳、坍塌或破坏，使采矿或其他各种地下作业无法进行，并可能导致严重的工程事故，造成人员伤亡和巨大的财产损失。

地应力对采矿、水利和地下岩土工程的设计、施工和生产具有十分重要的意义。为了对各种岩土工程进行科学合理的开挖设计和施工，就必须对影响工程稳定性最重要、最根本的因素之一——地应力状态进行充分的调查，只有详细了解了具体工程区域的地应力状态，才可能做出既经济又安全实用的工程设计。对矿山设计来说，只有掌握了矿区的地应力变化规律，才能合理确定矿山总体布置，选择适当的采矿方法，确定巷道和采场的最佳走向、断面形状、断面尺寸、开挖步骤、支护方式、支护结构参数、支护时间等，从而在保证围岩稳定的前提下，最大限度地增加矿石产量，提高矿山经济效益。

5.1.1 地应力成因

人们认识地应力还只是近百年的事。1878 年瑞士地质学家 A. 海姆（A. Heim）首次提出了地应力的概念，并假定地应力是一种静水应力状态，即地壳中任意一点的应力在各个方向上均相等，且等于单位面积上覆岩层的重量，即

$$\sigma_h = \sigma_v = \gamma H \tag{5-1}$$

式中 σ_h——水平应力；

σ_v——垂直应力；

γ——上覆岩层容重；

H——深度。

1926 年，苏联学者 A. H. 金尼克修正了海姆的静水压力假设，认为地壳中各点的垂

直应力等于上覆岩层的重量 $\sigma_v = \gamma H$，而侧向应力（水平应力）是泊松效应的结果，即：

$$\sigma_h = \frac{\mu}{1-\mu}\gamma H$$

式中 μ——上覆岩层的泊松比。

同期的其他一些人主要关心的也是如何用一些数学公式来定量地计算地应力的大小，并且也都认为地应力只与重力有关，即以垂直应力为主，他们的不同点只在于侧压系数的不同。然而，许多地质现象，如断裂、褶皱等均表明地壳中水平应力的存在。早在 20 世纪 20 年代，我国地质学家李四光就指出："在构造应力的作用仅影响地壳上层一定厚度的情况下，水平应力分量的重要性远远超过垂直应力分量。"

1958 年瑞典工程师哈斯特（N. Hast）首先在斯堪的纳维亚半岛进行了地应力测量的工作，发现存在于地壳上部的最大主应力几乎处处是水平或接近水平的，而且最大水平主应力一般为垂直应力的 1~2 倍；在某些地表处，测得的最大水平应力高达 7 MPa，这就从根本上动摇了地应力是静水压力的理论和以垂直应力为主的观点。

产生地应力的原因是十分复杂的，多年来的实测和理论分析表明，地应力的形成主要与地球的各种动力运动过程有关，其中包括板块边界受压、地幔热对流、地球内应力、地心引力、地球旋转、岩浆侵入和地壳非均匀扩容等。另外，温度不均、水压梯度、地表剥蚀或其他物理化学变化等也可引起相应的应力场。其中，构造应力场和自重应力场为现今地应力场的主要组成部分。

（1）大陆板块边界受压引起的应力场。我国大陆板块受到外部两块板块的推挤，即印度洋板块和太平洋板块的推挤，推挤速度为每年数厘米，同时受到了西伯利亚板块和菲律宾板块的约束。在这样的边界条件下，板块发生变形，产生水平受压应力场。印度洋板块和太平洋板块的移动促成了我国山脉的形成，控制了我国地震的分布。

（2）地幔热对流引起的应力场。由硅镁质组成的地幔因温度很高，具有可塑性，并可以上下对流和蠕动。当地幔深处的上升流到达地幔顶部时，就分为二股方向相反的平流，经一定流程直到与另一对流圈的反向平流相遇，一起转为下降流，回到地球深处，形成一个封闭的循环体系。地幔热对流引起地壳下面的水平切向应力。

（3）由地心引力引起的应力场。由地心引力引起的应力场称为自重应力场，自重应力场是各种应力场中唯一能够计算的应力场。地壳中任一点的自重应力等于单位面积上覆岩层的重量。

自重应力为垂直方向上的应力，它是地壳中所有各点垂直应力的主要组成部分。但是垂直应力一般并不完全等于自重应力，这是因为板块移动等其他因素也会引起垂直方向应力的变化。

（4）岩浆侵入引起的应力场。岩浆侵入挤压、冷凝收缩和成岩，均在周围地层中产生相应的应力场，其过程也是相当复杂的。熔融状态的岩浆处于静水压力状态，对其周围施加的是各个方向相等的均匀压力，但是炽热的岩浆侵入后即逐渐冷凝收缩，并从接触界面处逐渐向内部发展。不同的热膨胀系数及热力学过程会使侵入岩浆自身及其周围岩体应力产生复杂的变化过程。

与上述四种应力场不同，由岩浆侵入引起的应力场是一种局部应力场。

（5）地温梯度引起的应力场。地层的温度随着深度增加而升高，由温度梯度引起地层中不同深度产生相应膨胀，从而引起地层中的正应力，其值可达相同深度自重应力的数分之一。

另外，岩体局部寒热不均，产生收缩和膨胀，也会导致岩体内部产生局部应力场。

（6）地表剥蚀产生的应力场。地壳上升部分岩体因为风化、侵蚀和雨水冲刷搬运而产生剥蚀作用。剥蚀后，由于岩体内的颗粒结构的变化和应力松弛赶不上这种变化，导致岩体内仍然存在着比由地层厚度所引起的自重应力还要大得多的水平应力值。因此，在某些地区，大的水平应力除与构造应力有关外，还和地表剥蚀有关。

5.1.2 地应力的组成

对上述地应力的组成成分进行分析，依据促成岩体中初始地应力的主要因素，可以将岩体中初始地应力场划分为两大组成部分，即自重应力场和构造应力场。两者叠加起来便构成岩体中初始地应力场的主体。

5.1.2.1 岩体的自重应力

地壳上部各种岩体由于受地心引力的作用而引起的应力称为自重应力，也就是说自重应力是由岩体的自重引起的。岩体自重作用不仅可产生垂直应力，而且由于岩体的泊松效应和流变效应也会产生水平应力。研究岩体的自重应力时，一般把岩体视为均匀、连续且各向同性的弹性体，因而，可以引用连续介质力学原理来探讨岩体的自重应力问题。将岩体视为半无限体，即上部以地表为界，下部及水平方向均无界限，那么，岩体中某点的自重应力可按以下方法求得。

设距地表深度为 H 处取一单元体，如图 5-1 所示，岩体自重在地下深为 H 处产生的垂直应力为单元体上覆岩体的重量，即：

$$\sigma_z = \gamma H \tag{5-2}$$

式中 γ——上覆岩体的平均重力密度，kN/m^3；

H——岩体单元的深度，m。

若把岩体视为各向同性的弹性体，由于岩体单元在各个方向都受到与其相邻岩体的约束，不可能产生横向变形，即 $\varepsilon_x = \varepsilon_y = 0$。而相邻岩体的阻挡就相当于对单元体施加了侧向应力 σ_x 及 σ_y，考虑广义虎克定律，则有：

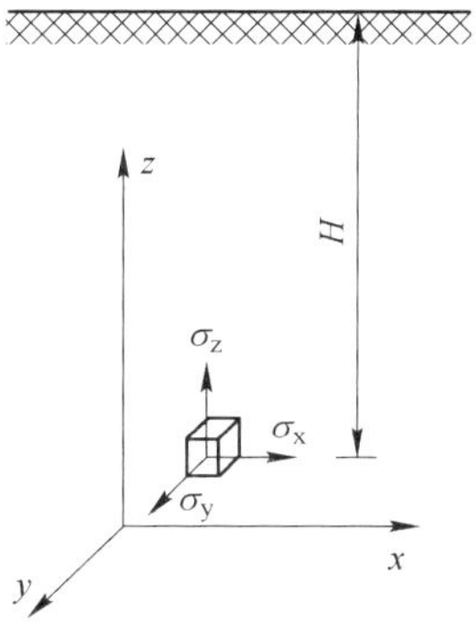

图 5-1 岩体自重垂直应力

$$\varepsilon_x = \frac{1}{E}[\sigma_x - \mu(\sigma_y + \sigma_z)] = 0 \tag{5-3}$$

$$\varepsilon_y = \frac{1}{E}[\sigma_y - \mu(\sigma_z + \sigma_x)] = 0 \tag{5-4}$$

由此可得

$$\sigma_x = \sigma_y = \frac{\mu}{1-\mu}\sigma_z = \frac{\mu}{1-\mu}\gamma H \tag{5-5}$$

式中 E——岩体的弹性模量；

μ——岩体的泊松比。

令 $\lambda = \dfrac{\mu}{1-\mu}$，则有：

$$\sigma_z = \gamma H \tag{5-6}$$

$$\sigma_x = \sigma_y = \lambda\sigma_z \tag{5-7}$$

$$\tau_{xy} = 0 \tag{5-8}$$

式中，λ 称为侧压力系数，其定义为某点的水平应力与该点垂直应力的比值。

若岩体由多层不同重力密度的岩层所组成（见图 5-2）。各岩层的厚度为 h_i（$i=1, 2, \cdots, n$），重度为 γ_i（$i=1, 2, \cdots, n$），泊松比为 μ_i（$i=1, 2, \cdots, n$），则第 n 层底面岩体的自重初始应力为：

$$\sigma_z = \sum_{i=1}^{n} \gamma_i h_i \tag{5-9}$$

$$\sigma_x = \sigma_y = \lambda_n \sigma_z = \frac{\mu_n}{1-\mu_n}\sum_{i=1}^{n} \gamma_i h_i \tag{5-10}$$

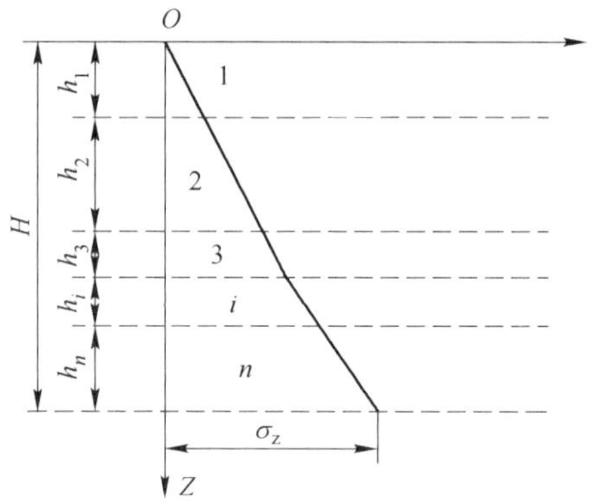

图 5-2　自重垂直应力分布图

一般岩体的泊松比 μ 为 0.2～0.35，故侧压系数 λ 通常都小于1，因此在岩体自重应力场中，垂直应力 σ_z 和水平应力 σ_x，σ_y 都是主应力，σ_x 为 σ_z 的 25%～54%。只有岩石处于塑性状态时，λ 值才增大。当 $\mu=0.5$ 时，$\lambda=1$，它表示侧向水平应力与垂直应力相等 $\sigma_x = \sigma_y = \sigma_z$，即所谓的静水应力状态（海姆假说）。海姆认为岩石长期受重力作用而产生塑性变形，甚至在深度不大时也会发展成各向应力相等的隐塑性状态。在地壳深处，其温度随深度的增加而加大，温变梯度为 30 ℃/km。在高温高压下，坚硬的脆性岩石也将逐渐转变为塑性状态。据估算，此深度应在距地表 10 km 以下。

5.1.2.2　构造应力

地壳形成之后，在漫长的地质年代中，在历次构造运动下，有的地方隆起，有的地方下沉。这说明在地壳中长期存在着一种促使构造运动发生和发展的内在力量，这就是构造应力。构造应力在空间有规律地分布状态称为构造应力场。

目前，世界上测定原岩应力最深的测点已达 5000 m，但多数测点的深度在 1000 m 左右。从测出的数据来看很不均匀，有的点最大主应力在水平方向，且较垂直应力大很多，有的点垂直应力就是最大主应力，还有的点最大主应力方向与水平面形成一定的倾角，这说明最大主应力方向是随地区而变化的。

近代地质力学的观点认为，在全球范围内构造应力的总规律是以水平应力为主。我国地质学家李四光认为，因地球自转角度的变化而产生地壳水平方向的运动是造成构造应力以水平应力为主的重要原因。

5.2　地应力场的分布规律

已有的研究和工程实践表明，浅部地壳应力分布主要有如下的一些基本规律。

（1）地应力是一个具有相对稳定性的非稳定应力场，它是时间和空间的函数。

地应力在绝大部分地区是以水平应力为主的三向不等压应力场。三个主应力的大小和方向是随着空间和时间而变化的，因而它是个非均匀的应力场。地应力在空间上的变化，从小范围来看，其变化是很明显的；但就某个地区整体而言，地应力的变化是不大的。如我国的华北地区，地应力场的主导方向为北西到近于东西的主压应力。

在某些地震活动活跃的地区，地应力的大小和方向随时间的变化是很明显的。在地震前，处于应力积累阶段，应力值不断升高，而地震时使集中的应力得到释放，应力值突然大幅度下降。主应力方向在地震发生时会发生明显改变，在震后一段时间又会恢复到震前的状态。

（2）实测垂直应力基本等于上覆岩层的重量。

对全世界实测垂直应力 σ_v 的统计资料的分析表明，在深度为 25~2700 m 的范围内，σ_v 成线性增长，大致相当于按平均容重 $\gamma = 27\ kN/m^3$ 计算出来的重力 γH。但在某些地区的测量结果有一定幅度的偏差，这些偏差除有一部分可能归结于测量误差外，板块移动、岩浆对流和侵入、扩容、不均匀膨胀等也都可引起垂直应力的异常，如图 5-3 所示。该图是霍克（E. Hoek）和布朗（E. T. Brown）总结出的世界各国 σ_v 值随深度 H 变化的规律。

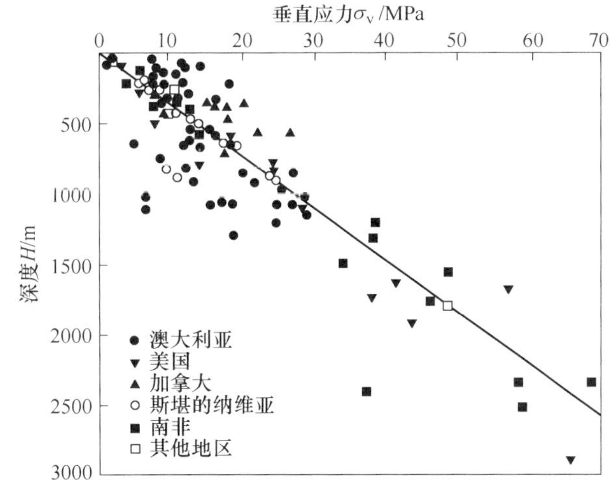

图 5-3 世界各国垂直应力 σ_v 随深度 H 的变化规律图

实测资料表明，在绝大多数（几乎所有）地区均有两个主应力位于水平或接近水平的平面内，其与水平面的夹角一般不大于 30°，最大水平主应力 $\sigma_{h,max}$ 普遍大于垂直应力 σ_v；$\sigma_{h,max}$ 与 σ_v 之比值一般为 0.5~5.5，在很多情况下比值大于 2，参见表 5-1。如果将最大水平主应力与最小水平主应力的平均值 $\sigma_{h,av}$ 与 σ_v 相比，总结目前全世界地应力实测的结果，得出 $\sigma_{h,av}/\sigma_v$ 之值一般为 0.5~5.0，大多数为 0.8~1.5（见表 5-1）。

$$\sigma_{h,av} = \frac{\sigma_{h,max} + \sigma_{h,min}}{2} \tag{5-11}$$

这说明在浅层地壳中平均水平应力也普遍大于垂直应力。垂直应力在多数情况下为最小主应力，在少数情况下为中间主应力。只在个别情况下为最大主应力。这主要是由构造应力以水平应力为主造成的。

表 5-1 世界各国水平主应力与垂直主应力的比值统计表

国家及地区	$(\sigma_{h,av}/\sigma_v)$ /%			$\sigma_{h,max}/\sigma_v$
	<0.8	0.8~1.2	>1.2	
中国	32	40	28	2.09
澳大利亚	0	22	78	2.95
加拿大	0	0	100	2.56
美国	18	41	41	3.29
挪威	17	17	66	3.56
瑞典	0	0	100	4.99
南非	41	24	35	2.50
苏联	51	29	20	4.30
其他地区	37.5	37.5	25	1.96

平均水平应力与垂直应力的比值随深度增加而减小，但在不同地区，变化的速度很不相同。图 5-4 为世界不同地区取得的实测结果。

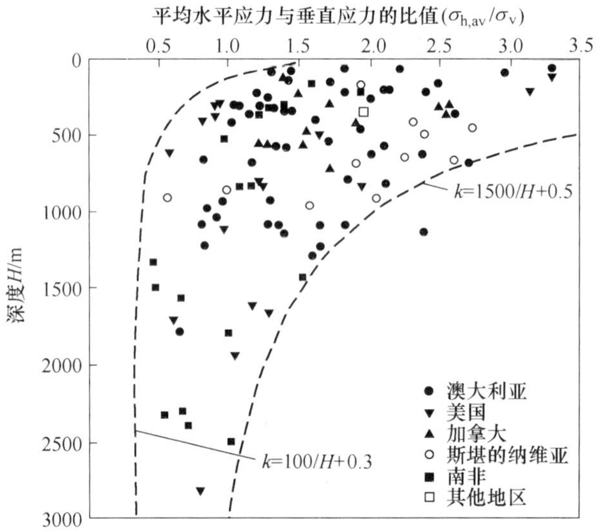

图 5-4 世界各国平均水平应力与垂直应力的比值随深度的变化规律图

霍克和布朗根据图 5-4 所示结果回归出下列公式，用下式表示 $\sigma_{h,av}/\sigma_v$ 随深度变化的取值范围：

$$\frac{100}{H} + 0.3 \leqslant \frac{\sigma_{h,av}}{\sigma_v} \leqslant \frac{1500}{H} + 0.5 \tag{5-12}$$

最大水平主应力和最小水平主应力也随深度成线性增长关系，与垂直应力不同的是，在水平主应力线性回归方程中的常数项比垂直应力线性回归方程中常数项的数值要大些，这反映了在某些地区近地表处仍存在显著水平应力的事实，斯蒂芬森（O. Stephansson）

等人根据实测结果给出了芬诺斯堪的亚古陆最大水平主应力和最小水平主应力随深度变化的线性方程：

$$\sigma_{h,max} = 6.7 + 0.0444H \quad (MPa) \tag{5-13}$$

$$\sigma_{h,min} = 0.8 + 0.0329H \quad (MPa) \tag{5-14}$$

最大水平主应力和最小水平主应力之值一般相差较大，显示出很强的方向性。$\sigma_{h,min}/\sigma_{h,max}$ 一般为0.2~0.8，多数情况下为0.4~0.8，参见表5-2。

表5-2 世界部分国家和地区两个水平主应力的比值统计表

实测地点	统计数目	$(\sigma_{h,min}/\sigma_{h,max})$ /%				
		1.0~0.75	0.75~0.50	0.50~0.25	0.25~0	合计
斯堪的纳维亚等	51	14	67	13	6	100
北美	222	22	46	23	9	100
中国	25	12	56	24	8	100
中国华北地区	18	6	61	22	11	100

地应力的上述分布规律还会受地形、地表剥蚀、风化、岩体结构特征、岩体力学性质、温度、地下水等因素的影响，特别是地形和断层的扰动影响最大。

地形对原始地应力的影响是十分复杂的。在具有负地形的峡谷或山区，地形的影响在侵蚀基准面以上及以下一定范围内表现特别明显。一般来说，谷底是应力集中的部位，越靠近谷底应力集中越明显。最大主应力在谷底或河床中心近于水平，而在两岸岸坡则向谷底或河床倾斜，并大致与坡面相平行。近地表或接近谷坡的岩体，其地应力状态和深部及周围岩体显著不同，并且没有明显的规律性。随着深度不断增加或远离谷坡，地应力分布状态逐渐趋于规律化，并且显示出和区域应力场的一致性。

在断层和结构面附近，地应力分布状态将会受到明显的扰动。断层端部、拐角处及交汇处将出现应力集中的现象。端部的应力集中与断层长度有关，长度越大，应力集中越强烈；拐角处的应力集中程度与拐角大小及其与地应力的相互关系有关。当最大主应力的方向和拐角的对称轴一致时，其外侧应力大于内侧应力。由于断层带中的岩体一般都较软弱和破碎，不能承受高的应力和不利于能量积累，所以成为应力降低带，其最大主应力和最小主应力与周围岩体相比均显著减小。同时，断层的性质不同，对周围岩体应力状态的影响也不同。压性断层中的应力状态与周围岩体比较接近，仅是主应力的大小比周围岩体有所下降，而张性断层中的地应力大小和方向与周围岩体相比均发生显著变化。

5.3 地应力测量基本原理

岩体应力现场测量的目的是了解岩体中存在的应力大小和方向，从而为分析岩体工程的受力状态以及为支护及岩体加固提供依据。岩体应力测量还可以是预报岩体失稳破坏以及预报岩爆的有力工具。岩体应力测量可以分为岩体初始应力测量和地下工程应力分布测量，前者是为了测定岩体初始地应力场，后者则为测定岩体开挖后引起的应力重分布状况。从岩体应力现场测量的技术来讲，这两者并无原则区别。

原始地应力测量就是确定存在于拟开挖岩体及其周围区域的未受扰动的三维应力状态。这种测量通常是通过一点一点地量出来完成的，岩体中一点的三维应力状态可由选定坐标系中的六个分量（σ_x，σ_y，σ_z，τ_{xy}，τ_{yz}，τ_{zx}）来表示，如图 5-5 所示。这种坐标系是可以根据需要和方便任意选择的，但一般取地球坐标系作为测量坐标系。由六个应力分量可求得该点的三个主应力的大小和方向，这是唯一的。在实际测量中，每一测点所涉及的岩石可能从几立方厘米到几千立方米，这取决于采用何种测量方法。但无论多大，对于整个岩体而言，仍可视为一点。虽然也有测定大范围岩体内的平均应力的方法，如超声波等地球物理方法，但这些方法很不准确，因而远没有“点”测量方法普及。由于地应力状态的复杂性和多变性，要比较准确地测定某一地区的地应力，就必须进行充足数量的“点”测量，在此基础上，才能借助数值分析和数理统计、灰色建模、人工智能等方法，进一步描绘出该地区的全部地应力场状态。

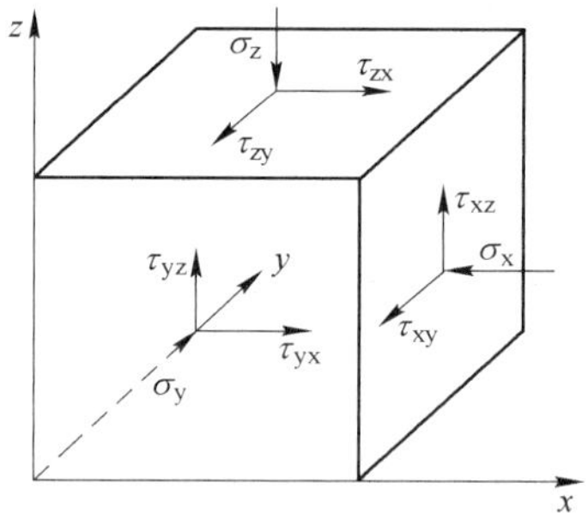

图 5-5 岩体中任一点三维应力状态示意图

为了进行地应力测量，通常需要预先开挖一些硐室以便人和设备进入测点，然而，只要硐室一开，硐室周围岩体中的应力状态就受到了扰动。有一类方法，如早期的扁千斤顶法等，就是在硐室表面进行应力测量，然后在计算原始应力状态时，再把硐室开挖引起的扰动作用考虑进去，由于在通常情况下紧靠硐室表面岩体都会受到不同程度的破坏，使它们与未受扰动的岩体的物理力学性质大不相同；同时硐室开挖对原始应力场的扰动也是十分复杂的，不可能进行精确的分析和计算。所以这类方法得出的原岩应力状态往往是不准确的，甚至是完全错误的。为了克服这类方法的缺点，另一类方法是从硐室表面向岩体中打小孔，直至原岩应力区。地应力测量是在小孔中进行的，由于小孔对原岩应力状态的扰动是可以忽略不计的，这就保证了测量是在原岩应力区中进行的。目前，普遍采用的应力解除法和水压致裂法均属此类方法。

近半个世纪来，特别是近 40 年来，随着地应力测量工作的不断开展，各种测量方法和测量仪器也不断发展起来，就世界范围而言，目前各种主要测量方法有数十种之多，而测量仪器则有数百种之多。

对测量方法的分类并没有统一的标准，有人根据测量手段的不同，将在实际测量中使用过的测量方法分为五大类，即构造法、变形法、电磁法、地震法、放射性法。也有人根据测量原理的不同分为应力恢复法、应力解除法、应变恢复法、应变解除法、水压致裂法、声发射法、X 射线法、重力法共八类。但根据国内外多数人的观点，依据测量基本原理的不同，可将测量方法分为直接测量法和间接测量法两大类。

直接测量法是由测量仪器直接测量和记录各种应力量，如补偿应力、恢复应力、平衡应力，并由这些应力量和原岩应力的相互关系，通过计算获得原岩应力值。在计算过程中并不涉及不同物理量的换算，不需要知道岩石的物理力学性质和应力应变关系。扁千斤顶法、水压致裂法、刚性包体应力计法和声发射法均属直接测量法。其中，水压致裂法目前应用最为广泛，声发射法次之。

在间接测量法中，不是直接测量应力量，而是借助某些传感元件或某些介质，测量和记录岩体中某些与应力有关的间接物理量的变化，如岩体中的变形或应变，岩体的密度、渗透性、吸水性、电阻、电容的变化，弹性波传播速度的变化等，然后由测得的间接物理量的变化，通过已知的公式计算岩体中的应力值。因此，在间接测量法中，为了计算应力值，首先必须确定岩体的某些物理力学性质以及所测物理量和应力的相互关系。套孔应力解除法和其他的应力或应变解除方法以及地球物理方法等是间接法中较常用的，其中套孔应力解除法是目前国内外最普遍采用的发展较为成熟的一种地应力测量方法。

5.4 地应力测量方法

地应力测量方法大体可分为直接测量法和间接测量法，其中直接测量法又可分为扁千斤顶法、刚性包体应力计法、水压致裂法和声发射法等；间接测量法可分为应力解除法、孔径变形法、孔壁应变法、空心包体法等。

5.4.1 扁千斤顶法

扁千斤顶又称“压力枕”，由两块薄钢板沿周边焊接在一起而成，在周边处有一个油压入口和一个出气阀，参见图 5-6。

使用扁千斤顶测量地应力的步骤如图 5-7 所示，具体如下：

(1) 在准备测量应力的岩石表面，如地下巷道、硐室的表面，安装两个测量柱，并用微米表测量两柱之间的距离。

(2) 在与两测量柱对称的中间位置向岩体内开挖一个垂直于测量柱连线的扁槽，槽的大小、形状和厚度需和扁千斤顶相一致。一般槽的厚度为 5~10 mm，由盘锯切割而成，由于扁槽的开挖，造成局部应力释放并引起测量柱之间距离的变化，测量并记录这一变化。

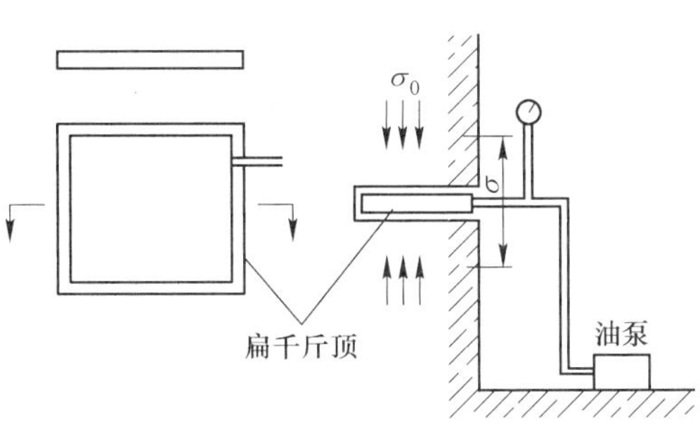

图 5-6 扁千斤顶应力测量示意图

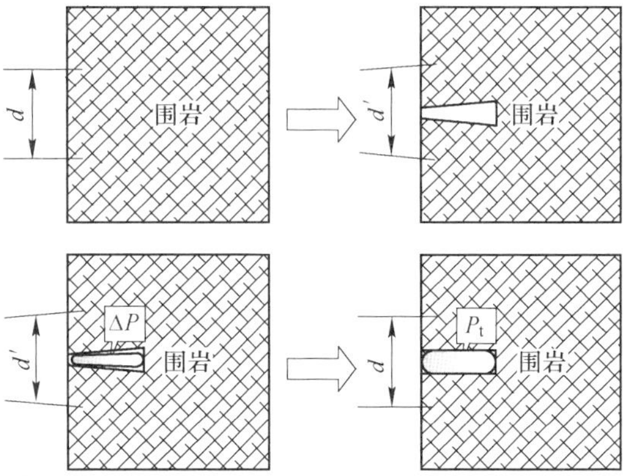

图 5-7 扁千斤顶应力测量步骤

(3) 将扁千斤顶完全塞入槽内，必要时需将注浆扁千斤顶和岩石胶结在一起。然后用电动或手动液压泵向其加压。随着压力的增加，两测量柱之间的距离亦增加。当两测量柱之间的距离恢复到扁槽开挖前的大小时，停止加压，记录下此时扁千斤顶中压力。该压力称为“平衡应力”或“补偿应力”，等于扁槽开挖前表面岩体中垂直于扁千斤顶方向，也即平行于两测量柱连线方向的应力。对于普通千斤顶，特别是面积较小的扁千斤顶，由于周边焊接圈的影响，由液压泵施加到扁千斤顶中的压力高于扁千斤顶作用于岩体上的压力，为此，在测量之前，需先在实验室中对扁千斤顶进行标定。

从原理上来讲，扁千斤顶法只是一种一维应力测量方法，一个扁槽的测量只能确定测点处垂直于扁千斤顶方向的应力分量。为了确定该测点的六个应力分量就必须在该点处沿不同方向切割六个扁槽，这是不可能实现的，因为扁槽的相互重叠将造成不同方向测量结果的相互干扰，使之变得毫无意义。

由于扁千斤顶测量只能在巷道、硐室或其他开挖体表面附近的岩体中进行，因而其测量的是一种受开挖扰动的次生应力场，而非原岩应力场。同时，扁千斤顶的测量原理是基于岩石为完全线弹性的假设，对于非线性岩体，其加载和卸载路径的应力应变关系是不同的，由扁千斤顶测得的平衡应力并不等于扁槽开挖前岩体中的应力。此外，由于开挖的影响，各种开挖体表面的岩体将会受到不同程度的损坏，这些都会造成测量结果的误差。

5.4.2 水压致裂法

水压致裂法在20世纪50年代被广泛应用于油田，通过在钻井中制造人工的裂隙来提高石油的产量。哈伯特（M. K. Hubbert）和威利斯（D. G. Willis）在实践中发现了水压致裂裂隙和原岩应力之间的关系。这一发现又被费尔赫斯特（C. Fairhurst）和海姆森（B. C. Haimson）用于地应力测量。

从弹性力学理论可知，当一个位于无限体中的钻孔受到无穷远处二维应力场（σ_1，σ_2）的作用时，离开钻孔端部一定距离的部位处于平面应变状态。在这些部位，钻孔周边的应力为

$$\sigma_\theta = \sigma_1 + \sigma_2 - 2(\sigma_1 - \sigma_2)\cos 2\theta \tag{5-15}$$

$$\sigma_\gamma = 0 \tag{5-16}$$

式中　σ_θ，σ_γ——钻孔周边的切向应力和径向应力；

θ——周边一点与 σ_1 轴的夹角。

由式（5-15）可知，当 $\theta=0°$时，σ_θ 取得极小值，此时 σ_θ 为：

$$\sigma_\theta = 3\sigma_2 - \sigma_1 \tag{5-17}$$

如果采用图5-8所示的水压致裂系统将钻孔某段封隔起来，并向该段钻孔注入高压水，当水压超过 $3\sigma_2 - \sigma_1$ 和岩石抗拉强度 T 之和后，在 $\theta=0°$处，也即 σ_1 所在方位将发生孔壁开裂。设钻孔壁发生初始开裂时的水压为 p_i，则有

$$p_i = 3\sigma_2 - \sigma_1 + T \tag{5-18}$$

如果继续向封隔段注入高压水使裂隙进一步扩展，当裂隙深度达到3倍钻孔直径时，此处已接近原岩应力状态，停止加压，保持压力恒定，将该恒定压力记为 p_s，则由图5-8可见，p_s 应和原岩应力 σ_2 相平衡，即

$$p_s = \sigma_2 \tag{5-19}$$

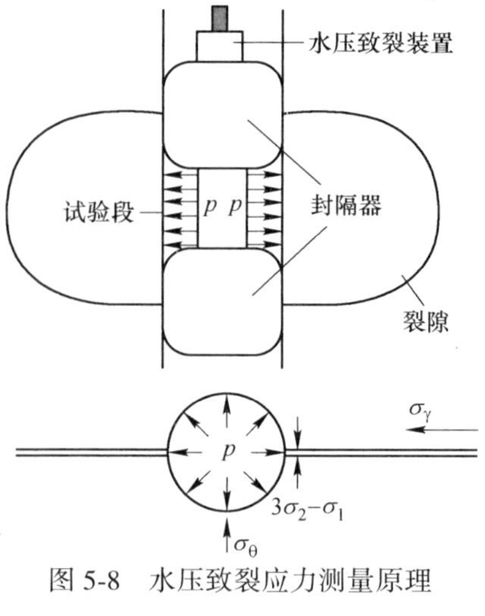

图5-8　水压致裂应力测量原理

由式（5-18）和式（5-19），只要测出岩石抗拉强度 T，即可由 p_i 和 p_s，求出 σ_1 和 σ_2，这样 σ_1 和 σ_2 的大小和方向就全部确定了。

在钻孔中存在裂隙水的情况下，如封隔段处的裂隙水压力为 p_0，则式（5-18）变为

$$p_i = 3\sigma_2 - \sigma_1 + T - p_0 \tag{5-20}$$

根据式（5-19）和式（5-20）求 σ_1 和 σ_2，需要知道封隔段岩石的抗拉强度，这往往是很困难的。为了克服这一困难，在水压致裂试验中增加一个环节，即在初始裂隙产生后，将水压卸除，使裂隙闭合，然后再重新向封隔段加压，使裂隙重新打开，即裂隙重开的压力为 p_γ，则有

$$p_\gamma = 3\sigma_2 - \sigma_1 - p_0 \tag{5-21}$$

这样，由式（5-19）和式（5-21）求 σ_1 和 σ_2 就无须知道岩石的抗拉强度。因此，由水压致裂法测量原岩应力将不涉及岩石的物理力学性质，而完全由测量和记录的压力值来决定。

水压致裂法的特点具有以下特点：

（1）设备简单。只需用普通钻探方法打钻孔，用双止水装置密封，用液压泵通过压裂装置压裂岩体，不需要复杂的电磁测量设备。

（2）操作方便。只通过液压泵向钻孔内注液压裂岩体，观测压裂过程中泵压、液量即可。

（3）测值直观。它可根据压裂时泵压（初始开裂泵压、稳定开裂泵压、关闭压力、开启压力）计算出地应力值，不需要复杂的换算及辅助测试，同时还可求得岩体抗拉强度。

（4）测值代表性大。所测得的地应力值及岩体抗拉强度是代表较大范围内的平均值，有较好的代表性。

（5）适应性强。这一方法不需要电磁测量元件，不怕潮湿，可在干孔及孔中有水条件下做实验，不怕电磁干扰，不怕震动。

因此，这一方法越来越受到重视和推广，但它存在一个较大的缺陷，即主应力方向难以准确确定。

5.4.3 刚性包体应力计法

刚性包体应力计法是20世纪50年代继扁千斤顶法之后应用较为广泛的一种岩体应力测量方法。刚性包体应力计的主要组成部分是一个由钢、铜合金或其他硬质金属材料制成的空心圆柱，在其中心部位有一个压力传感元件。测量时首先在测点打一钻孔，然后将该圆柱挤压进钻孔中，以使圆柱和钻孔壁保持紧密接触，就像焊接在孔壁上一样。理论分析表明，位于一个无限体中的刚性包体，当周围岩体中的应力发生变化时，在刚性包体中会产生一个均匀分布的应力场，该应力场的大小和岩体中的应力变化之间存在一定的比例关系。设在岩体中的 x 方向有一个应力变化 σ_x，那么在刚性包体中的 x 方向会产生应力 σ_x'，并且

$$\frac{\sigma_x'}{\sigma_x} = (1 - \nu^2)\left[\frac{1}{1 + \nu + \dfrac{E}{E'}(\nu' + 1)(1 - 2\nu')} + \frac{2}{\dfrac{E}{E'}(\nu' + 1) + (\nu + 1)(3 - 4\nu)}\right] \tag{5-22}$$

式中　E，E'——分别为岩体和刚性包体的弹性模量；

ν，ν'——分别为岩体和刚性包体的泊松比。

由式（5-22）可以看出，当E'/E大于5时，σ_x'/σ_x的比值将趋向于一个常数1.5。这就是说，当刚性包体的弹性模量超过岩体的弹性模量5倍之后，在岩体中任何方位的应力变化会在包体中相同方位引起1.5倍的应力。因此只要测量出刚性包体中的应力变化就可知道岩体中的应力变化。这一分析为刚性包体应力计奠定了理论基础。上述分析也说明，为了保证刚性包体应力计能有效工作，包体材料的弹性模量要尽可能大，至少要超过岩体弹性模量的5倍以上。根据刚性包体中压力测试原理的不同，刚性包体应力计可分为液压式应力计、电阻应变片应力计、压磁式应力计、光弹应力计、钢弦应力计等几种。图5-9为一种液压式应力计的结构示意图。在该应力计的中心槽中装有油水混合液体，端部有一个薄膜。钻孔周围岩体中的压力发生变化时，引起刚性包体中的液压发生变化，该变化被传递到薄膜上，并由粘贴在该薄膜上的电阻应变片将这种压力变化测量出来。为了使应力计和钻孔保持紧密接触并给其施加预压力，将包体设计成具有一定的锥度，并加了一个与之匹配的具有相同内锥度的套筒，该套筒的外径和钻孔直径相同。安装时首先将套筒置入钻孔中，然后将刚性包体加压推入套筒中，由于锥度的存在，随着刚性包体的不断推入，应力计和钻孔的接触将越来越紧，其中的预压力也越来越大。

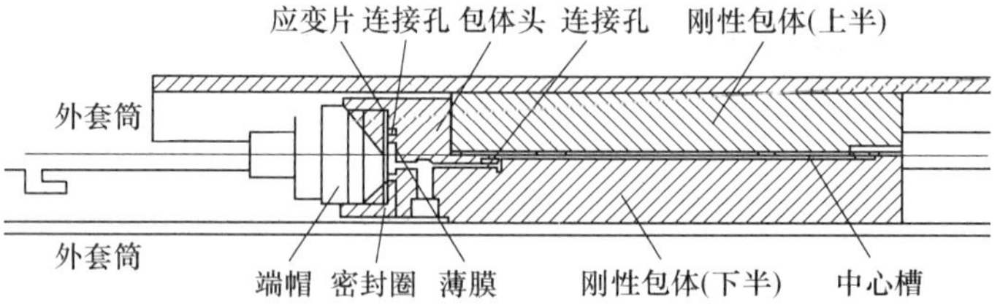

图5-9　刚性包体应力计

刚性包体应力计具有很高的稳定性，因而可用于现场应力变化进行长期监测。然而通常只能测量垂直于钻孔平面的单向或双向应力变化情况，而不能用于测量原岩应力。除钢弦应力计外，其他各种刚性包体应力计的灵敏度均较低，故20世纪80年代之前已被逐步淘汰。钢弦应力计目前仍在一些国家特别是美国得到较为广泛的应用。

5.4.4　声发射法

材料在受到外荷载作用时，其内部贮存的应变能快速释放产生弹性波，发生声响，称为声发射。1950年，德国人凯泽（J. Kaiser）发现多晶金属的应力从其历史最高水平释放后，再重新加载，当应力未达到先前最大应力值时，很少有声发射产生，而当应力达到和超过历史最高水平后，则大量产生声发射，这一现象叫作凯泽效应。从很少产生声发射到大量产生声发射的转折点称为凯泽点，该点对应的应力即材料先前受到的最大应力。后来国外许多学者证实了在岩石压缩试验中也存在凯瑟效应，许多岩石如花岗岩、大理岩、石英岩、砂岩、安山岩、辉长岩、闪长岩、片麻岩、辉绿岩、灰岩、砾岩等也具有显著的凯泽效应，从而为应用这一技术测定岩体初始应力奠定了基础。

地壳内岩石在长期应力作用下达到稳定的应变状态。岩石达到稳定状态时的微裂结构与所受应力同时被“记忆”在岩石中。如果把这部分岩石用钻孔法取出岩芯，即该岩芯被应力解除，此时岩芯中张开的裂隙将会闭合，但不会“愈合”。由于声发射与岩石中裂隙生成有关，当该岩芯被再次加载并且岩芯内应力超过它原先在地壳内所受的应力时，岩芯内开始产生新的裂隙，并伴有大量声发射出现，于是可以根据岩芯所受载荷，确定出岩芯在地壳内所受的应力大小。

凯泽效应为测量岩石应力提供了一个途径，即如果从原岩中取回定向的岩石试件，通过对加工的不同方向的岩石试件进行加载声发射试验，测定凯泽点，即可找出每个试件以前所受的最大应力，并进而求出取样点的原始（历史）三维应力状态。

声发射法的测试步骤如下：

（1）试件制备：从现场钻孔提取岩石试样，试样在原环境状态下的方向必须确定，将试样加工成圆柱体试件，径高比为1∶2~1∶3。为了确定测点三维应力状态，必须在该点的岩样中沿六个不同方向制备试件，假如该点局部坐标系为 $oxyz$，则三个方向选为坐标轴方向，另三个方向选为 oxy，oyz，ozx 平面内的轴角平分线方向。为了获得测试数据的统计规律，每个方向的试件为15~25块。

为了消除由于试件端部与压力试验机上、下压头之间摩擦所产生的噪声和试件端部应力集中，试件两端浇铸由环氧树脂或其他复合材料制成的端帽。

（2）声发射测试：将试件放在单压缩试验机上加压，并同时监测加压过程中从试件中产生的声发射现象。图5-10是一组典型的监测系统框图。在该系统中，两个压电换能器（声发射接受探头）固定在试件上、下部，用于将岩石试件在受压过程中产生的弹性波转换成电信号。该信号经放大、鉴别之后送入定区检测单元，定区检测是检测两个探头之间的特定区域里的声发射信号，区域外的信号被认为是噪声而不被接收。定区检测单元输出的信号送入计数控制单元，计数控制单元将规定的采样时间间隔内的声发射模拟量和数字量（事件数和振铃数）分别送到记录仪或显示器绘图、显示或打印。

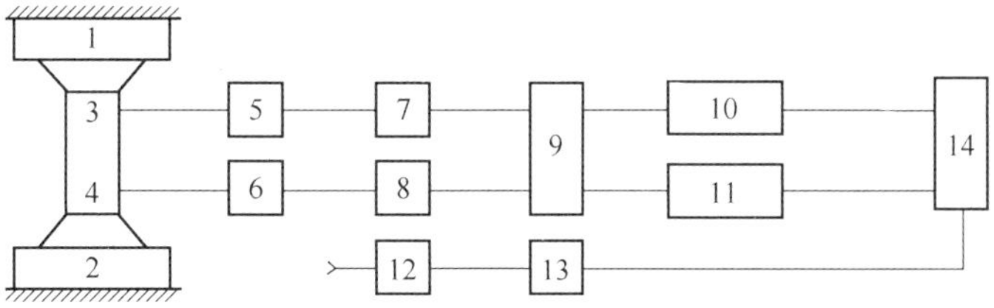

图5-10　声发射监测系统框图

1，2—上、下压头；3，4—换能器A、B；5，6—前置发大器A、B；7，8—输入鉴别单元A、B；9—定区检测单元；10—计数控制单元A；11—计数控制单元B；12—压机油路压力传感器；13—压力电信号转换仪器；14—三笔函数记录仪

凯泽效应一般发生在加载的初期，故加载系统应选用小吨位的应力控制系统，并保持加载速率恒定，尽可能避免用人工控制加载速率如用手动加载，则应采用声发射事件数或振铃总数曲线判定凯泽点，而不应根据声发射事件速率曲线判定凯泽点。这是因为声发射速率和加载速率有关。在加载初期，人工操作很难保证加载速率恒定，在声发射事件速率曲线上可能出现多个峰值，难以判定真正的凯泽点。

（3）计算地应力：由声发射监测所获得的应力-声发射事件数（速率）曲线（如图5-11

所示)，即可确定每次试验的凯泽点，并进而确定该试件轴线方向先前受到的最大应力值。15~25个试件获得一个方向的统计结果，六个方向的应力值即可确定取样点的历史最大三维应力大小和方向。

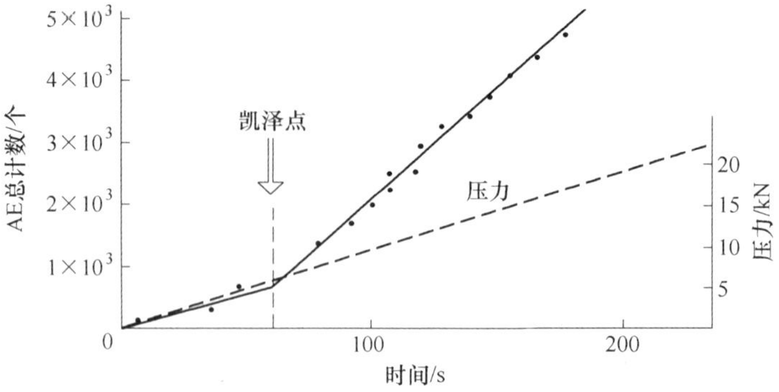

图 5-11 应力-声发射事件试验曲线图

根据凯泽效应的定义，用声发射法测得的是取样点的现存最大应力，而非现今地应力。但是也有一些人对此持相反意见，并提出了“视凯泽效应”的概念。认为声发射可获得两个凯泽点，一个对应于引起岩石饱和残余应变的应力，它与现今应力场一致，比历史最高应力值低，因此称为视凯泽点。在视凯泽点之后，还可获得另一个真正的凯泽点，它对应于历史最高应力。

由于声发射与弹性波传播有关，所以高强度的脆性岩石有较明显的声发射凯泽效应出现，而多孔隙低强度及塑性岩体的凯泽效应不明显，所以不能用声发射法测定比较软弱疏松岩体中的应力。

5.4.5 应力解除法

应力解除法是岩体应力测量中应用较广的方法。它的基本原理是：当需要测定岩体中某点的应力状态时，人为地将该处的岩体单元与周围岩体分离，此时，岩体单元上所受的应力将被解除。同时，该单元体的几何尺寸也将产生弹性恢复。应用一定的仪器，测定这种弹性恢复的应变值或变形值，并且认为岩体是连续、均质和各向同性的弹性体，于是就可以借助弹性理论的解答来计算岩体单元所受的应力状态。

应力解除法的具体方法很多，按测试深度可以分为表面应力解除、浅孔应力解除及深孔应力解除。按测试变形或应变的方法不同，又可以分为孔径变形测试，孔壁应变测试及钻孔应力解除法等。下面主要介绍常用的钻孔应力解除法。钻孔应力解除法可分为岩体孔底应力解除法和岩体钻孔套孔应力解除法。

5.4.5.1 岩体孔底应力解除法

岩体孔底应力解除法是向岩体中的测点先钻进一个平底钻孔，在孔底中心处粘贴应变传感器（如电阻应变花探头或是双向光弹应变计)，通过钻出岩芯，使受力的孔底平面完全卸载，从应变传感器获得的孔底平面中心处的恢复应变，再根据岩石的弹性常数，可求得孔底中心处的平面应力状态。由于孔底应力解除法只需钻进一段不长的岩芯，所以对于较为破碎的岩体也能应用。

孔底应力解除法主要工作步骤如图5-12所示，应变观测系统如图5-13所示。并将应力解除钻孔的岩芯，在室内测定其弹性模量E和泊松比μ，即可应用公式计算主应力的大小和方向。由于深孔应力解除测定岩体全应力的六个独立的应力分量需用三个不同方向的共面钻孔进行测试，其测定和计算工作都较为复杂，在此不再介绍。

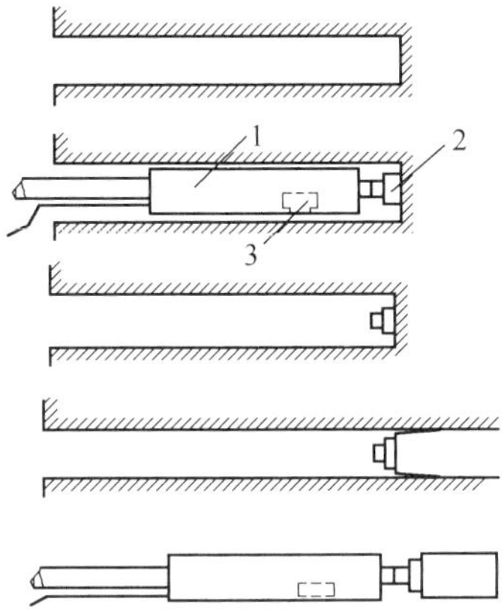

图5-12 孔底应力解除法主要工作步骤

1—安装器；2 探头；3—温度补偿器

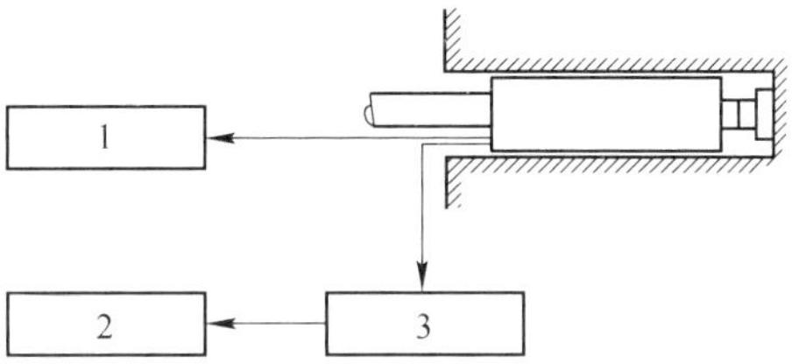

图5-13 孔底应变观测系统简图

1—控制箱；2—电阻应变仪；3—预调平衡箱

5.4.5.2 岩体钻孔套孔应力解除法

采用岩体钻孔套孔应力解除法对岩体中某点进行应力量测时，先向该点钻进一定深度的超前小孔，在此小钻孔中埋设钻孔传感器，再通过钻取一段同心的管状岩芯而使应力解除，根据应变及岩石弹性常数，即可求得该点的应力状态。该岩体应力测定方法的主要工作步骤如图5-14所示。

应力解除法所采用的钻孔传感器可分为位移（孔径）传感器和应变传感器两类。以下主要阐述位移传感器测量方法。中国科学院武汉岩土力学研究所设计制造的钻孔变形计为位移传感器，测量元件分钢环式和悬臂钢片式两种（如图5-15所示）。

该钻孔变形计用来测定钻孔中岩体应力解除前后孔径的变化值（径向位移值）。钻孔变形计置于中心小孔需要测量的部位，变形计的触脚方位由前端的定向系统来确定。通过触脚测出孔径位移值，其灵敏度可达1×10^{-4} mm。

由于本测定方法是量测垂直于钻孔轴向平面内的孔径变形值，所以它与孔底平面应力解除法一样，也需要有三个不同方向的钻孔进行测定，才能最终得到岩体全应力的六个独立的应力分量。在大多数实验场

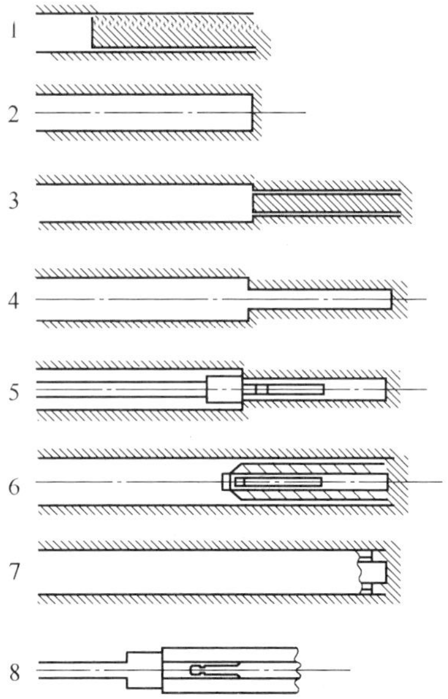

图5-14 钻孔套孔应力解除的主要工作步骤

1—套钻大孔；2—取岩心并孔底磨平；3—套钻小孔；4—取小孔岩芯；5—粘贴元件测初读数；6—应力解除；7—取岩芯；8—测终读数

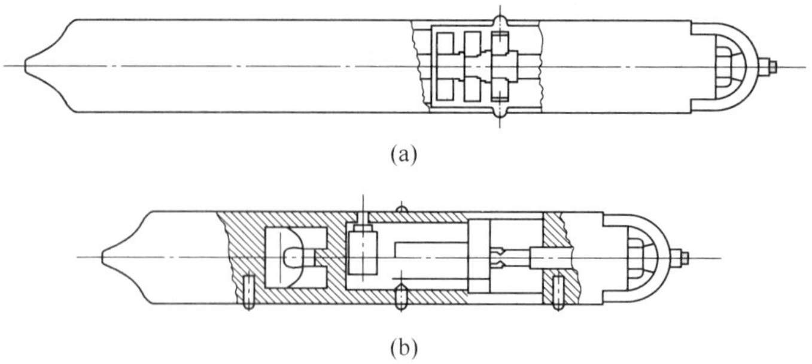

(a)

(b)

图 5-15 钻孔变形计

（a）钢环式；（b）悬臂钢片式

合下，往往需要进行简化计算，例如假定钻孔方向与 σ_3 方向一致，并认为 $\sigma_3=0$，则此时通过孔径位移值计算应力的公式为

$$\frac{\delta}{d_i}=[(\sigma_1+\sigma_2)+2(\sigma_1-\sigma_2)(1-\mu^2)\cos 2\theta_i]\frac{1}{E} \tag{5-23}$$

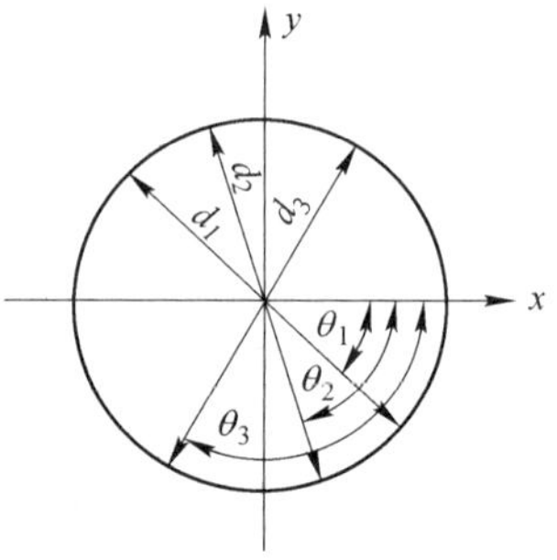

图 5-16 孔径变化的测量

式中 δ——钻孔直径变化值；

d_i——钻孔直径；

θ_i——测量方向与水平轴的夹角（如图 5-16 所示）；

E，μ——岩石弹性模量与泊松比。

根据式（5-23），如果在 0°、45°、90°三个方向上同时测定钻孔直径变化，则可计算出与钻孔轴垂直平面内的主应力大小和方向：

$$\begin{cases}\begin{matrix}\sigma_1'\\ \sigma_2'\end{matrix}=\dfrac{E}{4(1-\mu^2)}\left[(\delta_0+\delta_{90})\pm\dfrac{1}{\sqrt{2}}\sqrt{(\delta_0-\delta_{15})^2+(\delta_{15}-\delta_{90})^2}\right]\\ \alpha=\dfrac{1}{2}\cot\dfrac{2\delta_{45}-(\delta_0-\delta_{90})}{\delta_0-\delta_{90}}\\ \dfrac{\cos 2\alpha}{\delta_0-\delta_{90}}>0(\text{判别式})\end{cases} \tag{5-24}$$

式中，α 为 δ_0 与 σ_1' 的夹角，但判别式小于 0 时，则为 δ_0 与 σ_2' 的夹角。式中用符号 σ_1'、σ_2' 而不用 σ_1 和 σ_2，表示它并不是真正的主应力。而是垂直于钻孔轴向平面内的似主应力。

在实际计算中，由于考虑到应力解除是逐步向深处进行的，实际上不是平面变形而是平面应力问题，所以公式（5-24）可改写为

$$\begin{matrix}\sigma_1'\\ \sigma_2'\end{matrix}=\frac{E}{4}\left[(\delta_0+\delta_{90})+\frac{1}{\sqrt{2}}\sqrt{(\delta_0-\delta_{45})^2+(\delta_{45}-\delta_{90})^2}\right] \tag{5-25}$$

5.4.6 应力恢复法

应力恢复法是用来直接测定岩体应力大小的一种测试方法，目前此法仅用于岩体表

层，当已知某岩体中的主应力方向时，采用本方法较为方便。如图 5-17 所示，当硐室某侧墙上表层围岩应力的主应力 σ_1，σ_2 方向分别为垂直与水平方向时，就可用应力恢复法测得 σ_1 的大小。

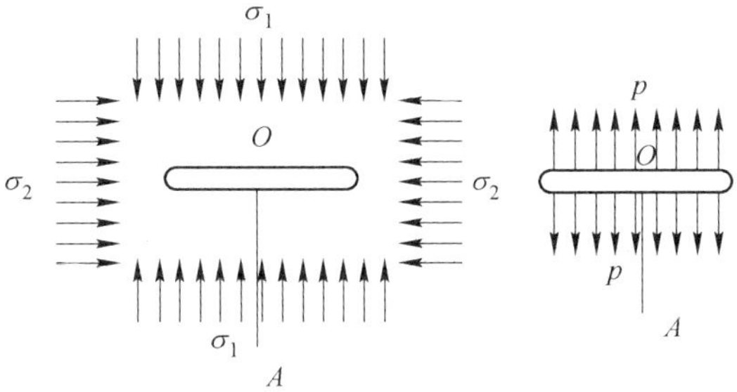

图 5-17 应力恢复法原理图

基本原理为在侧墙上沿测点 O，先沿水平方向（垂直所测的应力方向）开一个解除槽，则在槽的上下附近，围岩应力得到部分解除，应力状态重新分布。在槽的中垂线 OA 上的应力状态，根据 H. N. 穆斯海里什维里理论，可把槽看作一条缝，得到：

$$\sigma_{1x} = 2\sigma_1 \frac{\rho^4 - 4\rho^2 - 1}{(\rho^2 + 1)^3} + \sigma_2 \tag{5-26}$$

$$\sigma_{1y} = \sigma_1 \frac{\rho^6 - 3\rho^4 + 3\rho^2 - 1}{(\rho^2 + 1)^3} \tag{5-27}$$

式中 σ_{1x}，σ_{1y}——OA 线上某点 B 的应力分量；

ρ——B 点离槽中心 O 的距离的倒数。

当在槽中埋设压力枕，并由压力枕对槽加压，若施加压力为 p，则在 OA 线上 B 点产生的应力分量为

$$\sigma_{2x} = -2p \frac{\rho^4 - 4\rho^2 - 1}{(\rho^2 + 1)^3} \tag{5-28}$$

$$\sigma_{2y} = 2p \frac{3\rho^4 + 1}{(\rho^2 + 1)^3} \tag{5-29}$$

当压力枕所施加的力 $p = \sigma_1$ 时，这时 B 点的总应力分量为

$$\sigma_x = \sigma_{1x} + \sigma_{2x} = \sigma_2 \tag{5-30}$$

$$\sigma_y = \sigma_{1y} + \sigma_{2y} = \sigma_1 \tag{5-31}$$

可见当压力枕所施加的力 $p = \sigma_1$ 时，则岩体中的应力状态已完全恢复，所求的应力 σ_1 即由 p 值而得知，这就是应力恢复法的基本原理。

应力恢复法主要过程简述如下：

（1）在选定的实验点上，沿解除槽的中垂线上安装好测量元件。测量元件可以是千分表、钢弦应变计或电阻应变片等，如图 5-18 所示，若开槽长度为 B，则应变计中心一般距槽 $B/3$，槽的方向与预定所需测定的应力方向垂直。槽的尺寸根据所使用的压力枕大小而定。槽的深度要求大于 $B/2$。

（2）记录量测元件-——应变计的初始读数。

（3）开凿解除槽。岩体产生变形并记录应变计上的读数。

（4）在开挖好的解除槽中埋设压力枕，并用水泥砂浆充填空隙。

（5）待充填水泥浆达到一定强度以后，即将压力枕联结油泵，通过压力枕对岩体施压。随着压力枕所施加的力 p 的增加，岩体变形逐步恢复。逐点记录压力 p 与恢复变形（应变）的关系。

（6）当假设岩体为理想弹性体时，则当应变计回复到初始读数时，此时压力枕对岩体所施加的压力 p 即为所求岩体的主应力。

如图 5-19 所示，ODE 即为压力枕加荷曲线，压力枕不仅加压到使应变计回到初始读数（D 点），即恢复了弹性应变 ε_{0e}，而且继续加压到 E 点，这样，在 E 点得到全应变 ε_1；由压力枕逐步卸荷，得到卸荷曲线 EF，并得知 $\varepsilon_1 = GF + FO = \varepsilon_{1e} + \varepsilon_{1p}$。这样，就可以求得产生全应变 ε_1 所相应的弹性应变 ε_{1e} 与残余塑性应变 ε_{1p} 之值。为了求得产生 ε_{0e} 所相应的全应变量，可以作一条水平线 KN 与压力枕的 OE 和 EF 线相交，并使 $MN = \varepsilon_{0e}$，则此时 KM 就为残余塑性应变 ε_{0p}，相应的全应变量 $\varepsilon_0 = \varepsilon_{0e} + \varepsilon_{0p} = KM + MN$。由 ε_0 值就可在 OE 线上求得 C 点，并求得与 C 点相对应的 p 值，此即所求的 σ_1 值。

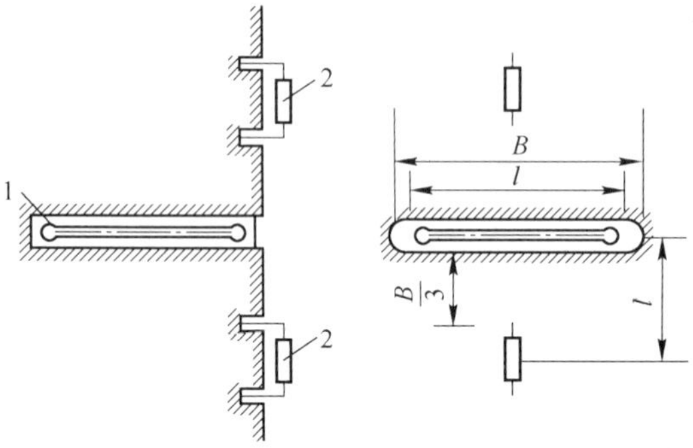

图 5-18　应力恢复法布置示意图

1—压力枕；2—应变计

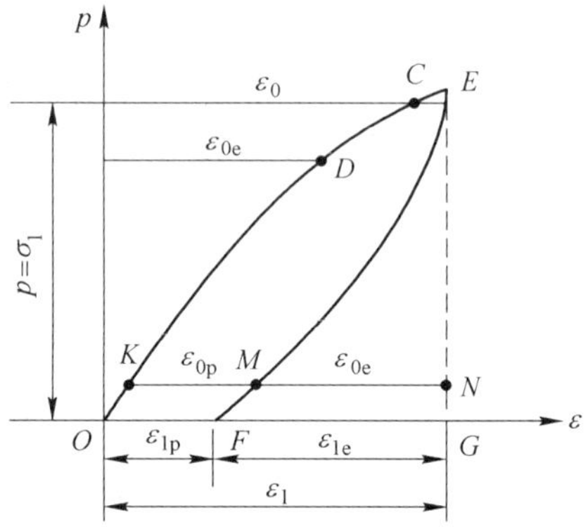

图 5-19　由应力-应变曲线求岩体应力

习题与思考题

习题与思考题答案

5-1　何为地应力，为什么要了解地应力，测量地应力？

5-2　地应力的测量方法包括哪些？

5-3　产生地应力的原因有哪些？

5-4　什么是自重应力，什么是构造应力，二者分别有什么特点？

5-5　浅部地壳应力分布主要有哪些基本规律？

5-6　地应力测量方法分哪两类，两类的主要区别在哪里，每类包括哪些主要测量技术？

5-7　简述水压致裂法的基本测量原理。

5-8　水压致裂法有哪些优缺点？

5-9　简述声发射法的主要测试原理。

5-10　简述声发射法的测试步骤。

5-11　简述应力解除法的基本原理。

5-12　简述套孔应力解除法主要测试步骤。

5-13　简述应力恢复法的主要过程。

5-14　简述刚性包体应力计的特点及应用范围。

6 岩体声波测试技术

6.1 概　　述

岩体声波测试是指以人工的方法，向介质辐射声波，并观测声波在介质中传播的特性，利用介质的物理性质与声波传播速度等参数之间的关系，探测岩体的地质构造、物理和力学性质。

声波是指频率在20~20000 Hz范围内的振动波，低于20 Hz为次声波，高于20000 Hz为超声波。超声波探测具有频率高、波长短，分辨高，探测范围小的特点，地震波探测具有频率低（<500 Hz）、分辨低，探测范围大的特点，而声波探测处于两者之间。

岩体声波探测技术优点有以下两个方面：

（1）给出定量指标。以弹性动力学为基础，声波引起的介质质点运动与介质的力学特性关系比较密切，对于解决工程地质评价，尤其是岩体稳定评价问题，能给出定量指标。

（2）测试技术简单易行。具有简便、快速、经济、便于重复测试、对测试的岩体（岩石）无破坏作用等优点；测试成果易得到推广应用，为工程设计和施工得到全面而可靠的数据和资料。

根据岩体声波探测技术的特点和优点，其在工程中的应用主要包括以下几个方面：

（1）工程岩体进行分类、分级；

（2）评价工程围岩的稳定性：包括围岩松弛带范围的测定和围岩稳定性的定期观测；

（3）确定地质剖面、风化层厚度：配合进行工程地质勘探钻孔；

（4）岩石和岩体的物理力学性质的测定和估算：如动弹性模量、泊松比等；

（5）岩体中存在缺陷：如构造断裂、岩溶洞穴的位置、规模，张开裂隙的延伸方向和长度的探测；

（6）工程施工及加固措施效果的检查：如爆破、喷锚支护、补强灌浆的质检。

6.2 声波测试技术基础

声波就是在弹性介质中传播的、载有岩体各种信息的弹性波，本节将介绍声波的物理特征、传播特性、波衰减和声场等有关弹性波的基础知识。

6.2.1 岩体中的弹性波

无限介质中的波分为纵波和横波；半无限介质中的波分为瑞利波和勒夫波，当岩体存在着一个自由面或在两种岩体之间存在着交界面时，除纵波和横波外，还可能产生表面波；而有限体的介质中的波可分为杆中波和板中波。

6.2.1.1　无限介质中的波

无限介质中的波存在纵波和横波两种，其中纵波的质点振动方向与波传播方向相平行，纵波波速计算公式见式（6-1）；横波的质点振动方向与波传播方向相垂直，横波波速计算公式见式（6-2）；纵波速度 v_p 和横波速度 v_s 的关系如式（6-3）所示。对于大多数岩石 $\mu=0.25$，则 $v_p/v_s=1.73$。

$$v_p = \sqrt{\frac{E(1-\mu)}{\rho(1-2\mu)(1+\mu)}} \tag{6-1}$$

$$v_s = \sqrt{\frac{G}{\rho}} = \sqrt{\frac{E}{2\rho(1+\mu)}} \tag{6-2}$$

$$\frac{v_p}{v_s} = \sqrt{\frac{2(1-\mu)}{1-2\mu}} \tag{6-3}$$

6.2.1.2　半无限介质中的波

岩体存在着一个自由面将产生表面波，该表面波为瑞利波，瑞利波的传播速度 v_R 小于岩体内的纵波和横波的速度，由下列方程决定：

$$k^8 - 8k^4 + (24 - 16\alpha^2)k^2 + 16(\alpha^2 - 1) = 0 \tag{6-4}$$

$$k = v_R/v_s \tag{6-5}$$

$$\alpha = v_s/v_p \tag{6-6}$$

可用式（6-7）近似表示：

$$v_R = \frac{0.87 + 1.12\mu}{1+\mu}v_s \tag{6-7}$$

瑞利波存在于岩体表面，质点运动轨迹为长轴垂直于表面的椭圆，其长轴与短轴之比为 1.468（$\mu=0.25$），随面波逐渐深入岩体内部，其长轴与短轴越来越接近，最后成为长轴平行于表面的椭圆，如图 6-1 所示。

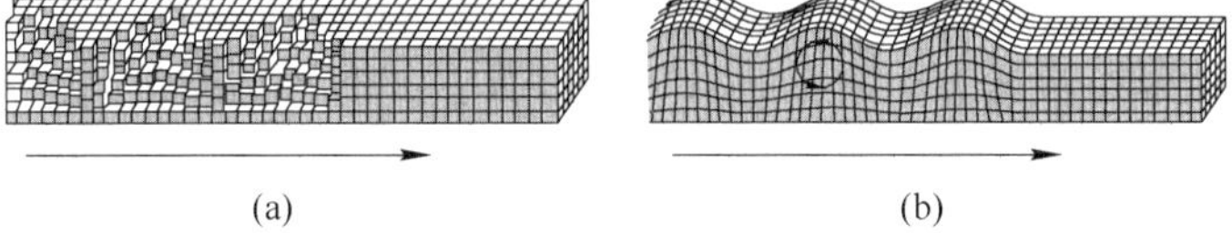

图 6-1　勒夫波和瑞利波的传播特点

（a）勒夫波；（b）瑞利波

瑞利波的能量主要分布在表面附近，集中在 1 个波长的深度内，并随着距离表面的深度增加，强度衰减很快，在与表面平行的方向，能量衰减比纵、横波慢。若表面震源辐射出的能量为 100，则沿着表面的方向上纵波、横波和面波所占的能量比例为：纵波 7%，横波 26%，面波 67%，表面波的能量随表面距离增加衰减得较慢，而且在能量分配上又占一半以上，故在岩体的表面上的面波是最强的优势波。在声波探测技术中，专门利用面波进行探测，称为表面波法。

6.2.1.3　有限介质的波

（1）杆中的纵波：在岩性相同的岩样中，有限体的形状不同，其纵波速度不同。如果细长圆柱形岩石试块的直径 d 小于波长 λ 的 1/10 时，可视为杆，其纵波波速 v_{pg} 为：

$$v_{pg} = \sqrt{E/\rho} \tag{6-8}$$

（2）板中的纵波：当岩石试块在 X、Y 方向上的尺寸远远大于 Z 方向的尺寸，而且 Z 方向的尺寸（即厚度 h）比波长小很多时（$h<\lambda/10$），可视为板状体。板中的纵波波速为：

$$v_{pb} = \sqrt{\frac{E}{\rho(1-\mu)(1+\mu)}} = v_{pg}\sqrt{\frac{1}{(1-\mu)(1+\mu)}} \tag{6-9}$$

（3）有限介质的横波：不管在有限体或无限体中，横波的速度都是一样的。同一岩石试块是无限体或有限体的关键在于声波波长。

6.2.2　描述声波的特征量

声波探测中描述声波的为波速、振幅、频率三个参量。

（1）振动图（$x=x_0$）：波传播过程质点的振幅随距离和时间变化。

如图 6-2 所示，振幅 A 为声波波形离开平衡点的最大值。频率 f 为波峰与波峰之间相隔的时间称为周期，周期的倒数即为频率。任意一个波都可以分解成不同频率，不同振幅和不同相位的正弦波，而主频是振幅最大的正弦波的频率。

$$y = A\sin[2\pi f(t - x_0/c)] \tag{6-10}$$

（2）波剖面图（$t=t_0$）：波长为波在一个周期内传播的距离，而波数为波长的倒数。声能密度为介质单位体积内的声波能量，包括动能和势能，动能与介质质点振动速度有关，势能与振幅有关。波长=声速×周期=声速/频率。波剖面图，见图 6-3。

$$y = A\sin[2\pi f(t_0 - x/c)] \tag{6-11}$$

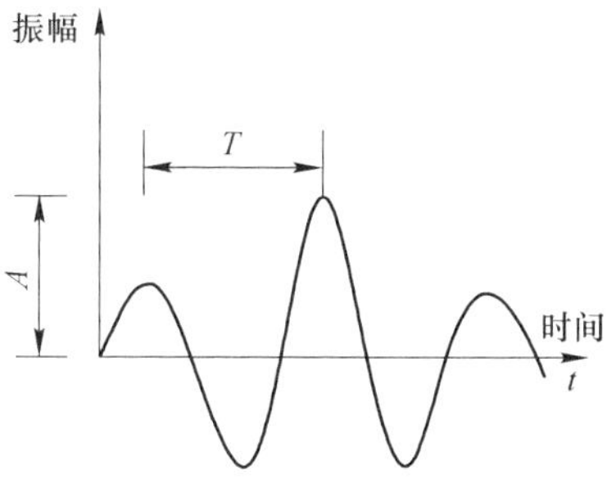

图 6-2　振动图

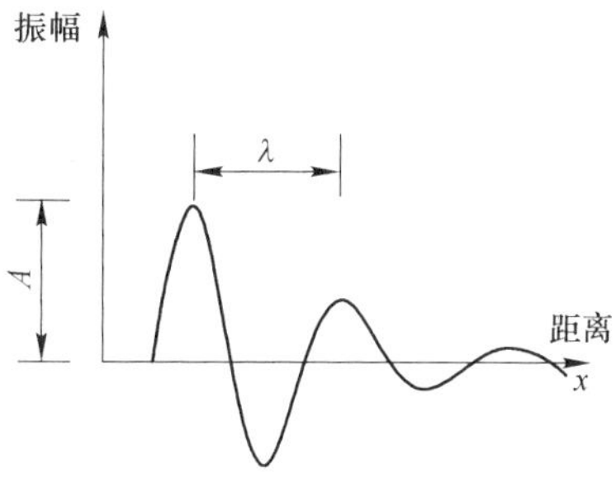

图 6-3　波剖面图

6.2.3　波场、波阵面、射线

波场为波在传播时所形成物理量在时间和空间的分布状态。波前（波阵面）是指在某一时刻，岩体中刚开始震动的各质点所构成的曲面，即已震动区和未震动区的交界面。射线定义为与波前相垂直的法线，射线是弹性波由一点向另一点传播时，经过的路程。波场、波阵面、射线，见图 6-4。

声波按波阵面形状进行分类，可分为球面波、柱面波和平面波，三种波定义如下：

（1）球面波：自震源发出的波，其波前构成一个球面。在均匀岩体中，球形震源或点震源将产生的球形波。

(2) 柱面波：波前构成一个柱形面。在均匀岩体中，长圆柱体震源或线状震源将产生的柱面波。

(3) 平面波：波前构成一个平面。所研究区段取得足够小且距震源足够远，球面波和柱面波也可视为平面波。

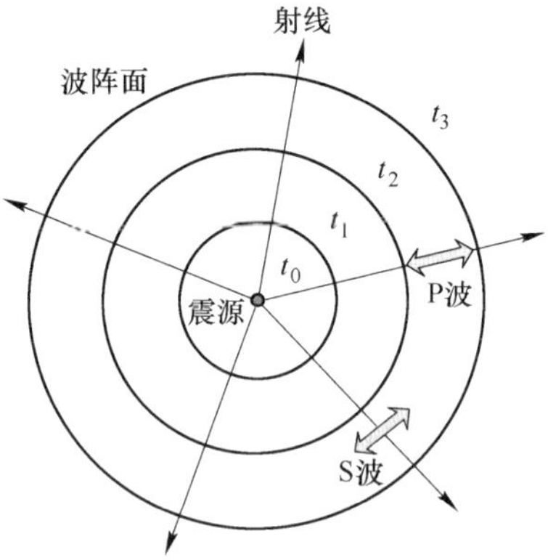

图 6-4　波场、波阵面、射线

6.2.4　波前原理、叠加原理和射线原理

波前原理（惠更斯原理）指出：

(1) 波阵面上的每一点都看作发射次级子波的波源；

(2) 子波朝各个方向传播产生新波；

(3) 新波的包络线是原波的新波前。

例如：声波通过小孔扩散。

叠加原理的表述为：在弹性介质中，两个波在某区域内相遇，则相遇时波的强度等于它们的代数和（重叠），若相遇后又重新分开，则此后两个波的传播情况仍好似未曾相遇过一样。

射线原理（费玛原理）为：波总是沿射线传播的。波沿射线传播从一点达到另一点所需时间是最短的（直线传播）。

6.2.5　波的反射、透射

弹性波由一种岩体传到另一种岩体分界面时，会产生反射和透射（折射）现象，见图 6-5。一般会产生四种波，其中两种透射波在第二种岩体中传播，两种反射波在第一种岩体中传播。

(1) 角度关系：根据斯涅尔定律，入射波、反射波、透射波之间的角度关系为：

$$\frac{\sin\alpha}{v_{1p}}=\frac{\sin\alpha_p}{v_{1p}}=\frac{\sin\alpha_s}{v_{1s}}=\frac{\sin\beta_p}{v_{2p}}=\frac{\sin\beta_s}{v_{2s}} \tag{6-12}$$

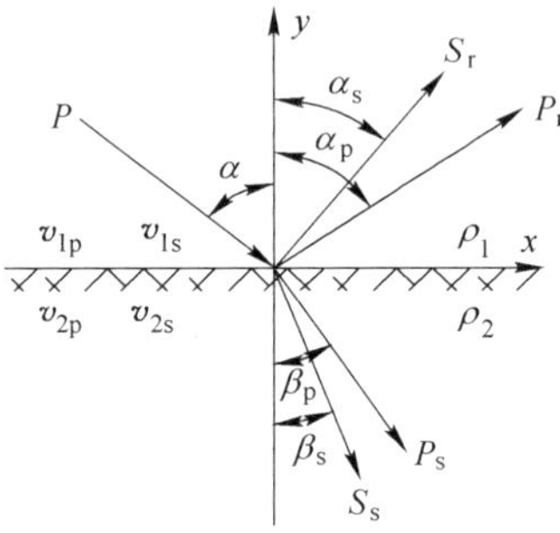

图 6-5　波的反射与透射

(2) 振幅关系：对于斜入射纵波，反射纵波振幅 A_{rp} 和反射横波振幅 A_{rs}，透射纵波振幅 A_{tp} 和透射横波振幅 A_{ts} 是入射角和介质常数的函数。而对于垂直入射纵波，不存在反射横波和透射横波。反射系数 K_r 和透射系数 K_t 的定义如下：

$$K_r=\frac{A_{rp}}{A_p}=\frac{\rho_2 v_{2p}-\rho_1 v_{1p}}{\rho_2 v_{2p}+\rho_1 v_{1p}} \tag{6-13}$$

$$K_t=\frac{A_{tp}}{A_p}=\frac{2\rho_1 v_{1p}}{\rho_2 v_{2p}+\rho_1 v_{1p}} \tag{6-14}$$

介质的密度与波速的乘积称为波阻抗，波阻抗相等，不产生反射，界面传递性能最好（耦合）。

（3）全反射与折射波的形成：考察地层 1 和地层 2 的声波传播速度分别为 v_1 和 v_2，且 $v_2>v_1$，其交界面为 AB，由斯涅尔定律得：

$$\frac{\sin\alpha}{\sin\beta_p}=\frac{v_1}{v_2} \tag{6-15}$$

当透射角 β_p 等于 90°时，将出现内部全反射现象，此时，透射波沿界面 AB 传播，称为滑行波，此时的入射角称为临界角。

$$\sin\varphi=\frac{v_1}{v_2} \tag{6-16}$$

沿着地层分界面以 v_2 速度进行传播的滑行波一部分再以临界角折射回上面地层 1 形成折射波，见图 6-6。

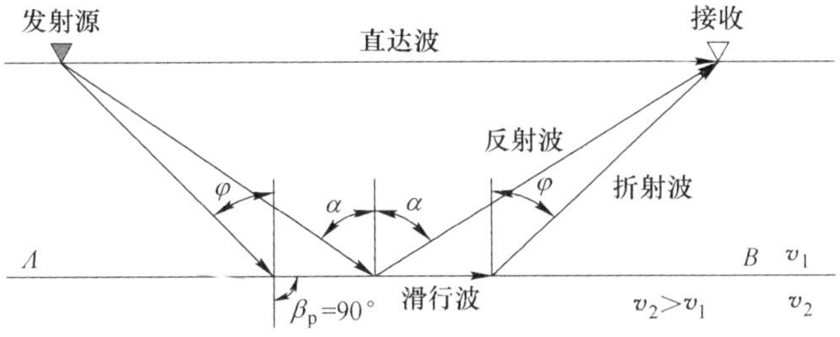

图 6-6　表面观测到三种弹性波图解

如果弹性波以临界角 φ 入射到分层介质时，在地表能检测到三种传播路径不同的纵波，分别为：

（1）由声源直接传播来的直达波；

（2）声波传播到交界层面时沿交界面行走一段的滑行波，再折射回上面岩层的折射波；

（3）声波传到下面岩层上直接反射回来的反射波。

6.2.6　波的绕射（衍射）

声波遇到障碍物时，如果障碍物反射系数很大，波将改变传播方向，绕过障碍物传播，产生绕射波，见图 6-7。例如：入射波波前到达障碍物的边缘 A 点时，将形成新的波源并绕过障碍物继续向前传播。可以利用波的衍射特性来探测岩体的裂隙。

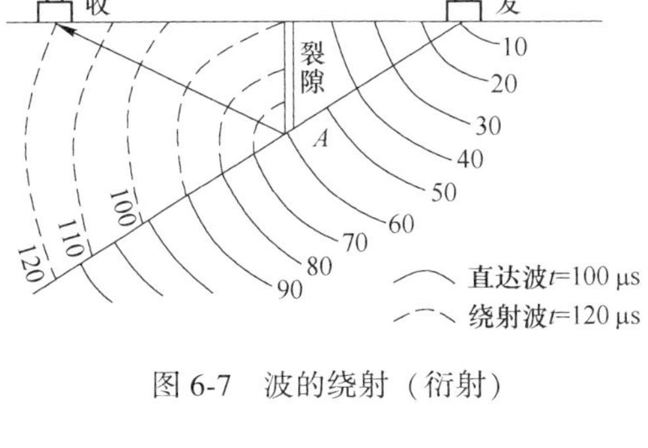

图 6-7　波的绕射（衍射）

6.2.7 波的散射

在岩体中传播的波，遇到不光滑的界面时，如果界面上的凹凸处的曲率半径和波长相比很小，会发生波前的散射，见图 6-8。波的散射特性，给声波探测带来干扰，是不利因素。可以利用散射特性来观察岩体内部结构的破碎程度。

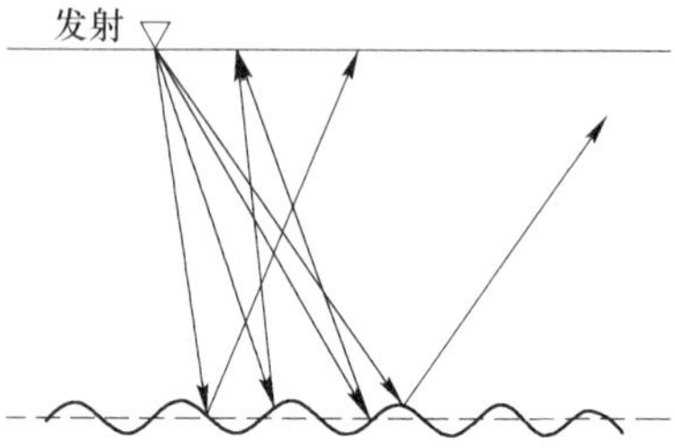

图 6-8 波的散射

6.3 岩体性质与弹性波传播关系

岩体物理力学性质、地质特征（如岩体风化程度、结构面、含水率、岩体的应力等）均为岩体特性。而在岩体中动应力激发的弹性波有纵波（P 波）、横波（S 波）和面波（R 波）。只有搞清楚波动特征和岩体特性之间的相关性，才能有效利用弹性波来探测岩体特性。

根据理论分析与实验得知：岩体中声波速度与岩体类型、岩体结构、岩体力学性质和周围环境有关，声波速度能综合地反映岩体特性。在实际应用中，主要是用纵波波速，横波波速，其次是利用波的振幅特性来探测岩体特性。

岩体声波检测技术得到广泛应用，有着完善的物理基础。首先，我们讨论岩体的声速与岩体物性间的关系。鉴于岩体的结构特征，以及检测的对象既有大块的岩体，也有小尺寸的岩石试件，由固体中波动方程的解可知，岩体或岩石的几何尺寸与声波波长相对关系不同，边界条件是不一样的，声速的表达式也不一样。

6.3.1 无限固体介质中的声速

无限体（介质）指的是介质的尺寸远比波长大，理论及试验证明，当介质与声波传播方向相垂直的尺寸 D，存在 $D>(2\sim5)\lambda$，此时的介质可认为是无限体。

无限体纵波的声波传播速度为：

$$v_{\mathrm{p}} = \sqrt{\frac{E}{\rho}\frac{1-\mu}{(1+\mu)(1+2\mu)}} \tag{6-17}$$

无限体横波的声波传播速度为：

$$v_{\mathrm{s}} = \sqrt{\frac{G}{\rho}} = \sqrt{\frac{E}{\rho}\times\frac{1}{2(1+\mu)}} \tag{6-18}$$

式中 E——弹性模量，Pa；

G——剪切模量，Pa；
μ——泊松比，无量纲；
ρ——密度，kg/m^3。

6.3.2 有限固体介质中的声速

6.3.2.1 一维杆的声速

当固体介质的尺寸和波长满足下列关系时，称为一维杆，一维杆的边界条件为见式（6-19），一维杆轴线方向的纵波声速见式（6-20）。

$$\begin{cases} \lambda > 2D \\ D < \dfrac{1}{5}L \end{cases} \tag{6-19}$$

$$v_B = \sqrt{\frac{E}{\rho}} \tag{6-20}$$

式中 λ——波长；
D——一维杆直径；
L——一维杆长度。

6.3.2.2 二维板的声速

当岩体的尺寸满足二维板的边界时，即在 X 及 Y 方向的尺寸远大于 Z 方向尺寸，且 Z 方向的尺寸 $L_Z<\lambda$ 时，二维板在 X 及 Y 方向的声速如下：

$$v_p = \sqrt{\frac{G}{\rho}} = \sqrt{\frac{E}{\rho} \times \frac{1}{2(1+\mu)}} \tag{6-21}$$

当对板状建筑石材进行声波检测时，对垂直于厚度方向的纵波声速，应按上式来考虑，同样可以用声速来确定其完整性及动弹性力学性能。

6.3.3 声波速度与岩石力学性质关系

6.3.3.1 泊松比、剪切模量、弹性模量与声波速度的关系

岩石物理力学性质是指岩石对物理条件及力作用的反应，泊松比、剪切模量、弹性模量均是岩石的重要力学性质，这些力学参数的测定是声波探测的一项重要内容，无论在室内或现场均可进行。它们与声波波速的传播关系如下所示：

$$\mu = \frac{(v_p/v_s)^2 - 2}{2[(v_p/v_s)^2 - 1]} \tag{6-22}$$

$$G = v_s\rho \times 10^{-6} \quad (\text{GPa}) \tag{6-23}$$

$$E = v_p^2\rho \frac{(1+\mu)(1-2\mu)}{1-\mu} \times 10^{-6} \quad (\text{GPa}) \tag{6-24}$$

式中 μ——泊松比；
G——剪切模量，GPa；
E——弹性模量，GPa；
v_p——纵波声速，m/s；
v_s——横波声速，m/s；

ρ——岩土密度，kg/m^3。

6.3.3.2 声波速度与岩体密度的关系

根据式（6-24）变换可得下式：

$$v_p = \sqrt{\frac{E(1-\mu)}{\rho(1-2\mu)(1+\mu)}} \tag{6-25}$$

理论上讲声波速度随岩体密度增加而减小，但岩体密度增加能使动弹性模量急剧上升而促使声速加大，最终导致声速随密度增加而增加，而不是减小。

6.3.3.3 声波速度与弹性常数的关系

声波速度与弹性常数的关系下式所示：

$$E_d = \frac{\rho v_s^2(3v_p^2 - 4v_s^2)}{v_p^2 - v_s^2} \tag{6-26}$$

$$\mu_d = \frac{v_p^2 - 2v_s^2}{2(v_p^2 - v_s^2)} \tag{6-27}$$

声波法测定的动、静弹性模量 E_d、E_s 如图 6-9 所示，可见动弹性模量 E_d 大于静弹性模量 E_s。

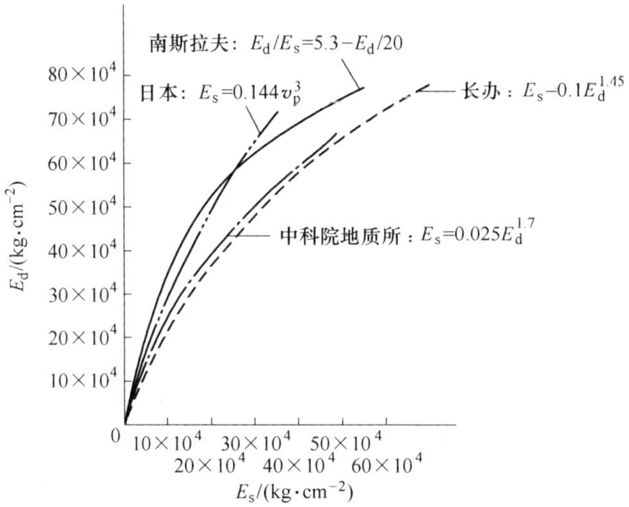

图 6-9 静、动弹模关系曲线

6.3.3.4 声速与岩体抗压强度的关系

岩体的抗压强度是由岩石试块的抗压强度和结构面的性质决定的，是一个综合性指标岩石抗压强度大，声速则高，反之声速低。结构面使岩体强度变低，声速变低。岩块的抗压强度和波速之间关系为：

$$\sigma = Av_p^n = 10v_p^3 \tag{6-28}$$

6.3.4 声波速度与岩体类型和结构关系

6.3.4.1 声速与裂隙的关系

岩体是多裂隙非均匀介质，裂隙的发育影响着岩体的稳定性。室内模拟及大批现场测试数据证实，随着裂隙的发育，声波在岩体内将产生绕射、折射以及多次反射，造成声线拉长，使传播时间随裂隙的发育而增长，“视声速”降低。为了用声速值定量说明裂隙发育程度，可测量待定岩体的声速 v_{pm} 及岩石标准试件的声速 v_{pr}（因试件内仅有少量裂隙，故 $v_{pr}>v_{pm}$），并以 $(v_{pr}^2-v_{pm}^2)/v_{pr}^2$ 和 $(v_{pm}/v_{pr})^2$ 分别表征岩体裂隙系数及完整性系数。声速与裂隙的这种关系已成为评价岩体完整程度的重要参数。

6.3.4.2　声速与孔隙率的关系

岩体孔隙率影响着声速。目前仍沿用的韦里（Wyllie）公式，建立在将多孔隙岩体近似等效为多孔的岩体骨架（$1-\phi$），及孔内所充填的介质（ϕ）两部分。声波在其内传播的时间，可视为：

$$1/v_p = \phi/v_{pl} + (1-\phi)/v_{pm} \tag{6-29}$$

式中　v_p，v_{p1}，v_{pm}——分别为多孔岩体、充填介质、岩体骨架的纵波声速；

ϕ——孔隙率。

则：

$$\phi = (t-t_m)/(t_j-t_m) \tag{6-30}$$

式中　t——总的声时；

t_j，t_m——分别为充填介质及岩石骨架的声时。

可见，孔隙率是声速的相关函数，但韦里公式是不完善的，未能考虑传播中的许多复杂因素，故与实际往往有所出入，但就此仍可看出其基本关系，孔隙率大，声速传播速度慢。

6.3.4.3　声速与岩体风化程度的关系

岩体随其风化程度的不同，在内部结构特性，即松散程度、胶结状况、矿物成分、容重、孔隙度、粒度等物理性能上，存在着差异，可引起弹性模量、泊松比及密度上的差异。这使声速随风化程度的增加而降低。

6.3.4.4　声速与应力的关系

我国许多单位开展的岩体声速和应力的试验研究表明，多裂隙、多孔隙岩体的声速与岩体所受应力有关这一现象目前解释为：应力增加时，岩体裂隙、孔隙受挤压，声波易于传播，声速相应增加；当应力超过岩体破坏强度使岩体原有裂隙扩展，或产生新裂隙，或应力解除后，又会出现声速降低，称为“裂隙效应”。

6.3.4.5　声速与岩石类型的关系

实验资料表明，不同类型岩石的声波速度回归曲线如图6-10所示。

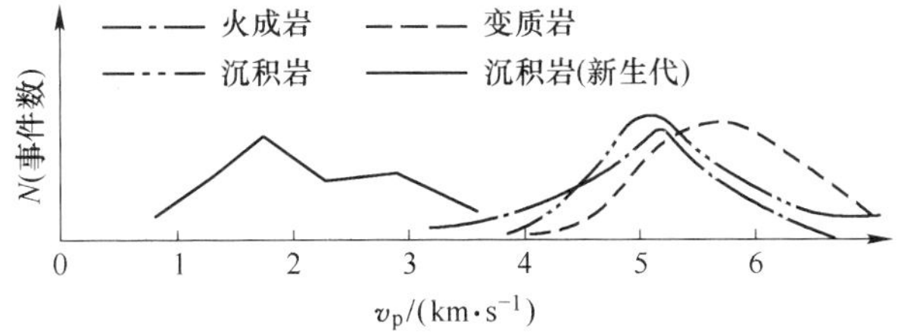

图6-10　不同岩石类型中声速回归曲线

6.3.4.6 声速与岩体结构面的关系

结构面的存在使声速降低。结构面使声速在岩体中传播形成各向异性，垂直结构面方向的声速低，平行于结构面方向的声速高。声波速度随岩体风化程度而变化，风化越严重，声速越低。评价岩体的结构面情况，可用裂隙系数和完整性系数。

6.3.5 声波速度与周围环境的关系

6.3.5.1 声波速度和围岩应力的关系

在三维应力的作用下岩体被压缩，节理闭合、弱面压密、孔隙率降低，弹性性能增加，声波波速随应力的增加而增加；在单向应力作用下，加压方向的声速随应力的增加而增加；与加压方向相垂直的方向上，声速最初随应力的增加而增加，而后减小；在低应力条件下，声速随应力的变化比较显著，在应力较大时，应力变化所引起声速变化较小，见图6-11。

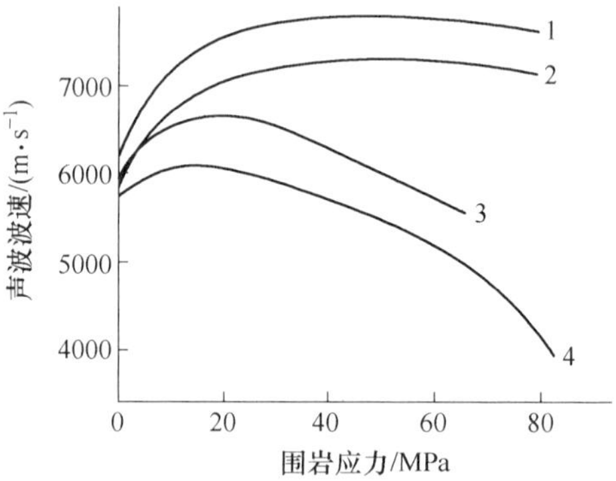

图6-11 声波速度和围岩应力的关系

1，2—沿加载方向；3，4—垂直加载方向

6.3.5.2 声速与环境温度的关系

温度上升，声速下降；温度下降，声速提高，特别当温度下降到0 ℃以下，孔隙中的水变成冰，声速由1500 m/s（水）变为3600~4300 m/s（-5~-8 ℃冰）。

6.3.6 声波振幅特性与岩体特性的关系

声波传播时，振幅随传播的距离增加而减小，出现振幅衰减，衰减规律与岩体性质、传播条件和波形有关。与声速相比，声波的振幅与岩体性质更为密切，这是声波探测法的一个重要的理论基础，但测量声波的振幅应用较少。

6.3.6.1 声波衰减机理

（1）扩散（几何）衰减。当声源为有限面积时，随声波传播距离增加，波阵面的扩散而引起的声能和声压的减小，在理想弹性介质中，介质本身没有能量损耗。在球形波场中，振幅与声源距离的平方成反比；在柱面波场中，振幅与声源距离的平方根成反比；在理想平面波场中，不存在扩散衰减；在声测中，随发射传感器的形式，晶片大小和频率不同，扩散衰减也不同。

（2）散射衰减。由于岩体中存在颗粒结构、裂纹、杂质以及各种节理、裂隙、断层、夹层等情况，当声波传播过程与它们互相作用，产生反射、散射时，将出现能量损失，从而使波强度减弱；散射衰减与频率的四次方成正比。

（3）吸收衰减。介质的黏滞性，阻碍质点振动，造成质点间的内摩擦，使部分声能转变成热；质点振动状态转换得迟缓，即应力和应变非同相，产生弛豫吸收。岩石的孔隙度及其形状、饱和度、固相的成分、密度和弹性性质、岩石所受压力和温度变化等都对声能的衰减有影响，岩石对声波的吸收与频率的一次方成正比。

6.3.6.2 声波振幅衰减规律

由于吸收衰减引起的衰减为：

$$A_R = A_0 e^{-\alpha R} \tag{6-31}$$

衰减系数 α 是频率的函数，频率越高，α 值越大。

在声测中，考虑到几何衰减，衰减系数 α 用下式表示

$$\alpha = \frac{20\left(\lg\frac{A_1}{A_2} - \lg\frac{r_2}{r_1}\right)}{r_2 - r_1} \quad (\mathrm{dB/m}) \tag{6-32}$$

岩体对声波振幅与频率的吸收特性与岩体性质有密切关系。当声波速度受岩体节理和软弱面影响而下降10%时，衰减系数增大2~3倍，振幅衰减20%~30%，说明振幅特性对岩体特性的反映更为灵敏。分析实测的声波的频谱（振幅、相位谱、能量谱等）资料，可以得到比用单纯弹性波速更有效的资料，这是声波探测法的另一个重要理论基础。但仍有部分内容有待进一步研究，例如岩体对声波振幅吸收的大小以及频谱的变化与岩体的结构及物理力学性质定量关系等。

6.4 岩体声波探测仪器

岩体声波探测系统由激发装置、换能器和声波仪组成，图6-12为一些常见的岩体声波探测仪器。

图6-12 岩体声波探测仪器

6.4.1 声波激发方式与装置

（1）爆炸激发——用炸药作震源。

特点：1）频率较低，为10~100 Hz；2）能量较大，作用距离较远，达数十米；3）分辨能力较差；4）单次激发。

（2）锤击激发——使用8~10 kg的铁锤，人工锤击岩体。

特点：1）频率100~1000 Hz；2）作用距离几米到数十米；3）分辨能力较爆炸震源强；4）单次激发。

（3）电火花源激发——在空气或水中高压放电，产生振动。

特点：1）频率较高，约1~300 kHz；2）瞬间放电功率达1000 kW以上，形成冲击波，传播距离达几十米；3）可分辨性较高；4）单次激发。

（4）电声换能器（acoustic transducer）激发。

声波换能器利用压电逆效应制成一种电-声之间的能量转换装置，如图6-13所示，其特点是：发射频率、脉冲长度（持续时间）可以控制；可多次重复发射；发射能量较小。

某些晶体，在一定方向上受到电压作用时可产生变形；反之，受力变形时，又产生电压，这种晶体叫压电晶体。利用压电晶体可以实现电-声之间的能量转换，将声波仪发射机产生的脉冲电压加到压电晶体上，晶体便产生变形而振动，成为振源。目前在声波探测

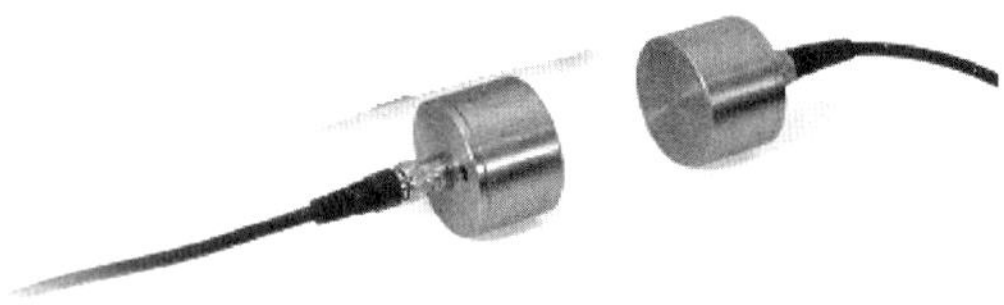

图 6-13 声波换能器

仪器中常用的压电晶体为错钦酸铅，又称压电陶瓷。

压电晶体不仅可以作为振源发出声波，还可以作为探测器接收声波，它接收声波以后，转换成相应的电压，经过声波仪接收机加以放大并显示出波形，可以测量声波在介质中的旅行时间，计算波速。由压电晶体组成的声波测量元件叫电声换能器，包括作为振源的发射换能器和作为探测器的接收换能器。

6.4.2 声波换能器

目前常用的声波换能器有以下几种。

6.4.2.1 喇叭式换能器

喇叭式换能器，又叫夹心式换能器，其结构如图 6-14 所示，由圆片形压电晶体叠合在一起，在每一个晶片的上、下两极间加一脉冲电压，利用圆片晶体厚度方向上的变形产生振动。其特点是单向振动辐射，指向性好，承受功率大，机械强度高，可用于岩体对穿测量或平面测量，既可用于发射，也可用于接收。

6.4.2.2 单片弯曲式换能器

单片弯曲式换能器的结构如图 6-15 所示，将圆片形晶片用环氧树脂粘于底壳，晶片上、下加交变电压时，一方面厚度方向上发生胀缩变形，另一方面径向上发生伸缩变形。因下面受底壳限制，上面为自由面，变形量大，因而产生弯曲变形，带动底壳一起振动。这种换能器用于低频声波测量时，其特点是体积较小、轻便、灵敏度较高，但强度差，不能承受大功率，因而一般仅用作平面声波测量的接收换能器。

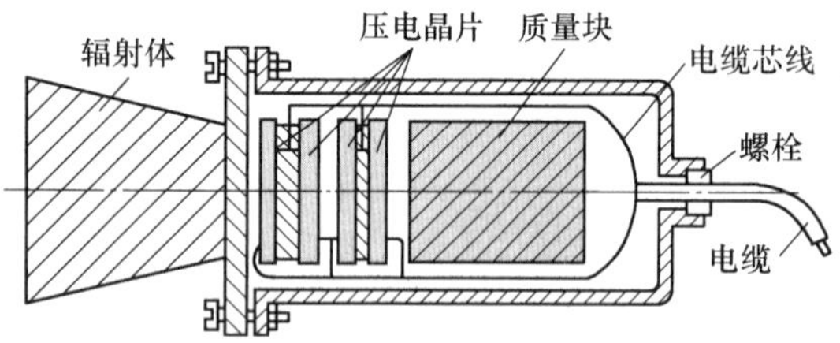

图 6-14 喇叭式换能器结构图

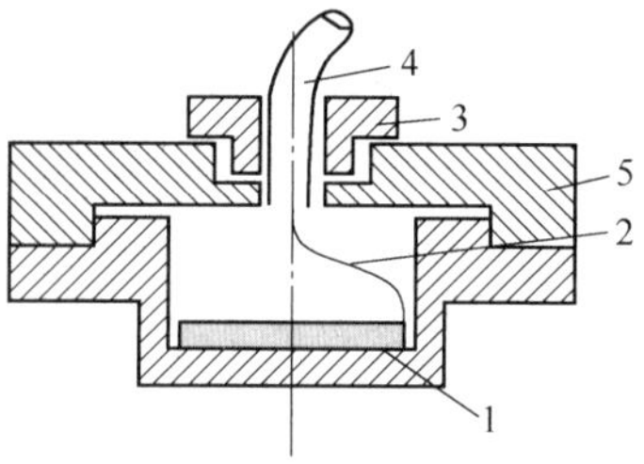

图 6-15 单片弯曲式换能器结构图

1—晶片；2—电缆芯线；3—螺栓；4—电缆；5—外壳

6.4.2.3 增压式换能器

增压式换能器结构如图 6-16 所示，将多个圆片形晶片平行等间隔排列并垂直于增压管内壁粘牢。各晶片的电极并联连接，晶片两边加交变电压时晶片厚度方向胀缩的同时，径向发生伸缩变形，带动增压管发生径向振动。它比单片时的发射、接收效率高若干倍。这种换能器的特点是轻便，低频换能器的体积也不大，频带较宽。常用于双孔孔间透视。因增压管有缝隙，辐射不均匀，在缝隙方向上接收到的声波幅度偏低，故不宜做声幅测量用。

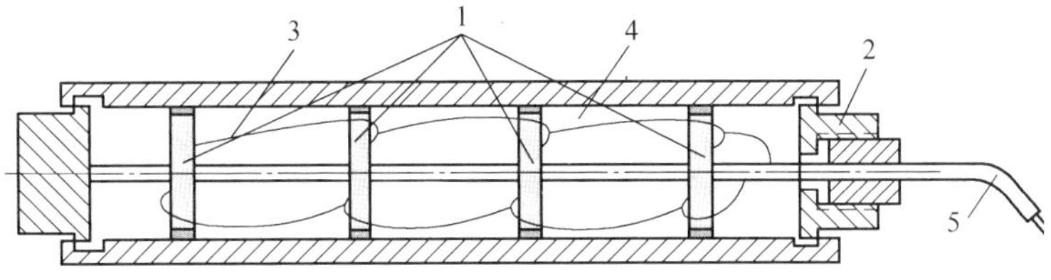

图 6-16　增压式换能器

1—晶片；2—螺栓；3—电缆芯线；4—外壳；5—电缆

6.4.2.4　测井换能器

测井换能器实际上也是一种圆柱状换能器，由圆管状压电晶体制成。图 6-17 为单孔声波测量的换能器结构图，一般均采用一个发射换能器，两个接收换能器，称为一发双收换能器。右端的晶体构成发射换能器，左端的两个晶体构成两个接收换能器 R_1 和 R_2，3 个晶体用传声速度较慢的隔声管连接起来。这种换能器适用于在单个钻孔中测量孔壁的声波速度，以了解孔壁岩石结构状态。测量时，由发射换能器 T 发出的声波进入孔壁岩石，其中的滑行波沿孔壁滑行先后到达接收换能器 R_1 和 R_2 被接收下来，通过仪器可以测量滑行波从 T 到达 R_1 和 R_2 的旅行时间 t_1 和 t_2，根据 R_1 和 R_2 间的距离和时间差，可求出声波在 R_1 和 R_2 间孔壁岩体中的传播速度。

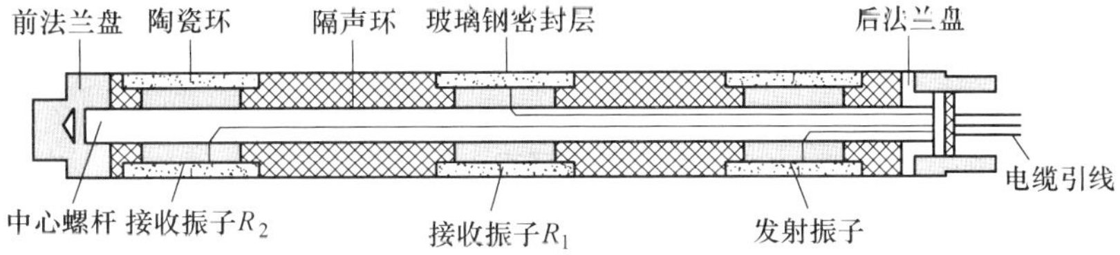

图 6-17　测井换能器结构图

用于孔深 100 m 以上的测井换能器的结构与单孔换能器结构相似，但由于 100 m 以上测井孔深、孔径都较大，所以换能器外径及长度尺寸均较单孔换能器大。另外由于换能器到仪器的传输电缆加长了，为了避免发射与接收信号的衰减，发射电路和接收前置放大电路均装置在换能器上，同时还须加强换能器的密封性能。

6.4.2.5　试件测试换能器

用于室内试件测试的换能器多为小型的超声波换能器。分承压式和非承压式两种，前者将换能器装在一个扁圆形的钢制模盆内，能承受较大的压力，可放在压力机加压板与试件之间，在加载的同时进行声波测量，以研究声学参数与应力的关系，其结构如图 6-18 所示。工作原理为：当在晶片上加上信号电压后，晶片变形，带动振动膜产生弯曲振动。

非承压式试件换能器（与承压式试件换能器的主要区别）底壳底部做得较薄，成为一个振动膜，将圆片形晶片用环氧树脂导电胶牢牢粘在底壳振动膜上。当在晶片上加上信号电压后，晶片变形，带动振动膜产生弯曲振动。

承压式或非承压式试件换能器又可分为纵、横波换能器，而且都有不同的谐振频率可

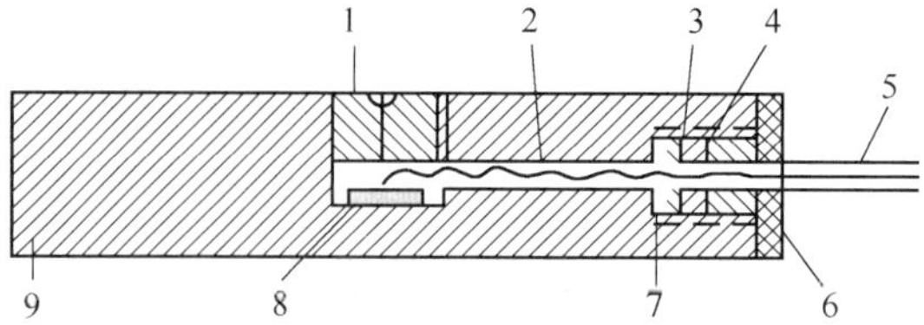

图 6-18 承压式试件换能器结构图

1—保护螺栓；2—电缆芯线；3—金属垫片；4—橡胶垫片；5—电缆；
6—压紧螺栓；7—电缆屏蔽层；8—晶片；9—底壳

供选用。一般频率较高者，分辨力较好，但穿透能力小，适用于尺寸较小的试件；频率较低者，分辨力低些，但穿透能力大，适用于尺寸较大的试件。

6.4.3 声波仪

声波仪主要由发射系统和接收系统两部分组成，如图 6-19 所示。发射系统包括发射机和发射换能器，接收系统由接收机和接收换能器。其工作原理是由一声源信号发生器（发射机），向压电材料制成的发射换能器发射电脉冲，激励晶片振动，产生声波向岩石发射，作为声波探测的声源。声波在岩石中传播，经由接收换能器接收，把声能转换成微弱的电信号送至接收机，经放大后由示波管在屏幕上显示出波形图（也可以通过微机控制进行离散数据采集），如图 6-20 所示，从而可通过直接读数，测出声波的初至时间 t，再根据已知的探测距离 L，便可计算出声波的速度，即：

$$v = \frac{L}{t} \tag{6-33}$$

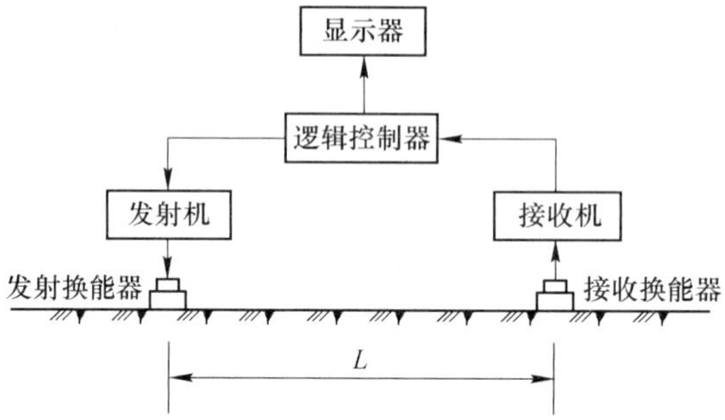

图 6-19 数字声波仪工作原理

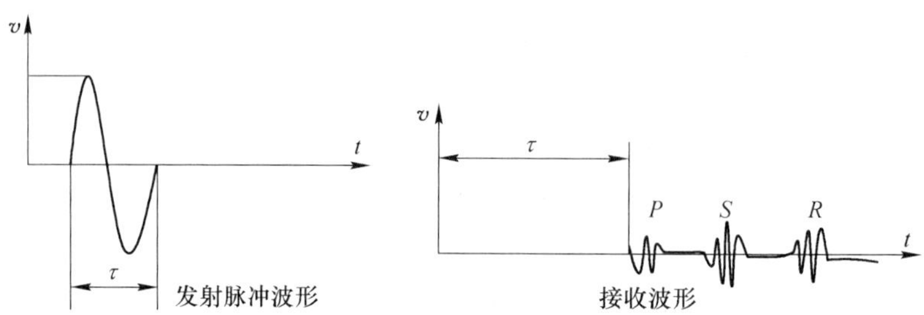

图 6-20 发射脉冲波形与接收波形

6.5 声波探测方法

6.5.1 波速测量及波速的计算

测量声波速度是声波测试工作中最基本、最重要的工作。速度的计算取决于测时和测距的准确性。波速测量中存在几个基本概念：视速度、真速度、时距曲线。

6.5.1.1 真速度 v 和视速度 v^*

真速度 v 即声波沿射线方向的传播速度，视速度 v^* 即声波沿测线方向的传播速度（见图 6-21）。设波的射线与地面（测线）法线的夹角为 α 时，波前在 t 和 $t+\Delta t$ 时分别到达地面上的 x_1 点和 x_2 点，射线与地面不平行，沿地面测出的速度不是真速度。

真速度表达式见式（6-34），视速度表达式见式（6-35），两者关系见式（6-36）。对于特定介质而言，真速度 v 是一定的，视速度 v^* 随测线与波的射线夹角 α 而变化，故要用真速度来计算岩体力学参数。

$$v = \frac{\Delta s}{\Delta t} \tag{6-34}$$

$$v^* = \frac{\Delta x}{\Delta t} \tag{6-35}$$

$$v^* = \frac{v}{\sin\alpha} \tag{6-36}$$

6.5.1.2 时距曲线

走时为声波从发射点传播到接收点的旅行时间；旅程为声波从发射点传播到接收点间的行程；时距曲线指波前到达的时间 t 与测点坐标 x 的关系曲线。

在均匀地层中，直达波的时距曲线是一条通过零点直线，如果地层是不均匀的，时距曲线是曲线或折线（见图 6-22）。反射波的时距曲线是一条抛物线，折射波的时距曲线是一条截距为 t_0 的直线，时距曲线是计算声波速度的基础。

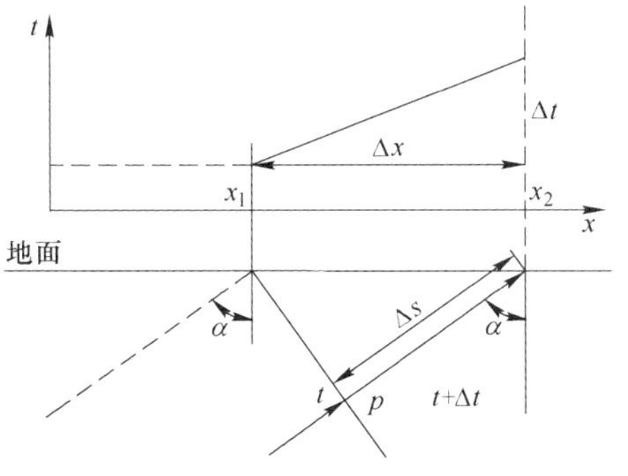

图 6-21 计算真速度 v 和视速度 v^*

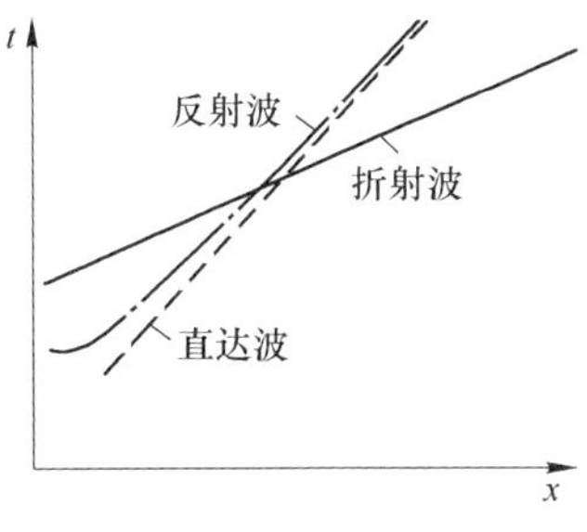

图 6-22 直达波反射波和折射波时距曲线

6.5.1.3 纵波和横波特点及比较

测量声波的走时，关键是确定波的初至点的准确位置，但由于地面同时传播着纵波、横波和表面波，它们会同时被记录，有时会混合在一起出现干涉（重叠）。故需要对纵波和横波的特点进行比较，例如纵波波速比横波波速大，记录波形时纵波在前，横波在后；纵波的振幅小于横波的振幅，降低放大系数可突出横波，见图 6-23。

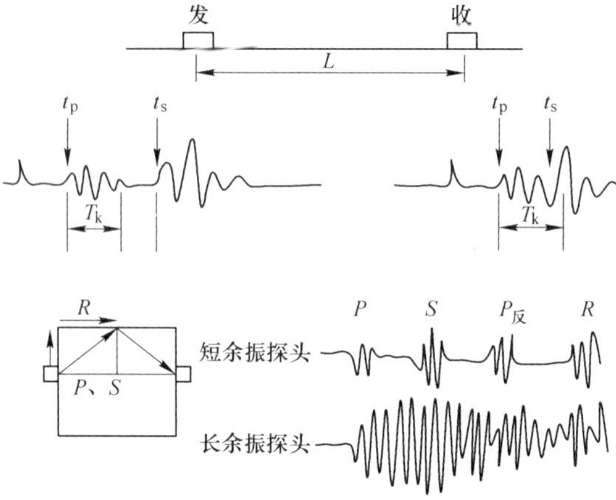

图 6-23　纵波和横波特点及比较

6.5.2　声波探测方法分类

应用声波探测岩体时，主要有穿透法、反射波法、折射波法、剖面法、钻孔探测法这五种工作方法，下面将分别进行阐述。

6.5.2.1　穿透法（transmission method）

穿透法是将声波发射换能器和接收换能器放置在介质相对的两个表面上，根据穿透波的传播时间和波形的变化来判断介质的特性的方法，穿透法具有灵敏度高，波形单纯、清晰，干扰较小，各类波形易于辨认的特点，是一种使用较为广泛的方法，但对换能器安装的相对准确性要求较高，适用于厚度比较大，并且两个表面都能安放换能器的情况（见图 6-24）。

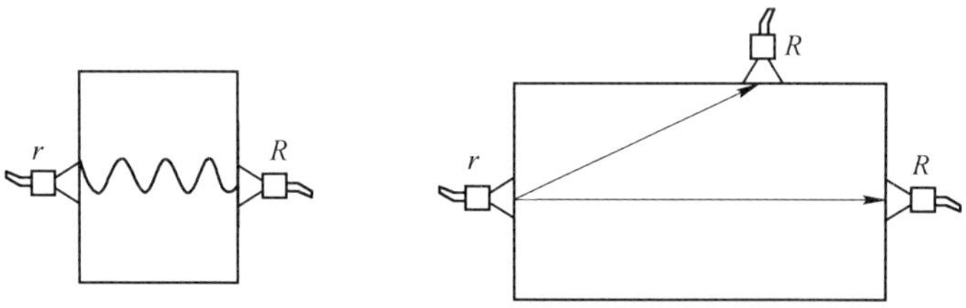

图 6-24　穿透法示意图

6.5.2.2　反射波法（echo method）

反射波法是将声波发射换能器和接收换能器放置在介质同一表面上，发射换能器向介质内部发射声波，接收换能器接收来自介质内部分层、缺陷的反射波，测量反射波传播的时间和波形，来判断介质内部性质的方法（见图 6-25）。主要应用于确定地层厚度、波速和缺陷、桩基完整性检测、混凝土厚度检测。

6.5.2.3　折射波法（refraction method）

折射波法是将声波发射换能器和接收换能器放置在岩体同一表面上，发射换能器向岩体内部发射声波，接收换能器接收来自下伏岩层的折射波，测量折射波传播的时间和波形，来判断介质内部性质的方法（见图6-26）。主要用于确定地层厚度、岩层波速等，适合下伏岩土层的波速大于覆盖层的波速，发射换能器和接收换能器的距离应大于盲区的条件下进行使用。

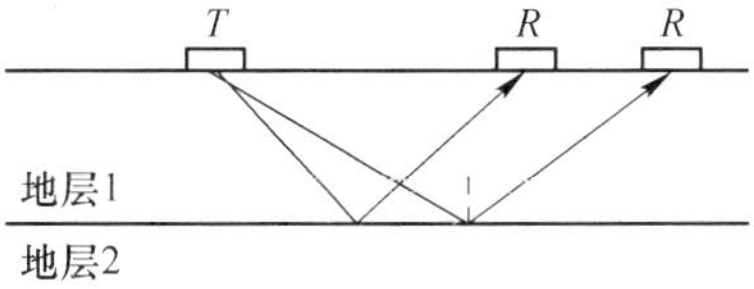

图6-25 反射波法示意图

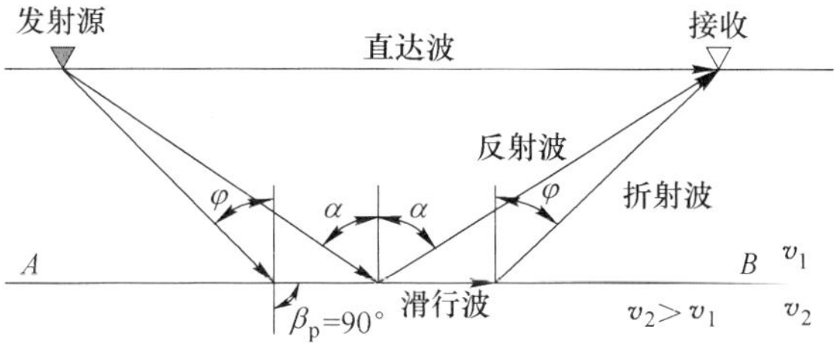

图6-26 折射波法示意图

6.5.2.4 剖面法（profiling method）

剖面法是把发射换能器和接收换能器布置在同一表面上，测量表面直达波传播时间和波形，来判断介质表层性质的方法，又称沿面法（见图6-27）。主要应用于判断介质的岩体浅部缺陷和材料的性能。

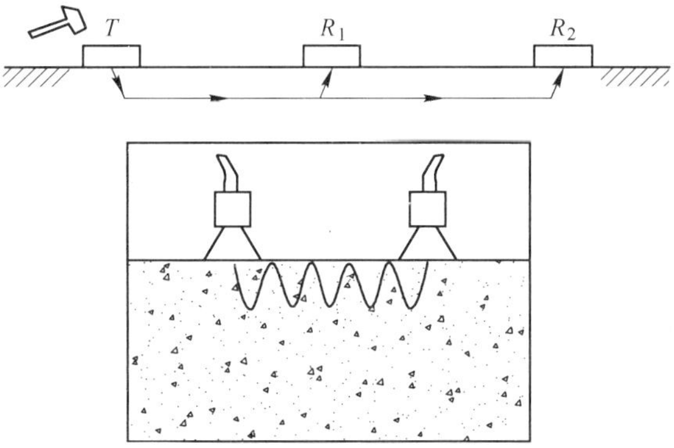

图6-27 剖面法示意图

6.5.2.5 钻孔探测法（acoustic log）

钻孔探测法是把发射换能器和接收换能器布置在钻孔中，测量孔壁折射波或孔间透射波传播时间和波形，探测岩体特征随孔深变化的方法（见图6-28）。可分为单孔测井法和

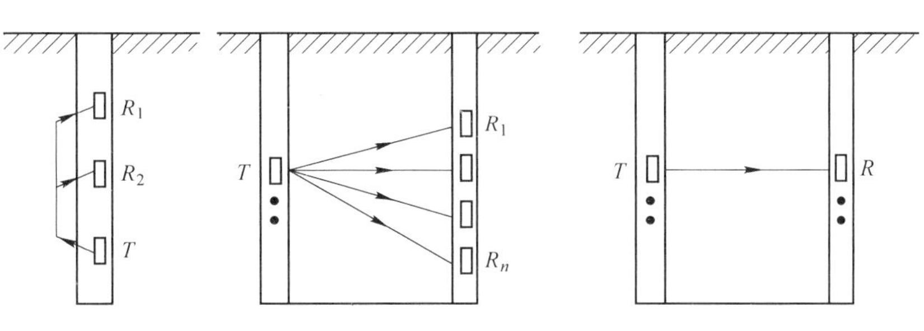

图6-28 钻孔探测法示意图

（a）单孔测井法；（b）双孔穿透法

双孔穿透法两种，其中单孔测井法指的是发射换能器和接收换能器同时放入一个钻孔，测量折射波；双孔穿透法指的是发射换能器和接收换能器分别放入两个钻孔，测量透射波。测量时，钻孔中常充满流动性的油类或水作为耦合剂。

6.5.3 声波换能器的选择和换能器与介质的耦合

一般岩体越大、越破碎和测距越远，声波换能器发射传感器的频率应选越低。

在使用声波换能器时，需要将换能器与被测岩体（岩石）耦合，这是由于换能器与被测岩面接触时，有一层空气隙。声波在两个界面上将产生反射而损耗能量，反射能量大小与界面两边波阻抗有关，波阻抗差别越大，反射能量越大。与换能器、岩石波阻抗相比，空气波阻抗很小，波阻抗差别很大，因而声波从换能器进入空气隙，又从空气隙进入岩体经过两道反射较强的界面，能量损耗很大。所以需要将空气隙填满某种波阻抗与岩石和换能器差别不大的介质，使声波从换能器耦合到岩体中去。耦合剂即实现耦合的介质，常用的耦合剂是黄油和水，一般试件测试和平面测试中常用黄油，孔中测试则灌满水。

6.6 声波探测的应用

6.6.1 声波测井

声波测井是地球物理测井的一种，它利用声波在钻井中传播的各种规律来研究钻井剖面，划分岩层、确定岩性和含水层位置，圈定构造、节理裂隙发育带及软弱层、岩溶发育位置；对风化壳及岩体完整程度做出定量评价。声波测井的方法较多，在工程地质勘查中应用最多的是声速测井。声速测井的仪器目前有单发射双接收式（“一发二收”式）和井眼补偿(“二发四收”式）两种。下面以前一种为例说明声速测井的原理。如图 6-29 所示，声波测井仪在井中探测部分由超声波发射器 T 和接收器 R_1、R_2 组成。T 与地面上的脉冲信号源相连，R_1 和 R_2 则与电子线路构成的记录装置相连。

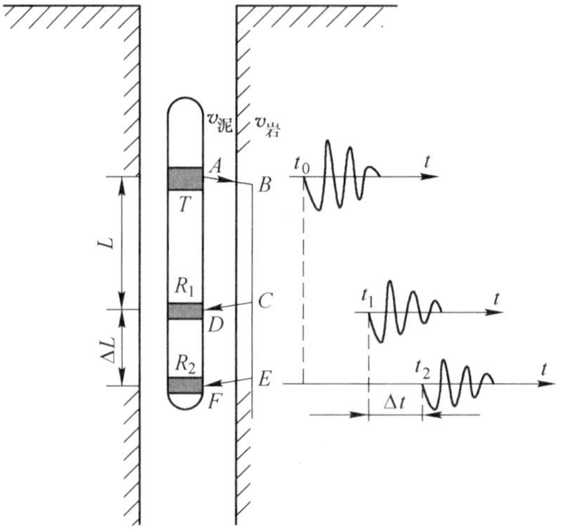

图 6-29 单发射双接收声速测井原理图

由 T 发射的声脉冲经泥浆传到井壁，由于声波在泥浆中的速度 $v_{泥}$ 小于在井壁岩层中的速度 $v_{岩}$，故当声波以临界角方向射至井壁时，即沿井壁滑行且产生通过泥浆传到接收器的折射波。只要声波发生器与接收器之间的距离超过折射的盲区范围，就能由记录装置将初至折射波的旅行时录出。令声波到达 R_1 和 R_2 两个接收器的旅行时间分别为 t_1 和 t_2，则有：

$$t_1 = \frac{AB}{v_{泥}} + \frac{BC}{v_{岩}} + \frac{CD}{v_{泥}} \tag{6-37}$$

$$t_2 = \frac{AB}{v_{泥}} + \frac{BE}{v_{岩}} + \frac{EF}{v_{泥}} \tag{6-38}$$

因为 R_1 和 R_2 之间的距离 ΔL 一般约为 0.5 m，在此范围内井径可以认为是不变的，于是 $CD=EF$，$\Delta L=DF=BE-BC$，可得

$$\Delta t = t_2 - t_1 = \frac{BE - BC}{v_{岩}} = \frac{\Delta L}{v_{岩}} \tag{6-39}$$

式中，Δt 为到达两个接收器的初至折射波的时间差，记录点 R_1 和 R_2 之间的中点，所得的测井曲线为连续的时差曲线。

如图 6-30 所示，曲线上的 Δt 越小，所对应的岩层的声速 $v_{岩}$ 就越大。规定 ΔL 以 m 为单位，Δt 以 μs 为单位，由式（6-39）可以算出

$$v_{岩} = \frac{\Delta L}{\Delta t} \times 10^6 \quad (\mathrm{m/s}) \tag{6-40}$$

除声速测井外，声波测井的方法还有声幅测井和超声电视测井。声幅测井是测量声波振幅，并根据其衰减特性来研究岩石结构及孔隙中液体性质的方法。超声电视测井是一种能直接观察井壁情况的方法，其换能器能随深度的变化向井壁作螺旋状的连续声波扫描，即不停地向井壁发射脉冲声波，并不断接收由井壁反射回来的反射波，可得到反映整个钻孔剖面的图像记录，对测定孔中的裂隙和破碎带等有较好的效果。

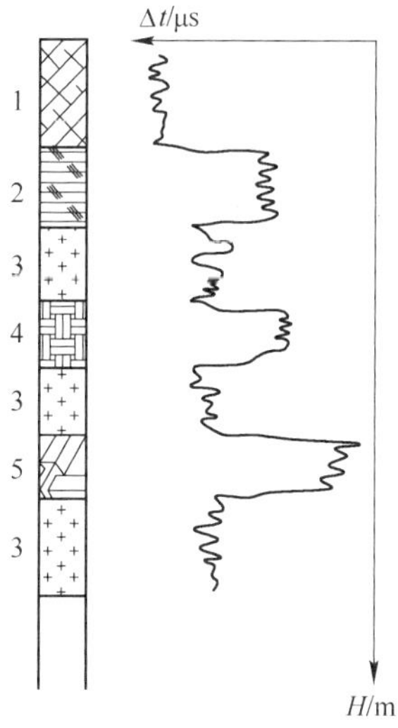

图 6-30　声速测井的声波时差曲线

6.6.2　地下岩层位置的探测

利用声波法的走时曲线，探测地下岩层的构造形状和位置，一般采用反射波法、折射波法。下面将分别进行介绍。

6.6.2.1　*反射波法*

假定在地表下有一水平反射层面 AB，地层 1 波速为 v，在 T 点发射声波，波从界面反射到测点，同时在一系列测点 x_1、x_2、…、x_n 记录下反射波到达的时间 t，作出时距曲线，求声速 v 和厚度 h，见图 6-31。反射波时距曲线为：

$$t^2 = (4h^2 + x^2)/v^2 \tag{6-41}$$

利用各测点的记录，作 t^2 与 x^2 之间的曲线，即反射波走时曲线，走时曲线的斜率为

$k=1/v^2$，截距为 $t_0{}^2=4h^2/v^2$，用走时曲线的斜率和截距求出岩层声速 v 和层厚 h，如果岩层界不是水平的，可用类似的方法求得时距曲线及层厚。若 T 到 R 点有直达波存在，会使反射波难以辨认，可以减少脉冲波持续时间，或利用折射波法解决。

6.6.2.2 折射波法

采用折射波法可以探测岩层声速 v_1、v_2 和岩层厚度 h，但只适用于下层岩石的波速 v_2 比上层岩石波速 v_1 大的情况。在 T 点发射声波，同时在一系列测点 x_1、x_2、…、x_n 记录下先达波（首先是直达波，后来是折射波）到达的时间 t。作出时距曲线，求岩层声速 v 和厚度 h，见图 6-32。

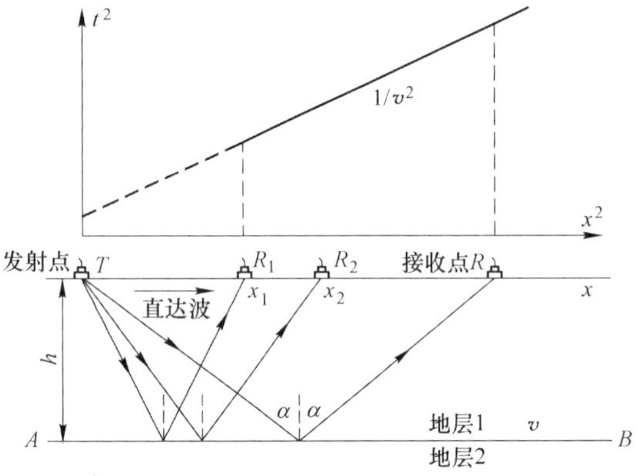

图 6-31 反射波法

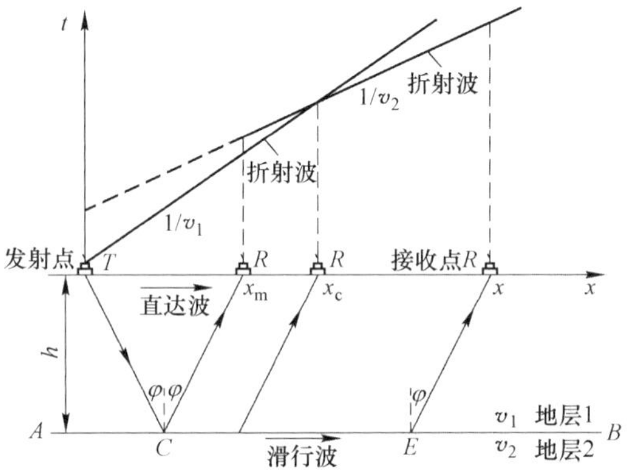

图 6-32 折射波法

当接收点小于临界距离（即直达波与折射波同时到达的点）时，先达波为直达波，直达波走时曲线为：

$$t_1 = \frac{x}{v_1} \tag{6-42}$$

当波入射角小于临界角 φ 时，在测线上，无法接收到折射波；当以临界角 φ 入射时，有滑行波沿界面传播，开始产生折射波。开始产生折射波时，接收点和发射点之间的区域称为折射波盲区。盲区的范围为：

$$x_m = 2h\tan\varphi \tag{6-43}$$

当接收点大于临界距离时，先达波为折射波。折射波路程为（T—C—E—R），走时 t_2 为：

$$t_2 = \frac{TC}{v_1} + \frac{CE}{v_2} + \frac{ER}{v_1} = \frac{2h}{v_1\cos\varphi} + \frac{x - 2h\tan\varphi}{v_2} \tag{6-44}$$

因为：

$$\sin\varphi = v_1/v_2 \tag{6-45}$$

故折射波走时曲线为：

$$t_2 = \frac{2h\sqrt{v_2^2 - v_1^2}}{v_1 v_2} + \frac{x}{v_2} \tag{6-46}$$

直达波与折射波同时到达的点与发射点的距离称为临界距离 x_c，令 $t_1=t_2$，可得临界

距离 x_c 为：

$$\frac{x_c}{v_1} = \frac{2h\sqrt{v_2^2 - v_1^2}}{v_1 v_2} + \frac{x_c}{v_2} \tag{6-47}$$

$$x_c = 2h\sqrt{(v_2 + v_1)/(v_2 - v_1)} \tag{6-48}$$

如果 $x<x_c$，则直达波先到达，反之，折射波先到达。记录先达波到达时间，在 T-x 坐标上作图，得到两条直线，无须分辨波的类型，是折射波法的重要特点。

折射波走时曲线截距为：

$$t_0 = 2h\sqrt{v_2^2 - v_1^2}/v_1 v_2 \tag{6-49}$$

折射波走时曲线斜率为：

$$K_2 = 1/v_2 \tag{6-50}$$

直达波走时曲线的斜率为：

$$K_1 = 1/v_1 \tag{6-51}$$

以此可求得岩层厚度 h 和 v_1、v_2。

6.6.3 岩体溶洞、裂缝探测

声波遇到张开的裂隙或岩洞等缺陷时，将产生反射、散射与绕射，其声学参数将发生，见图 6-33，其中声波变化特点如下：

（1）波速的变化：声波绕过或穿过缺陷，走时延长，计算波速降低。

（2）接收波振幅的变化：声波能量经缺陷反射、吸收后能量减小，接收波振幅明显降低。

（3）接收波主频率的变化：缺陷对声脉冲波中高频成分衰减较一般岩体更剧烈，接收波频率下降更明显。

（4）接收波波形的变化：接收波第一、第二周期可能会出现波形畸变，一般接收波形包络线呈半圆形，有缺陷时包络线呈喇叭形。

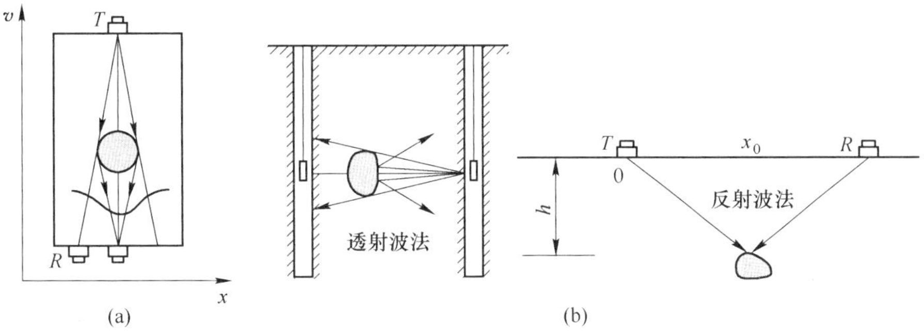

图 6-33 岩溶洞、裂缝探测实例图

（a）波绕空洞的视速度分布；（b）现场实测

6.6.3.1 岩体溶洞测量

常采用透射法进行岩体溶洞测量，可近似地认为波是绕射过溶洞周边，到达接收换能器，见图 6-34。溶洞近似圆形的，绕射波的走时为

$$t=\frac{2s+s_1}{v}\approx\frac{\sqrt{l^2+r^2}+\sqrt{(L-l)^2+r^2}}{v} \tag{6-52}$$

先用反射法确定 l，再由上式确定 r。

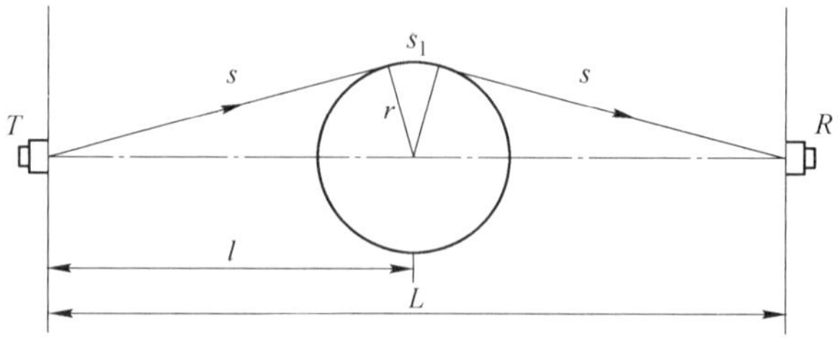

图 6-34　岩体溶洞测量

6.6.3.2　裂缝探测

常采用平测法进行裂缝探测，换能器 T、R 分置于裂缝两侧，从 T 发射的声波由于裂缝的反射，不能直接到达接收换能器 R，发生绕射，记录绕射波经 A 点绕过裂缝到达 R 的传播时间 t。裂缝探测，见图 6-35。

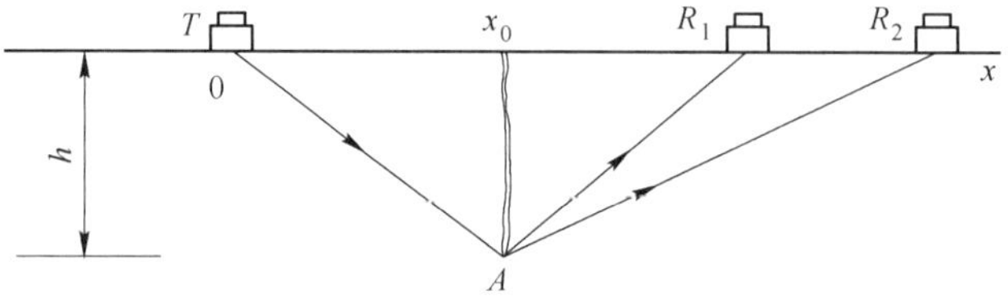

图 6-35　裂缝探测

绕射波时距曲线为：

$$t^2=\frac{2h^2+x_0^2+(x-x_0)^2}{v^2} \tag{6-53}$$

利用各测点的记录，作 t^2 与 $(x-x_0)^2$ 之间的曲线，即绕射波走时曲线，走时曲线的斜率为 $1/v^2$，在裂缝 $x=x_0$ 处有 $t_0^2=(2h^2+x_0{}^2)/v^2$，利用走时曲线的斜率和 $x=x_0$ 处 t_0 值，求出岩层声速 v 和裂缝深度 h。

6.6.4　岩体力学参数测定

有关岩体的物理力学参数中，对岩土工程来说，岩体的弹性模量，泊松比及抗压强度是常用的，其中最主要的是弹性模量。

6.6.4.1　岩体（石）动弹性参数测定

在现场，利用平面测试或孔内测试，测定岩体纵、横波速，按式（6-54）和式(6-55)计算岩体的动弹性模量 E_{md} 及动泊松比 μ_{md}。

在室内，测定岩石试件的纵、横波速，也可按式（6-54）和式（6-55）计算岩石的动弹性模量 E_{rd} 及泊松比 μ_{rd}。

$$E_d=\frac{\rho v_s^2(3v_p^2-4v_s^2)}{v_p^2-v_s^2} \tag{6-54}$$

$$\mu_d = \frac{v_p^2 - 2v_s^2}{2(v_p^2 - v_s^2)} \tag{6-55}$$

6.6.4.2 岩体静弹性模量的测算

由于工程建（构）筑大都是长期承受静载荷，因此设计时一般都取静弹性模量。但现场岩体静弹性模量的测试比较困难，现在研究一种比较容易实现的间接测试方法，即通过室内岩石动、静弹性模量和现场岩体动弹性模量，换算出现场岩体静弹性模量的方法。

根据大量实测资料证明，岩体与岩石试件的动弹性模量之比 E_{md}/E_{rd}，同岩体与岩石试件的静弹性模量之比 E_{ms}/E_{rs} 存在一定的统计关系，如图 6-36 所示。只要测得室内岩石试件的动、静弹性模量，再测得所取岩石标本之处现场岩体的动弹性模量，根据 E_{ms}/E_{rs} 与 E_{md}/E_{rd} 关系的统计曲线可以求出岩体的静弹性模量 E_{ms}。

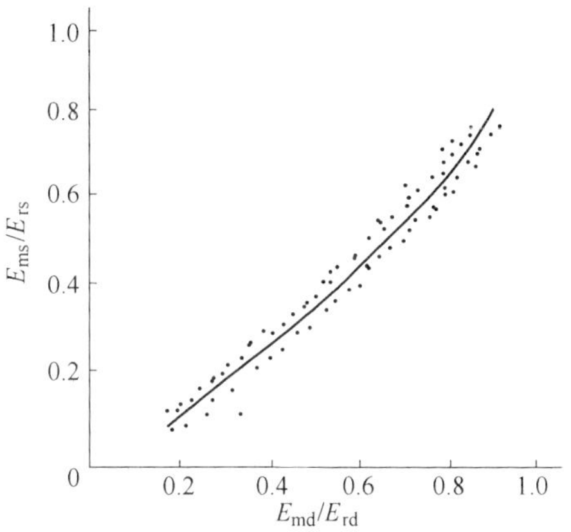

图 6-36 E_{ms}/E_{rs} 与 E_{md}/E_{rd} 系统关系曲线

6.6.4.3 测定岩体准抗压强度

根据室内测得的岩石试件的抗压强度，通过声波速度的转换，可以算出岩体的准抗压强度，它与现场岩体的抗压强度较为接近。其转换关系如下：

$$\sigma_m = k\left(\frac{v_{mP}}{v_{rP}}\right)^2 \cdot \sigma_r \tag{6-56}$$

式中 σ_m——岩体准抗压强度；

k——比例系数；

v_{mP}——岩体纵波速度；

v_{rP}——岩石纵波速度；

σ_r——岩石抗压强度。

当岩体坚固性较差时，用岩体、岩石试件的横波速度 v_{ms}、v_{rs} 代替上式中的 v_{mP}、v_{rP} 将更准确一些。

6.6.5 岩体工程地质分类

用声波法测得岩体力学参数（如弹性模量，强度、裂隙系数等）指标和岩体构造后，再结合地质构造情况、工程类型（边坡、地基、地下隧道）和施工方法（如爆破、钻孔、机械开挖）等，对岩体进行分类。

6.6.5.1 声波岩体分类的意义

正确划分岩体类别是岩体工程中合理选择衬砌类型及结构尺寸的重要依据。在工程地质上主要根据岩性、结构构造、风化程度、含水情况以及进行一定的岩体力学参数测定结果来对岩体分类。前者往往只有定性判断的作用，后者要进行大量岩体力学测定，也是有困难的。而上述地质特征及力学参数均与声波参数有密切关系，而且声波测试易于进行，又便于定量化，因而成为岩体分类的科学方法。

6.6.5.2 声波岩体分类指标

(1) 正常岩体的纵波速度 v_p。一般 v_p 越大，反映岩体越坚固，弹性越好，结构越完整，所含弱面越少，但这不是绝对的，还要兼顾其他指标，有时破碎硬岩的 v_p 比完整软岩的 v_p 还大。

(2) 岩体纵、横波速比 v_p/v_s。岩体纵、横波速比实质上反映了动泊松比 σ_d。v_p/v_s 小，反映 σ_d 小，表示岩体坚硬、完整，接近弹性体；v_p/v_s 大，反映 σ_d 大，说明岩体软弱，近于塑性体。某些情况下可能 v_p 一样，分不出岩体的完整及坚硬程度，但 v_p/v_s 却能加以区分。

(3) 完整性系数 k_ω 及裂隙系数 L_s。岩体完整性系数 k_ω 近似等于 E_{md}/E_{rd}，反映岩体的完整性。此值越大，岩体越坚固，可表示为：

$$k_\omega = \left(\frac{v_{mP}}{v_{rP}}\right)^2 \tag{6-57}$$

裂隙系数 L_s 是表征岩体裂隙发育程度的系数，可表示为：

$$L_s = \frac{v_{rP}^2 - v_{mP}^2}{v_{rP}^2} \tag{6-58}$$

式中，k_ω 越大或 L_s 越小，表明被测试岩体结构面少，完整性好；反之，结构面多，完整性差。岩体完整性系数 k_ω 和裂隙系数 L_s 常常应用于岩体完整性分级，如表 6-1 所示。

表 6-1 表示岩体完整程度的分级

岩体完整性的描述	完整性系数	裂隙系数
极完整	>0.9	<0.1
完整	0.75~0.9	0.1~0.25
中等完整	0.5~0.75	0.25~0.5
完整性差	0.2~0.5	0.5~0.8
破碎	<0.2	>0.8

(4) 风化系数。风化系数 β 是表示岩体风化程度的系数，可表示为：

$$\beta = \frac{v_{nP} - v_{wP}}{v_{nP}} \tag{6-59}$$

式中 v_{nP}——新鲜岩石的纵波速度；

v_{wP}——风化岩体的纵波速度。

由上式可知，β 越大，风化程度越深。

(5) 衰减系数 α。岩体性质不同，除影响声波速度外，还表现在声波振幅的变化或衰减上。另外，衰减系数 α 又可反映岩体的节理裂隙发育程度。很显然，衰减系数 α 越小，表明岩体的完整性越好。

(6) 频谱特性。当声波在理想的弹性介质中传播时，其频谱特性不变，因而波形也不变；在较差的岩体中传播时，声波中的高频成分被大量吸收，频谱成分改变，波形拉宽。将接收波形进行频谱分析，比较发射声波通过岩体前后频谱特性的差异，可对岩体好坏做出判断。

利用声波法测得上述岩体力学参数指标后，就可对岩石进行分类，为工程设计提供资料。但岩体的工程地质分类，应该综合考虑多种因素，在进行岩体分类时，应将各项声学指标与地质特征结合起来，进行综合分析与对比。

6.6.6　围岩松动圈的探测

地下工程开挖后，围岩应力重新分布，出现应力降低和升高区，形成松动圈。测定地下硐室围岩松动圈各部位岩体松动的深度，对于评价岩体稳定性和进行合理的喷锚设计具有重要意义。声波探测已成为测定围岩松动圈的重要手段。测量时，在巷道断面选择几个主要部位，垂直岩壁向围岩内打孔，测量孔内不同深度 L 的声波速度 v_p，作 v_p-L 曲线，根据统计资料得出的正常岩体波速 v_p，划分出三个圈带，如图 6-37 所示。

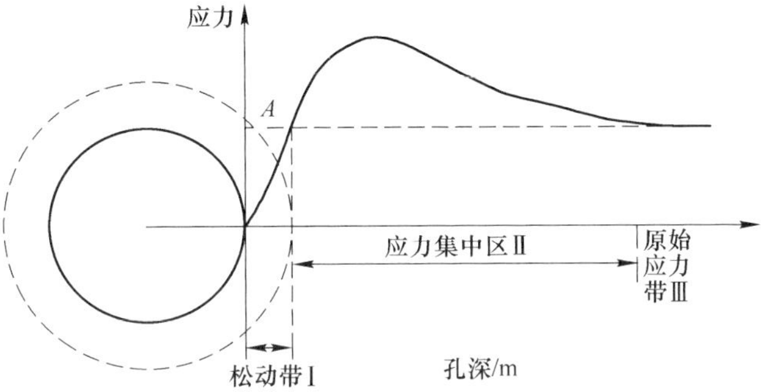

(a)

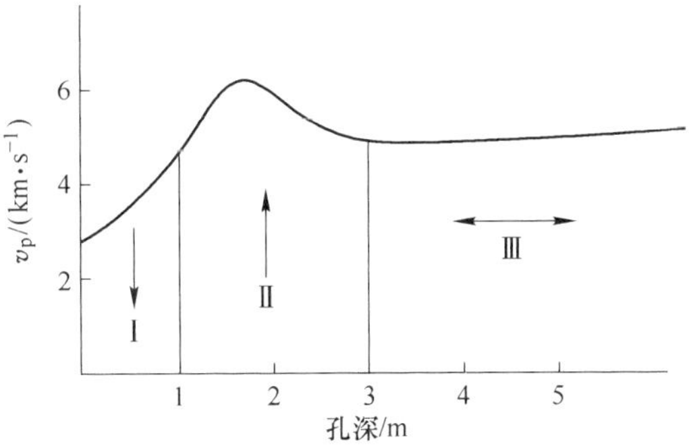

(b)

图 6-37　围岩松动圈及其对应的 v_p-L 典型曲线

（a）松动圈的三个圈带；（b）v_p-L 典型曲线

（1）松动带（应力下降带）。由于岩体裂隙增多，破碎程度增加而应力降低，表现为所测声速低于正常岩体波速。

（2）应力集中带。由于应力升高，裂隙压实，表现为所测声速相对增高。

（3）原始应力带。应力接近原始应力状态，基本上不受井巷开挖的影响，所测波速趋于正常岩体波速。

在进行围岩状态判别时，需要了解围岩状态与波速之间的关系。波速与孔深关系曲线如图 6-38 所示，其曲线大致可分为 4 类。

（1）一字型曲线：说明岩体完整，洞室开挖后围岩完整性和应力没有明显的变化，围岩没有松弛。

（2）厂字型曲线：说明围岩表面有松动，有应力降低区产生。

（3）衰减型曲线：表明岩体完整坚硬，围岩无松弛带，相反有应力增高区出现。

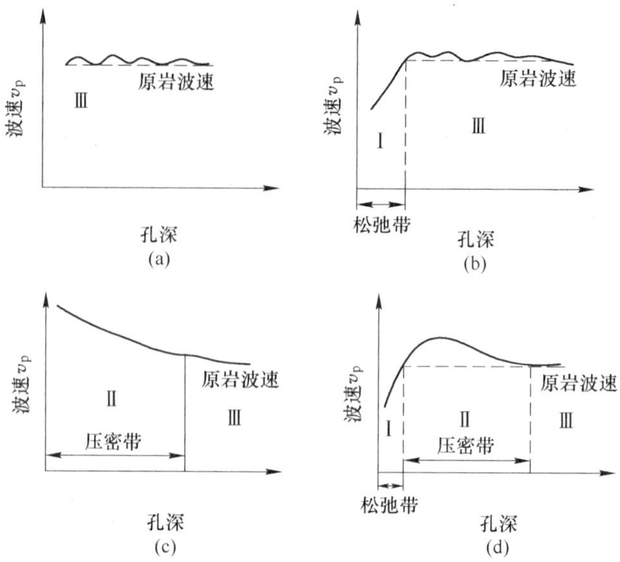

图 6-38　波速与孔深关系曲线

（a）一字型曲线；（b）厂字型曲线；（c）衰减型曲线；（d）峰值型曲线

（4）峰值型曲线：说明围岩表面出现松弛带，应力降低，中部为应力增高区，而后为原岩压力区。

在实际工程观测中可单孔测量，双孔测量，也可单、双孔测量并用，一般采用单孔高差同步法进行探测，如图 6-39 所示。图 6-40 为围岩松动圈声速实测具体实例，各孔松动带的连线即构成松动圈范围。

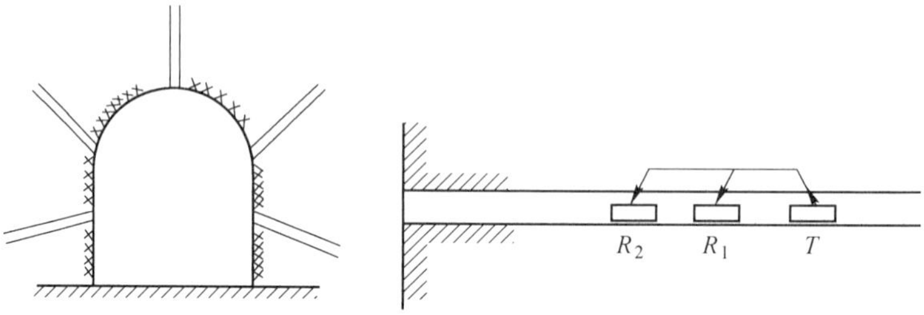

图 6-39　单孔高差同步法示意图

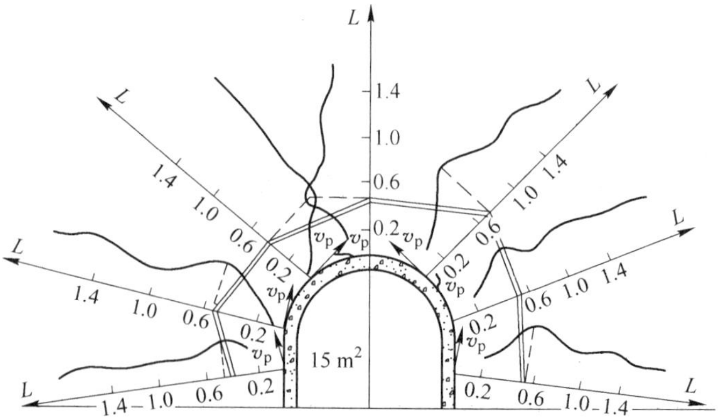

图 6-40　围岩松动圈声波探测

6.6.7 岩体中应力和稳定性的探测

根据岩体所受的应力状态会影响声波特性这一性质，进行岩体中主应力方向的测量，具体做法为：取某一点作为声波发射点 *A*，以发射点为圆心，在圆周不同方向布置接收点Ⅱ～Ⅶ，测定发射点至各接收点的波速，并按极坐标绘出声速椭圆。椭圆长轴方向就是主应力方向，见图 6-41。

地下围岩发生坍塌前必然伴随应力的变化，从而引起声速的变换，故岩体破坏前会出现声发射现象，因此可以通过对声速和声发射进行长期观测，测量其随时间的变化，用来评价硐室和采空区的稳定性，预报坍塌的可能性。

6.6.8 采场底板破坏深度探测

探测采场底板破坏深度对于防治底板奥灰岩溶突水具有重要意义。采用声波测量方法探测底板时，是在采区外侧的专用观测硐室中向采场底板打孔，进行单孔或双孔声波测量，如图 6-42 所示。为了突出采动因素对底板的破坏而排除岩性等原生因素对声波参数的影响，声波测量是在采动之前就开始的，并以采前观测结果作为原始对比资料。在采动开始以后，不断进行多次观测，直到采完为止，采动前后以及开采过程中资料进行对比分析。

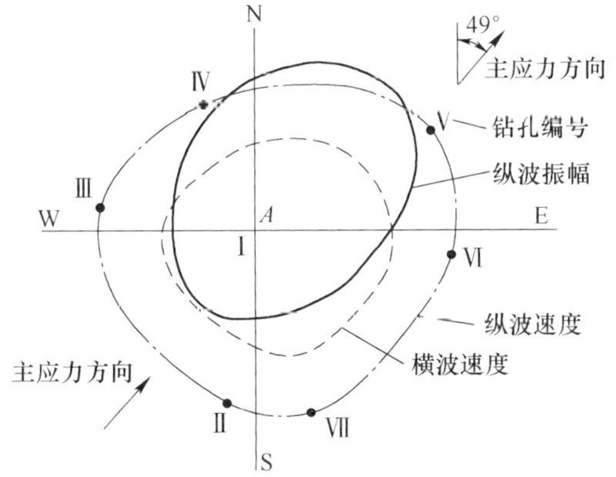

图 6-41 岩体主应力方向测量

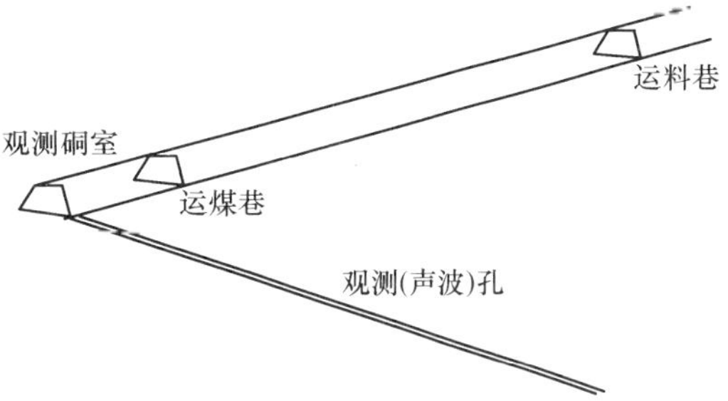

图 6-42 底板声波观测孔布置图

由于声波在岩体中传播的速度受岩体性质及结构状态的影响，特别是当岩体受力变形受到破坏时，声速变化比较灵敏，波形也有反映，因此，可以通过对比采动前后及采动过程中探测的声速变化及波形特征变化确定底板破坏深度及裂隙发育状况。采用单孔、双孔声波探测方法均可获得可靠效果，单孔声波可侧重探测横向裂隙（垂直于孔轴方向），双孔声波可侧重探测竖向裂隙。

图 6-43 为不同深度声速与采面推进关系曲线，由图可以看出底板浅部岩层，随着采面逐步接近测点，声波速度逐渐升高；在采面前方最大支撑压力区上，声波速度达到最大值；到采空区，声速显著降低；后方冒落区声速又有回升趋势。声速随采面推进变化曲线，反映了采动矿压对底板岩层的影响和作用。采面前方声速升高是由于底板受煤壁前方支撑压力作用的结果；采空区底板卸压、底鼓，产生破坏裂隙，因而声速降低；后方顶板冒落岩块渐将底板压实，所以声速又有所回升。这种影响和作用的幅度是随着底板深度的

增加而减弱的，到达某一深度（图中为3.2 m）后基本上声速不受采动影响，可以认为破坏深度在此深度以上。

图6-44为多次测量声速随深度变化曲线的叠合对比图，同样反映出前述深度以上，声速值分散性较大，是采动破坏带的反映；此深度以下曲线呈同步变化，反映岩层处于弹性变形状态，相邻层间仍保持整体性联系，没有发生破坏。

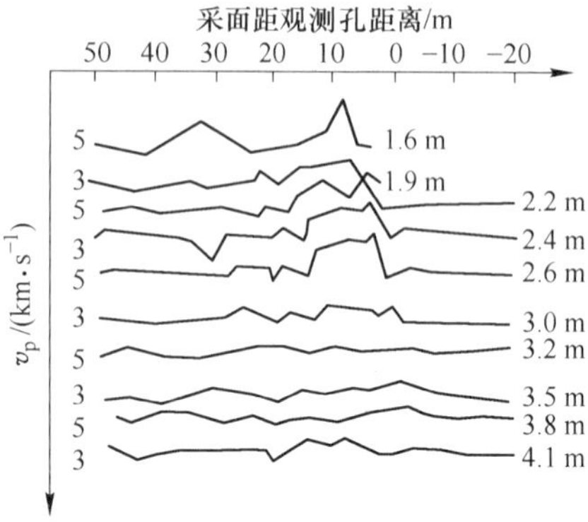

图6-43 采场底板不同深度声速随采面推进实测曲线

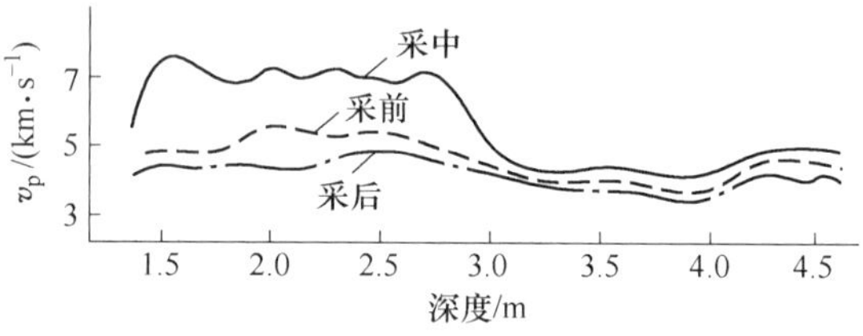

图6-44 不同采动时期声速随深度变化的实测曲线

6.6.9 在冻结法凿井中的应用

不同介质的声速不同，即便是同一介质，不同相态的情况下，声速也有很大的变化。例如含水冲积层经过冻结后，土的颗粒被冰黏结在一起，使固相的整体性大大提高，因而含流砂层在冻结前、后的纵波速度从1600 m/s增大到2800 m/s以上，提高了50%。如果在适当的位置上对冻结前后各土层的声波传播速度进行测定、比较，可有效地了解冻结壁的冻结状态和扩展情况。

在冻结区及其外侧未冻结区各选一观测孔3、4（可用冻结孔、测温孔或水文孔作为观测孔），将声波发射器与接收器分别置入3、4孔的同一深度，如图6-45所示。声波从3孔内的发射换能器发射，在冻结区以速度v_1、在未冻结区以速度v_0传播，被4孔接收换能器接收，由仪器记录声波从3孔至4孔的传播时间t，设两观测孔间距离为L，冻结层厚度为D，则：

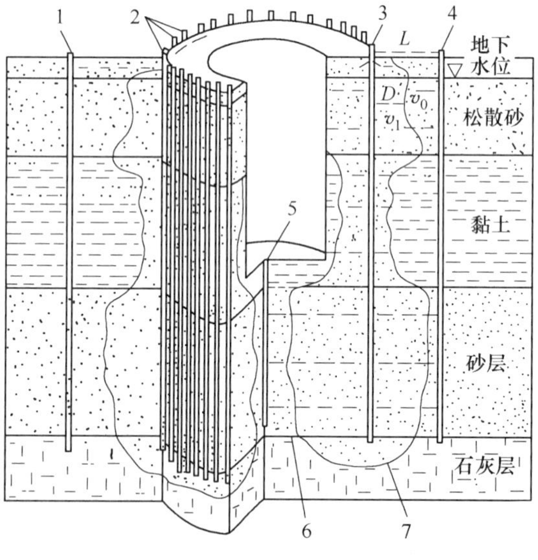

图6-45 声波测定冻结壁厚度

1—观测孔；2—冻结孔；3—测温孔；4—未冻结孔；5—水文孔；6—未冻结区；7—冻结区

$$t = \frac{D}{v_1} + \frac{L-D}{v_0} \tag{6-60}$$

冻结厚度为：

$$D = \frac{(L - tv_0)\ v_1}{v_1 - v_0} \tag{6-61}$$

式中，v_0可在冻结前利用3、4观测孔测得。冻土层声速可在施工中用两冻结孔进行测定，也可取土样在实验室作冻土块的声速测定。同理，可在观测孔3、4中改变换能器的深度，即可得到不同深度的冻结厚度。另外，还可以利用孔间声速层析成像准确地圈定冻结状态范围和扩展情况。

6.6.10　注浆充填效果检测

在许多工程中需要对软弱基础进行加固，如坝基加固、煤矿井筒注浆加固以及井下软弱岩层注浆加固工程等，对注浆充填加固效果要进行检测，常规方法主要靠钻探，亦即是在被加固的基础和岩层中重新打钻取岩心，这种方法费工、费时，且所检测的是一个点，并不能完全代表整体效果。利用声波方法进行检测可以弥补钻探之不足。具体方法是需要检测的层位施工互相平行的钻孔，进行声波CT方法观测，最终对孔间岩体波速成像。一般来说，胶结好的岩体比破碎岩体或胶结较差的岩体的声速高得多，也就是说声速的高低反映出岩体注浆后胶结程度如何，是否达到了设计要求。图6-46是注浆前后CT成像声速分布图，从图中可以明显看出，注浆前软弱带（声速偏低带深度20~50 m段），在注浆后声速明显上升，注浆效果明显。

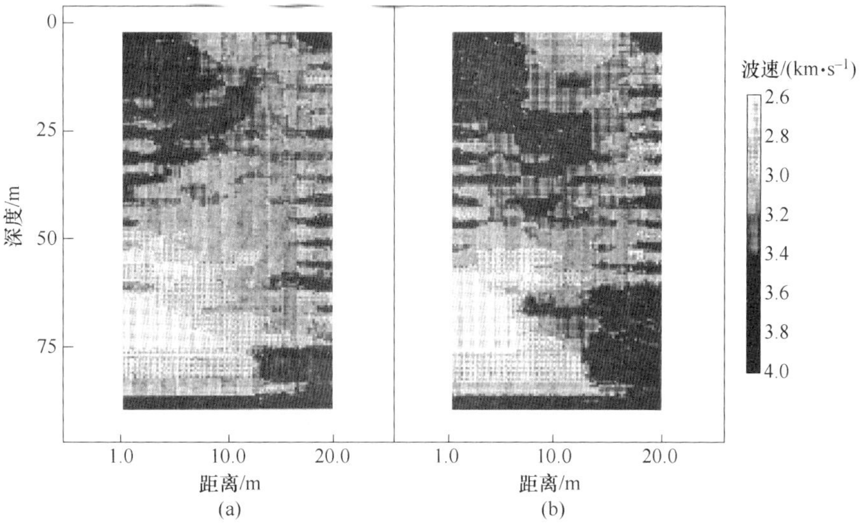

图6-46　注浆加固前后声速分布图

（a）注浆前；（b）注浆后

6.6.11　其他应用方面

除上述应用外，声波探测还可用于解决与硐室稳定性有关的其他问题，如喷锚支护的效果和喷锚支护参数的测量；用于施工质量检测，如混凝土浇灌质量、混凝土和喷射混凝土的强度；地震预报等方面。

6.7 岩石声发射技术

国内外大量研究资料表明，岩体在破坏之前，必然持续一段时间以声的形式释放积蓄的能量，这种能量释放的强度，随着结构临近失稳而变化。每一个声发射与微震都包含着岩体内部状态变化的丰富信息，对接收到的信号进行处理、分析，可作为评价岩体稳定性的依据。因此，可以利用岩体声发射与微震的这一特点，对岩体的稳定性进行监测，从而预报岩体塌方、冒顶、片帮、滑坡和岩爆等地压现象。室内研究表明：当对岩石试件增加负荷时，可观测到试件在破坏前的声发射与微震次数急剧增加，当负荷加到其破坏强度的60%时，几乎所有的岩石会出现声发射与微震现象，其中有的岩石即使负荷加到其破坏强度的20%，也可发生这种现象，其频率为 $10^3 \sim 10^4$ Hz。

当岩体受到外力作用，例如地下残余应力、人为或自然界对岩体产生扰动引发的应力集中等，一旦外力超过岩体的强度，将使岩体内部受到破坏。这种破坏往往要经历一个过程，开始时局部产生微破裂，出现一些新的裂隙，当外应力增加，这种破裂的数量（次数）继续增加，新生的裂隙增加并延伸。如果外应力再增加，上述现象会累积发展，最终造成整块岩体破损坍塌。在上述岩体受力破坏的过程中，每产生一次破裂，能量被释放并转换成一次脉冲波动，形成一组声脉冲，称为声发射。每出现一次声发射，称为一次声发射事件。

声发射系统由声发射传感器、前置放大滤波器、信号处理系统三部分组成。将探头固定在试样上，将岩石试样在受压时产生的弹性波转化为电信号，通过放大滤波器对采集的AE 信号进行放大、滤波、转换等处理，并将转换后的 AE 信号传输到信号采集处理系统，对采集的信号进行对比与特征分析。

声发射（Acoustic Emission，AE），是指固体材料或结构构件在力作用下发生变形或断裂时，会以弹性波形式释放出应变能的现象。而利用声发射信号推测声发射机理及传播介质特征的技术称为声发射技术，它属于声学无损检测技术。

岩石声发射机理为：当岩石受力变形时，岩石小裂纹周围应力集中，应变能较高，随外力增加，裂纹扩展，从而贮存的一部分能量以声波形式释放。因此声发射与岩石内部原始裂纹的闭合和非均匀状态的调整有关，岩石的声发射共同特点有：

（1）低应力状态下，声发射活动低。

（2）随应力增加，若岩石表观为弹性，声发射活动仍然低。

（3）岩石开始进入破裂阶段，声发射急剧增加，直至岩石破裂。

（4）凯泽效应，岩石在反复加载时，当第二次加载不超过第一次加载水平时，声发射很少或不存在；只有当加载水平超过以前，该岩石曾经受过的最大应力水平后，声发射才大量出现。利用凯泽效应测量“记忆”在岩石中的构造应力，是声发射技术重要应用方面之一。

6.7.1 声发射信号特征和表示方法

声发射是介质内部产生的局部瞬变现象，记录到的信号是经过多次反射，传播衰减，叠加而成声波，一个局部瞬变，在到达传感器时可能分裂成几个波。单个声发射信号

（单个事件）的持续时间很短（0.01～100 ms）。声发射脉冲的上升时间很短，一般在几十至几百毫微秒范围内。具有很宽的频率范围，从次声到 30 MHz 的频率范围内。声发射信号非常弱，它在试件表面产生的垂直位移约为 10^{-7}～10^{-14}m 量级。

声发射的能量是岩石缺陷发展的结果，裂纹扩展一次发射一个应力波脉冲，用声发射仪可记录到应力脉冲波形。声发射信号特征参数有声发射事件、总事件、大事件、能率等，见图 6-47。

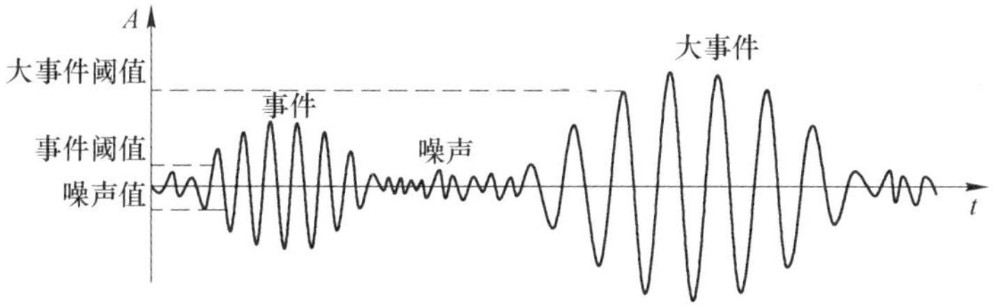

图 6-47　声发射波事件

（1）声发射事件：指记录到应力脉冲幅值大于设定阈值的应力脉冲。设定阈值的大小是根据环境噪声和测试目的而定。裂纹扩展一次产生一次声发射事件，声发射事件次数表达裂纹扩展的前进次数。脉冲最大时间相当于缺陷发展时间，裂纹扩展速度近于声速。

（2）总事件：单位时间内仪器检测到的声发射事件总数（次/min），它是岩体或混凝土出现破坏的重要标志。

（3）大事件：单位时间内仪器检测到的振幅大于某一阈值的声发射事件次数（次/min）。总事件中大事件所占比例预示了岩体或混凝土变形、破坏的趋势。

（4）能率：单位时间内仪器检测到的声发射活动能量的相对累计值（能量单位/min），它是岩体或混凝土破坏速率和大小变化程度的重要标志。

6.7.2　岩体声发射的规律

岩体声发射过程中的声发射参量具有明显的规律性四个阶段，见图 6-48：

（1）声发射缓慢增加阶段（*OA* 段），此阶段内声发射逐渐增加，声发射参量平均每分钟增量在 15%～20%之间。

（2）声发射迅速增加阶段（*AB* 段）。此阶段声发射迅速增加，声发射参量平均每分钟增量达 30%。

（3）声发射下降（或停止阶段）（*BC* 段）。这一阶段的声发射信号逐步下降或者完全停止。

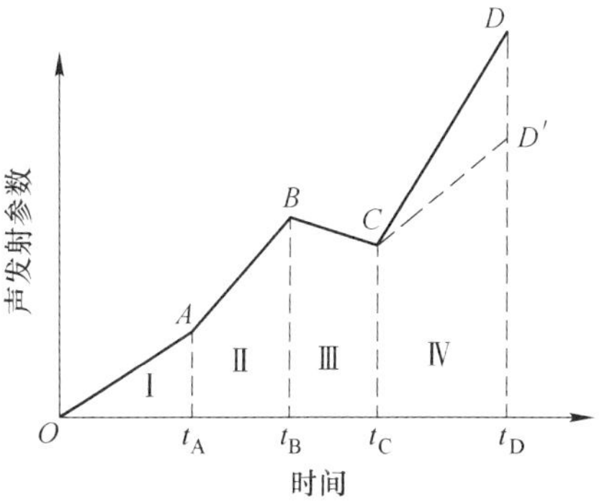

图 6-48　岩体声发射规律

（4）声发射信号再度迅速增长至破坏（失稳阶段）（*CD* 段）。这一阶段声发射信号再度显著增加，直至破坏（失稳），声发射参量平均每分钟增量大于 30%。

6.7.3 声发射源定位方法

声发射源需要利用多个传感器，排成阵列进行定位，声发射源定位有一维、二维和三维源定位法。利用接收到的声发射信号反演出声发射源信号（见图 6-49），进而推断定声发射源作用力的大小及其随时间的变化，很有实用价值。

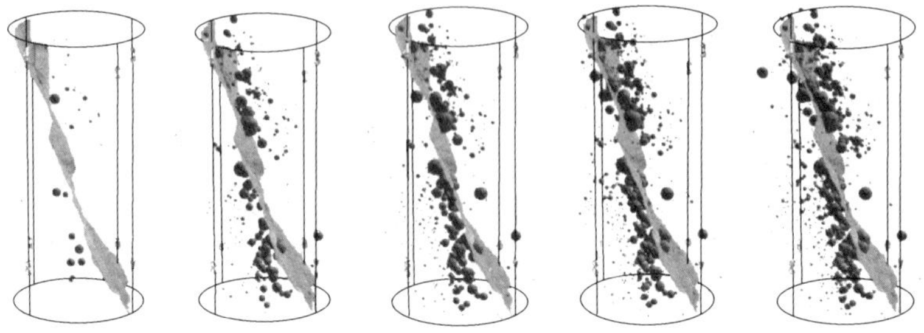

(a) (b) (c) (d) (e)

图 6-49 岩石力学试验中声发射定位结果

(a) $0.2\sigma_c$；(b) $0.4\sigma_c$；(c) $0.6\sigma_c$；(d) $0.8\sigma_c$；(e) $1.0\sigma_c$

6.7.4 声发射技术的应用

声发射技术目前主要有以下几个方面的应用：

(1) 利用声发射模拟试验和现场实测，分析和监控岩体工程的稳定和破坏情况；

(2) 利用声发射的凯泽效应测定岩体的原始应力（地应力）；

(3) 利用声发射研究人工和天然地震的机制等；

(4) 岩体工程灾害预报。

习题与思考题

习题与思考题答案

6-1 什么是岩体声波测试？

6-2 简述岩体声波探测技术在工程中的主要作用。

6-3 岩体中的弹性波一般分为哪几种，它们各有什么特点？

6-4 描述声波的特征量都有哪些？

6-5 简述波场、波阵面及射线的概念。

6-6 声波按波阵面形状该如何分类？

6-7 什么是波前原理、叠加原理、射线原理？

6-8 声波速度与哪些岩石力学性质有关？

6-9 简述声波速度与岩体类型和结构的关系。

6-10 简述声波速度与周围环境的关系。

6-11 声波传播时，振幅与哪些因素相关？

6-12 岩体声波探测系统由哪几部分组成，各部分分别有什么作用？

6-13 声波激发的方式有哪几种，它们分别有什么特点？

6-14 常用的声波换能器有哪些，它们分别有什么特点？

6-15　声波仪主要由哪两部分组成，简述其工作原理。
6-16　什么是真速度和视速度，两者有什么关系？
6-17　声波探测岩体时，主要应用哪些方法，这些方法分别有什么特点，适用于哪些范围？
6-18　声波探测技术主要有哪些应用？
6-19　声波测井的目的是什么？
6-20　如何测量岩体中主应力方向？
6-21　如何通过对声速和声发射进行长期观测来评价硐室和采空区的稳定性，预报坍塌的可能性？
6-22　声波遇到张开的裂隙或岩洞等缺陷时，会产生哪些变化？
6-23　简述如何利用声波探测技术测定岩体的物理力学参数？
6-24　声波岩体分类有何意义？
6-25　声发射系统主要由哪几部分组成？
6-26　岩石声发射机理是什么，岩石的声发射有哪些共同的特点？
6-27　声发射信号的特征参数有哪些？
6-28　岩体声发射过程中的声发射参量具有哪几个明显的规律性阶段？
6-29　声发射技术目前主要有哪些应用？

7 振动测试技术

7.1 概　　述

振动测试技术是一种用于测量和分析物体或结构在外力作用下产生的振动响应的技术手段。它广泛应用于工程、建筑、机械、航空航天、交通运输等多个领域，旨在评估振动对物体或结构安全、性能和使用寿命的影响。振动测试通常通过安装传感器（如加速度计、速度计或位移传感器）在目标物体或结构上，实时采集振动信号。采集到的数据通过信号处理和分析，得出振动的频率、幅度、加速度、位移等特征参数。

可以通过振动测试技术了解结构或设备在实际工作条件下的动态行为，发现潜在的缺陷或问题，进行故障诊断和预测性维护。例如，在建筑领域，振动测试可以评估地震、爆破或交通引起的振动对建筑物安全的影响；在机械领域，振动测试则用于监控机械设备的运转状态，预防故障发生；在工程爆破领域，能够评估爆破产生的振动是否超出安全范围，并据此调整爆破方案，例如优化爆破药量、改变爆破位置或调整爆破时间，从而减少对周围区域的影响。振动测试技术的应用不仅能够提高产品和结构的安全性和可靠性，还能为优化设计、改进工艺提供数据支持，是现代工程技术中不可或缺的重要工具。

7.2 工程爆破地震波的传播特性

炸药在岩土介质中爆炸时，爆炸冲击波及压力波将其附近的介质粉碎，形成粉碎圈，粉碎圈过后，形成破裂圈；当压力波通过破裂圈后，强度迅速衰减，再也不能引起岩石的破裂，只能引起岩石质点产生弹性或塑性振动。振动以弹塑性波的形式向外传播，造成地层和地面震动，这种弹塑性波就叫爆破地震波，或称爆破振动效应，如图 7-1 所示。爆破地震波包含在介质内部传播的体波和沿地面传播的面波，是一种复杂的波系。

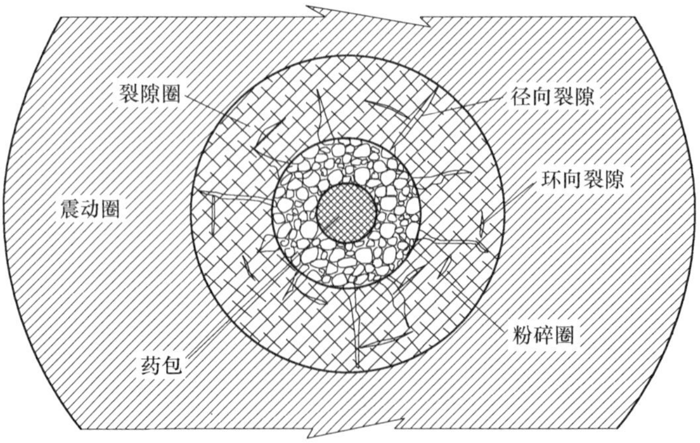

图 7-1　爆破地震效应示意图

7.2.1　爆破地震波

爆破地震波是指由爆炸或其他类似的爆破事件产生的地震波。这些地震波的传播方式与自然地震产生的地震波类似，但它们通常具有不同的特征，如产生的震源较小、震源深度较浅、频率范围较高等。

爆破地震波分为体波和面波。体波可分为纵波和横波。纵波（简称 P 波）能引起介质产生压缩和拉伸变形，特点是周期短、振幅小、传播速度快、衰减快。横波（简称 S 波）能引起介质质点产生剪切变形，特点是周期较长，振幅较大，传播速度较快，衰减较慢。面波（简称 R 波）仅限于地表面传播，它是体波在自由面多次反射叠加而成，又可分为瑞利波和勒夫波，特点是周期长、振幅大、传播速度慢、衰减慢、携带能量大。造成爆破地震破坏的主要原因是面波的作用。

短距离内，三种波（P 波、S 波、R 波）几乎同时到达，难以辨认。远距离处，能根据传播速度的快慢得以辨认。在一幅完整的爆破地震波记录中，一开始一般是振幅小、频率较高的波形，主要是 P 波与 S 波；紧接着是一段振幅较大、频率较低的波形，主要是 R 波，然后逐渐衰减（见图 7-2）。

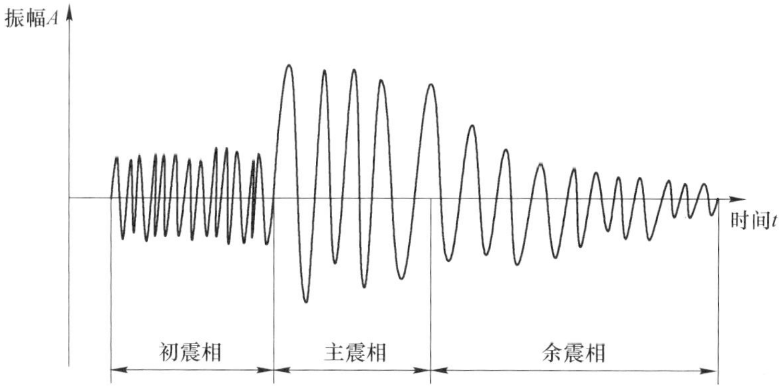

图 7-2　爆破地震波波形图

实际工程中，大多数爆破一般采用毫秒延期群药包起爆，各个药包爆破产生的压力波传播途径和延迟时间不尽相同，导致波群的相互干扰和叠加，更增加了爆破地震波波形的复杂性。

描述爆破地震波特征一般用振幅 A，频率 f_0（或周期 T_0）和持续时间 T 三个基本参数。爆破地震波的振幅在一个完整的波形图中是个变量，它随时间而变化。由于主震相的振幅大，作用时间长，因此，主震相中的最大振幅是表示地震波的重要参数，它是爆破地震强度的标志。

7.2.2　爆破振动测量

目前，国内外对爆破振动强度的测量仍以测量振动速度为主。这主要因为：

（1）大量观测表明，爆破地震破坏程度与振动速度大小的相关性比较密切。

（2）当炸药量、爆心距和最小抵抗线相同，而传播地震波的岩土介质有变化时，振动速度值虽有一定变化，但较其他物理量而言，振速与岩性有较稳定的相关关系，规律性较好。故国标《爆破安全规程》（GB 6722—2014）以爆破质点振动速度作为确定安全距离的指标。

工程实践表明，相同振速情况下，低频的振动比高频的振动破坏大。一般用最大振幅 A 所对应的一个波的周期 T_0 或其倒数频率 $f = l/T_0$ 作为地震波的重要参数。爆破地震波具有明显的瞬态振动特征，为一频域较宽的随机信号，用频谱分析方法得出的频谱可描述其频率特性。目前国内外的爆破安全规程均考虑了频率对爆破振动效应的影响。《爆破安全规程》（GB 6722—2014）把频率 f 也作为确定安全距离的一个指标。

爆破地震波的持续时间是指测点振动从开始到全部停止的时间。它反映了振动衰减的快慢和振动连续的时间，振动持续时间 T 对爆破破坏强度的影响虽然小于振幅 A 和频率 f_0，但仍是较为重要的参数。由于 T 与测试仪器的灵敏度有关。灵敏度高的仪器，T 长；灵敏度低的仪器，T 短。因此持续时间 T 目前还未作为确定安全距离的指标之一。

7.2.3 爆破地震效应

爆破地震波引起的振动，常会造成爆区附近地表的振动，在爆区一定范围内，当爆破引起的振动达到足够的强度时，就会造成各种破坏现象，如边坡的滑坡、垮塌，建、构筑物的颠簸和摇晃，甚至破坏，这种现象即爆破地震效应。爆破地震效应是一个较为复杂的问题，它受各种因素的影响，如爆源的位置、炸药能量的大小、爆炸方式、传播途径中的不同介质和局部场地条件等，同时也受建、构筑物结构特性和材料特性、地基特性、约束条件以及施工质量等因素影响。因此，爆破地震效应是爆破地震波及建构筑物本身等多种因素的综合性现象。

7.3 爆破参数对爆破地震波的影响

爆破地震波参数（质点的振动速度、主振频率、振动持续时间等）以及波形特征主要依赖于爆破参数和地形地质特征，如总装药量、单段装药量、段数、距爆破中心距离、高程差、爆破孔网参数（排距、孔距、孔径、孔深、不耦合系数、堵塞长度、装药结构）、起爆方法等。

7.3.1 炸药类型和炸药量

炸药的性质对岩石中冲击波的衰减会产生较大的影响，若采用炸药所产生的冲击波压力超过岩石抗压强度的10倍以上，在大多数情况下会造成冲击波能量的大量损失，使冲击波急剧衰减。实验表明：炸药的波阻抗值越接近岩石的波阻抗值，炸药的爆炸能量传播效率越高，因而在岩石中引起的应变值也越大，即引起的爆破振动也越大。在有爆破振动要求的爆破工程中，要选择炸药波阻抗与岩石的波阻抗差别较大的炸药。从地震波产生的机理看，还要选择低爆速、低猛度的炸药。炸药量对爆破振动有决定性的作用，它的影响已在许多经验公式中体现，一般为炸药量的幂数形式，主要是幂指数各有不同。一般情况下，单位炸药量消耗过大会使爆破振动过大，而单位炸药消耗量过小也可能由于延迟和减少从自由面反射回来的拉伸波效应而使爆破振动增大。因此，爆破时应首要考虑合理的炸药种类和炸药量。

7.3.2　爆破段数和装药结构

段数的影响主要表现在微差时间和地震波的延时长度上。合理的微差间隔时间使先后产生的地震能量在时间上和空间上错开，特别是错开地震波的主振相，从而大大降低了地震效应的幅值。实践表明：微差爆破比普通爆破可降低振速 30%~50%。但同时使爆破地震波的持续时间越长，又大大增加了结构破坏的可能性，这也是微差间隔时间存在最佳延时的原因。

装药不耦合系数对振动频率也有很大的影响，由于爆炸空腔加大，爆炸初始压力下降，脉动周期变长，爆破地震波的初始频率变小，而低频的振幅却有所增加。

7.3.3　炮孔直径

不同孔径的炮孔爆破时，即使爆破的药量相同，但由于场地系数和衰减指数不同，大炮孔直径的爆破振动强度仍然是较大的。有研究表明：孔径 310 mm 的炮孔的振速相比孔径 250 mm 的炮孔的振速，在垂直方向的振速大 24%~44%，径向的振速大 27%左右；250 mm 炮孔的振速比孔径 170~200 mm 振速平均大 50%左右。可见炮孔直径对爆破振动的影响也是一个不可忽视的因素。

7.3.4　抵抗线

由爆破理论知，减小最小抵抗线，使炸药爆炸能在较短时间内得以释放，能量中有更多部分形成空气冲击波，转化为爆破地震波的能量相对减少，地震强度随之减弱。根据应力波传播理论，当抵抗线较小时，在抵抗线小的一侧形成破碎带，向最小抵抗线方向传播的应力波转化为破碎岩体的能量，很难再反射回来增加爆破振动强度。该条件下，最小抵抗线方向的地震波速最小，相反方向最大。当抵抗线较大时，爆破作用不能破坏自由面附近岩体，则向最小抵抗线方向传播的应力波反射，与原有的应力波叠加，从而增加了自由面反向的爆破振动强度。研究发现：爆破作用指数 $n=1.5$ 的抛掷爆破比 $n=0.81$ 的松动爆破的地震强度平均可降低 4%~22%。

7.3.5　传播介质

爆破地震波的传播，其衰减规律会受到介质系统的影响。传播介质系统是复杂多变的，包括岩石性质的变化，内含节理、裂隙的情况等。在自由振动中，振动的振幅是不变的，振动将无限延续下去。但实际观测到的爆震结果并非如此，爆破地震波的传播过程中振幅逐渐衰减，最后趋于 0，这说明在爆破振动中，还会受到阻力的作用，这种阻力通常称为阻尼。按照阻尼的大小可以分为无阻尼、过阻尼、欠阻尼三种情况。无阻尼与过阻尼情况下不会产生振动现象。爆破地震波的衰减阻尼很小，属于欠阻尼的情况。由于欠阻尼的存在，使衰减振动的周期加大，振幅随时间按指数规律衰减。

7.4　振动测试技术基础

振动测试是以仪器为手段获取在地震、爆炸等动荷载作用下，地面运动及工程结构反应的记录。

7.4.1 振动测试系统

振动测量技术可用于定量评定震动强度，确定工程场地的抗震设计类型，验证和改进各类工程抗震设计方法，施工监控（如爆破、打桩、强夯），研究和分析震源参数，地震断层破裂过程，地震波的传播规律等方面。

7.4.1.1 振动参数

描述振动的运动学参数有加速度、速度、位移等。描述波形的特征量有振幅、频率或周期以及振动持续时间等振动参数。从运动学的角度，如果用位移作为基准量，速度和加速度都通过微分得到。

例如余弦（正弦）函数表示位移振动参数时，位移：

$$x = A\cos(\omega t - \varphi) \tag{7-1}$$

速度：

$$v = \frac{\mathrm{d}x}{\mathrm{d}t} = -\omega A\sin(\omega t - \varphi) = \omega A\cos\left(\omega t + \frac{\pi}{2} - \varphi\right) \tag{7-2}$$

加速度：

$$a = \frac{\mathrm{d}^2x}{\mathrm{d}t^2} = -\omega^2 A\cos(\omega t - \varphi) = \omega^2 A\cos(\omega t + \pi - \varphi) \tag{7-3}$$

7.4.1.2 振动测试系统

振动测试系统结构如图 7-3 所示，主要由传感器、测振放大器、记录仪和分析仪等部分组成。振动测试的传感器称为拾振器。测振放大器，又称为调理电路，主要作用是信号放大及滤波，如动态应变仪、电荷放大器、电压放大测振仪等。记录和分析仪器多由模数 A/D 转换器、计算机和软件完成。

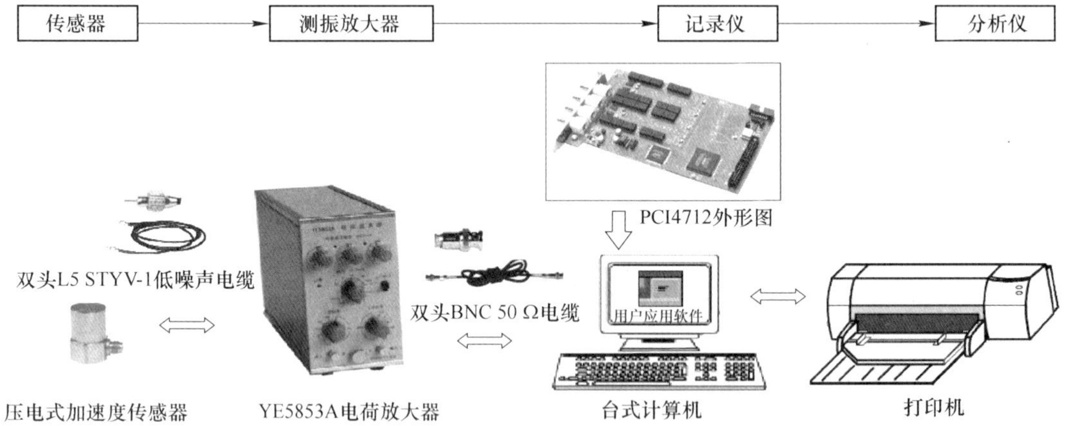

图 7-3 振动测试系统结构图

7.4.2 拾振器的工作原理

振动传感器在振动测试技术中是关键部件之一，它的作用主要是将机械量接收下来，并转换为与之成比例的电量，也称它为拾振器，分为相对式和惯性式。下面以惯性式拾振器为例介绍其工作原理。

惯性式拾振器的主要结构包括弹簧 k、惯性体（质量块）m、阻尼器 C、外壳和底座。其物理模型为单质点单自由度强迫振动力学模型，单质点是指拾振器参与振动的质量全部集中在惯性体上（弹簧质量忽略不计），单自由度是指运动只是单方向的，不发生扭转，见图 7-4。

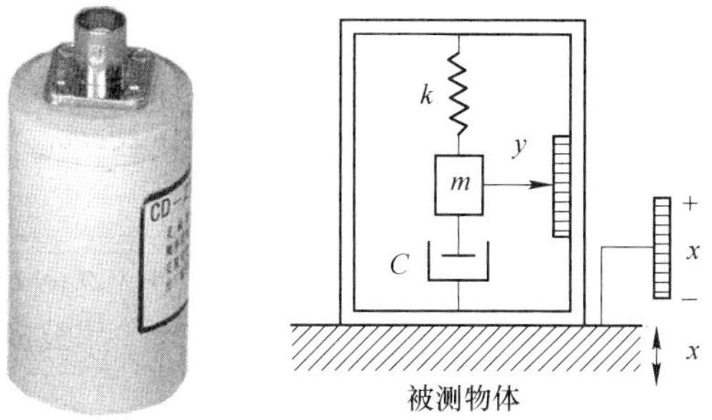

(a)　(b)

图 7-4　拾振器实物与物理模型图

（a）实物图；（b）物理模型

7.4.2.1　运动方程建立——数学模型

对拾振器进行受力分析，作用一个与相对位移方向相反的弹簧力 $k \times y$，会受到一个与相对速度成正比的阻尼力 $C \times \mathrm{d}y/\mathrm{d}t$。

根据牛顿定律

$$-C\frac{\mathrm{d}x}{\mathrm{d}t} - kx = m\frac{\mathrm{d}^2(x+y)}{\mathrm{d}t^2} \tag{7-4}$$

化为标准方程

$$\frac{\mathrm{d}^2 y}{\mathrm{d}t^2} + 2\xi\omega_0\frac{\mathrm{d}y}{\mathrm{d}t} + \omega_0^2 y = -\frac{\mathrm{d}^2 x}{\mathrm{d}t^2} \tag{7-5}$$

其中，拾振器固有频率

$$\omega_0^2 = \frac{k}{m} \tag{7-6}$$

阻尼比

$$\xi = \frac{C}{2\sqrt{km}} = \frac{C}{2\omega_0 m} \tag{7-7}$$

7.4.2.2　运动方程一般解

设被测物体按正弦规律振动，即

$$x = x_{\mathrm{m}}\sin\omega t \tag{7-8}$$

式中　ω ——被测物体的振动角频率；

x_{m} ——振动体振动的最大位移。

方程的一般解为：

$$y = A_1\sin\omega t + A_2\cos\omega t - \mathrm{e}^{-\xi\omega_0 t}\left[A_2\left(\cos\omega_\xi t + \frac{\xi\omega_0}{\omega_\xi}\sin\omega_\xi t\right) + A_1\frac{\omega}{\omega_\xi}\sin\omega_\xi t\right] \tag{7-9}$$

$$A_1 = \omega^2 x_{\mathrm{m}}\frac{\omega_0^2 - \omega^2}{(\omega_\xi^2 - \omega^2)^2 + (2\xi\omega\omega_\xi)^2} \tag{7-10}$$

$$A_2 = \omega^2 x_{\mathrm{m}}\frac{-2\xi\omega_0\omega}{(\omega_0^2 - \omega^2)^2 + (2\xi\omega\omega_0)^2} \tag{7-11}$$

$$\omega_\xi = \sqrt{1-\xi}\,\omega_0 \tag{7-12}$$

7.4.2.3　振动方程稳态解

第一、第二项为与强迫振动频率一致的纯强迫振动；第三项为随时间增长而衰减的伴生振动，经过一段时间第三项很快衰减掉。第一和第二项称为运动方程的稳态解。对第一和第二项进行三角变换，则得到强迫振动稳态响应方程。

$$y=\frac{x_{m}\omega^{2}}{\sqrt{(\omega_{0}^{2}-\omega^{2})^{2}+(2\xi\omega\omega_{0})^{2}}}\sin(\omega t-\varphi)=y_{m}\sin(\omega t-\varphi) \tag{7-13}$$

$$y_{m}=\frac{x_{m}\omega^{2}}{\sqrt{(\omega_{0}^{2}-\omega^{2})^{2}+(2\xi\omega\omega_{0})^{2}}}=\frac{x_{m}\mu}{\sqrt{(1-\mu^{2})^{2}+(2\xi\mu)^{2}}} \tag{7-14}$$

$$\tan\varphi=\frac{2\xi\omega\omega_{0}}{\omega_{0}^{2}-\omega^{2}}=\frac{2\xi\mu}{1-\mu^{2}} \tag{7-15}$$

$$\mu=\omega/\omega_{0} \tag{7-16}$$

7.4.3　拾振器响应特性

在强迫振动的激励（输入）下，拾振器质量块发生相对运动（输出），称为响应。输入输出之间的关系称为响应函数。当给定阻尼比，质量块振幅和频率比的关系曲线，称为振幅频率响应曲线（幅频曲线）。当给定阻尼比，相位角与频率比的关系曲线，称为相位频率响应曲线（相频曲线）。

当输入信号的频率改变时，其输出量也相应地改变，且实际一个振动含有很多种频率，在这些情况下拾振器是无法使用的。所以需要研究拾振器响应特性，就是要研究在什么条件下，拾振器输出与频率无关或关系不大，即满足不失真条件。

7.4.3.1　位移拾振器的响应特性

如果拾振器是用来测量振动体的位移，则将拾振器的相对位移量 y 变换为振动体位移量 x，下面介绍什么响应条件才能满足拾振器不失真条件。

幅值比和相位差与振动体频率的关系：

$$\eta_{x}=\frac{|y|}{|x|}=\frac{\mu^{2}}{\sqrt{(1-\mu^{2})^{2}+(2\xi\mu)^{2}}} \tag{7-17}$$

$$\varphi=\arctan\frac{2\xi\mu}{1-\mu^{2}} \tag{7-18}$$

$$\mu=\frac{\omega}{\omega_{0}} \tag{7-19}$$

理想位移拾振器不失真条件：

考察幅值比（见式（7-17））和相位差（见式（7-18）），可以看出当 $\mu=\omega/\omega_{0}\rightarrow\infty$ 时，$\eta_{x}\rightarrow 1$，$\varphi\rightarrow\pi$。即当振动体的振动频率 ω 比拾振器自振频率 ω_{0} 大得多，振幅比趋向常数，相位差也趋向于常数，满足不失真条件。

实际位移拾振器不失真条件：

在阻尼比 $\xi=0.6\sim0.7$ 时为最佳阻尼比，它可抑制住共振峰；频率比 μ 可放宽，如可放宽 2.5 以上，振幅比 η_{x} 就近似等于 1；相位差近似与振动体频率成正比，如图 7-5 所示。

7.4.3.2　加速度拾振器响应特性

如果惯性式拾振器用来测量振动体的加速度，则将拾振器的相对位移量 y 变换为振动

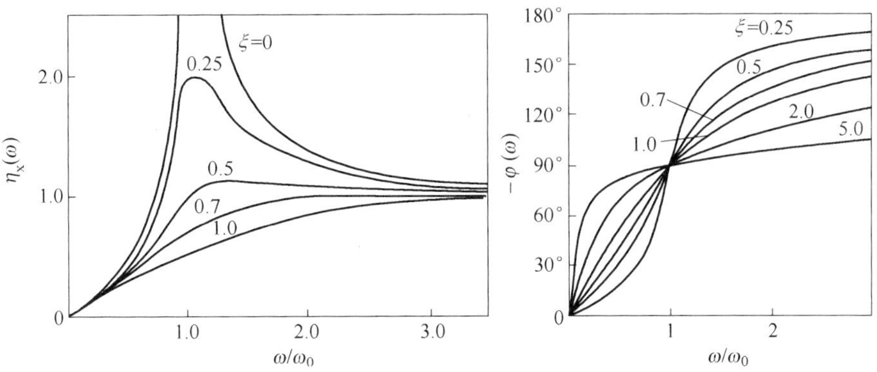

图 7-5 位移拾振器振幅比及相位差与频率比的关系曲线

体的加速度 a，下面介绍什么响应条件才能满足拾振器不失真条件。

振动体的加速度为

$$a = \frac{\mathrm{d}^2 y}{\mathrm{d}t^2} = x_{\mathrm{m}}\,\omega^2 \sin(\omega t + \pi) \tag{7-20}$$

拾振器相对位移幅值

$$y_{\mathrm{m}} = \frac{x_{\mathrm{m}}\mu}{\sqrt{(1-\mu^2)^2 + (2\xi\mu)^2}} \tag{7-21}$$

位移幅值与加速度幅值之比，即幅值比与振动体频率的关系：

$$\eta_{\mathrm{a}} = \frac{|y_{\mathrm{m}}|}{|a|} = \frac{1}{\omega_0^2\sqrt{(1-\mu^2)^2 + (2\xi\mu)^2}} \tag{7-22}$$

$$\varphi = \arctan\frac{2\xi\mu}{1-\mu^2} \tag{7-23}$$

理想加速度拾振器不失真条件：

考察幅值比（见式（7-22））和相位差（见式（7-23）），当 $\mu = \omega/\omega_0 \to 0$ 时，$\eta_{\mathrm{a}} \to 1/\omega_0^2$，$\varphi \to 0$。即当振动体的振动频率 ω 比拾振器自振频率 ω_0 小得多，振幅比趋向常数，相位差也趋向于常数，满足不失真条件。

实际加速度拾振器不失真条件：

在阻尼比 $\xi=0.6\sim0.7$ 时为最佳阻尼比，它可抑制住共振峰，且可消除初始不稳定振动过程；频率比 μ 可放宽，如可放宽 0.4 以下，振幅比 η_{a} 就近似等于 1；相位差近似与振动体频率成正比，如图 7-6 所示。

7.4.3.3 速度拾振器响应特性

如果惯性式拾振器用来测量振动体的速度，则将拾振器的相对位移量 y 变换为振动体的速度 v，下面介绍什么响应条件才能满足拾振器不失真的条件。

位移幅值与速度幅值之比：

振动体的速度为

$$v = \frac{\mathrm{d}x}{\mathrm{d}t} = x_{\mathrm{m}}\omega\cos(\omega t) \tag{7-24}$$

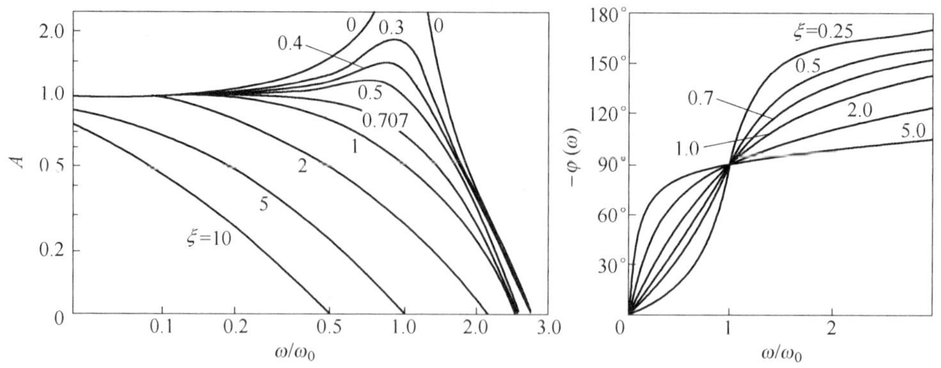

图 7-6　加速度拾振器振幅比及相位差与频率比的关系曲线

拾振器相对位移幅值

$$y_m = \frac{x_m\mu}{\sqrt{(1-\mu^2)^2+(2\xi\mu)^2}} \tag{7-25}$$

拾振器相对位移幅值与振动体的速度幅值之比与振动体圆频率的关系

$$\eta_v = \frac{|y_m|}{|v|} = \frac{\mu}{\omega_0\sqrt{(1-\mu^2)^2+(2\xi\mu)^2}} \tag{7-26}$$

$$\varphi = \arctan\frac{2\xi\mu}{1-\mu^2} \tag{7-27}$$

理想速度拾振器不失真条件：

考察幅值比（见式（7-26））和相位差（见式（7-27）），当 $\mu = \omega/\omega_0 \to 1$ 时，$\eta_v \to 1/(2\xi\omega_0)$，$\varphi \to \pi/2$。当振动体的振动频率与拾振器自振频率相等时，振幅比趋向常数，相位差也趋向于常数。

但理想速度拾振器存在以下问题：若用拾振器的相对位移量 y 代表的是振动体的速度 v，要求被测物体振动频率与拾振器固有频率相接近。实际振动体频率是非常丰富的，而拾振器的频率是固定的，这种类型拾振器是很少使用的。实际中是用拾振器质量块的相对速度代表振动体的速度。

实际速度拾振器：

实际中速度拾振器是用拾振器质量块的相对速度 v_y 变换为振动体的速度 v，拾振器质量块的相对速度 v_y：

$$v_y = \frac{dy}{dt} = \omega y_m\cos(\omega t - \varphi) \tag{7-28}$$

振动体的速度为

$$v = \frac{dx}{dt} = x_m\omega\cos(\omega t) \tag{7-29}$$

拾振器相对速度幅值与振动体的速度幅值之比与振动体频率的关系

$$\eta_v' = \frac{|v_y|}{|v|} = \frac{\mu}{\sqrt{(1-\mu^2)^2 + (2\xi\mu)^2}} \tag{7-30}$$

实际速度拾振器不失真的条件：

当$\mu = \omega/\omega_0 \to \infty$时，$\eta_v' \to 1$，$\varphi \to \pi$。可以看出速度拾振器响应条件与位移拾振器相同，所不同的是这里是用拾振器质量块的相对速度反映振动体速度。

7.4.4 振动测试方法

振动测试方法包括以下几种：

（1）拾振器选择。测量哪一个参数就选测量该参数的拾振器；按被测物体的振动频率范围，选择相应的拾振器；根据被测物体选择合适灵敏度的拾振器；还需要考虑被测物体的几何尺寸和重量。

（2）放大电路选择。选择放大电路通常由传感器类型决定。

常用的放大器有微积分放大器、电压放大器、电荷放大器、载波式放大器（动态应变仪）等。

振动测量时，根据振动信号的强弱和采用的拾振器及拾振器灵敏度不同选择放大电路，有时要加衰减器。

（3）测振系统标定。标定时，要把测试时的拾振器，放大器和记录仪器连接在一起，进行整个系统灵敏度和频率响应标定。

要使测试结果具有法律效力，标定应由法定计量部门进行。

（4）拾振器现场安装。安装时要保证测振拾振器和被测物之间保持刚性连接，并使刚性连接距离最短。

常用螺栓法和胶合剂法。用环氧树脂胶时，必须加螺栓垫片，以便拾振器拆卸。

在测量过程中导线要保持固定，尽量不要移动。

（5）振动测量结果处理。近似正弦波的波形：周期频率法。

振动记录波形按正、负幅度大致对称的原则画出一条零线，然后以穿过该线的相邻两交点的时间间隔的两倍作为该波的周期。

在记录时间长度上统计所有周期出现的次数，把统计结果绘制成周期-频度曲线，其峰值对应的周期即卓越周期（出现该周期次数最多）。

在全部统计时间内出现的最长周期称为最大周期。总的统计时间除波数（与零线的交点总数之一半）称为平均周期。半波形中最大的振幅称为最大振幅；半波形振幅的平均值叫作平均振幅。

复杂波形和随机波形：频谱分析法，幅值谱，相位谱和功率谱等分析。

7.5 工 程 应 用

7.5.1 工程概况

某矿区采用无底柱分段崩落法进行回采，根据回采设计每次计划回收的矿量都很大，致使回采爆破时的一次爆破量及炸药使用量都较大，对于矿山来说属于大型爆破。由于爆破的一次爆破量大，会产生较强的爆破地震，可能损坏爆区周围的巷道及地表设施等。在爆区同一水平的回风巷道局部稳定性较差，为了确切地了解爆破地震波传播的特性，测算出其在爆区周围回风巷道的振动强度，同时也为矿方后期的爆破设计提供技术支持，尽可能将爆破振动的影响降到最小，确保附近回风巷道的正常运行，故对矿山进行爆破振动测试。

7.5.2　测点选择布置及仪器安装

爆破振动测试选用 TC-4850 爆破振动测试仪，它是一款专为工程爆破设计的便携式振动监测仪，具备一系列优越的特性，使其成为高效而可靠的测振工具。该仪器体积小巧，重量轻便，方便携带和操作，使其成为适用于各类工程现场的理想选择。该仪器设计考虑到实际工程环境的复杂性，能够承受一定的压力和冲击，确保在爆破等高冲击环境下可稳定可靠地工作。该仪器具有高度的可靠性，确保在不同工程条件下能够提供准确的测量结果。同时，易于使用的界面和操作系统使其适用于各类用户，仪器与相应的传感器配合使用，可以监测、记录、报警和分析多个参数，包括速度、位移、加速度、温度、湿度等，全面了解动态过程中的振动情况。TC-4850 爆破振动测试仪采用先进的数据处理技术，可有效减少数据的重复率，提高测量的准确性和可靠性，确保用户获取到高质量的振动监测数据。每个爆破测振仪均配备一个 TCS-B3 轴向振动速度传感器，该传感器可以同时采集三个相互垂直的爆破振动速度，提供全方位的振动监测数据。

测试前，需要对 TC-4850 爆破振动测振仪的工作参数进行系统设置，以确保信号可以被有效、准确地采集。参数设置包括触发电平、采样频率、采样时间、采样延迟时间等。触发电平的设置要考虑环境噪声的影响。比如井下车辆的电机噪声，会导致传感器误触发，所以触发电压的设置不宜过小。同时，触发电压设置不宜过大，否则测振仪不会触发，爆破信号也无法记录。在设定频率和时间时应考虑爆破振动频率的影响。一般将采样频率设置为信号频率的 10~100 倍，以保证被测信号波形不失真。采样延迟时间可以设置为正或负。为保证触发前的信号不丢失，采集时必须设置为负延时。基于以上考虑，在正式开展现场试验前，对现场爆破振动和噪声进行了预试验和分析。最后将 TC-4850 爆破振动测振的触发电平、采样频率、采样时间和采样延迟分别设置为 0.1 cm/s、16 kHz、2 s 和−100 ms。现场布置速度传感器时，x 方向指向隧道掘进方向，y 方向指向隧道径向，z 方向则垂直于 X、Y 平面垂直向上。

根据回风巷道与爆破点的空间位置及距离，以及回风巷道的实际情况，每次爆破前在回风巷道布置 4 个爆破振动监测点，为了能够更加准确全面地掌握其爆破地震波的传播特性，本次现场测试共监测 3 次爆破振动，总共在回风巷道地面布置了 12 个监测点，具体爆破点和监测点位置如图 7-7 所示。图中为 3 个爆破点和 12 个爆破振动监测点，其中 CZ-1.1，CZ-1.2，CZ-1.3 和 CZ-1.4 是第一次爆破振动的 4 个监测点，CZ-2.1，CZ-2.2，CZ-2.3 和 CZ-2.4 是第二次爆破振动的 4 个监测点，CZ-3.1，CZ-3.2 和 CZ-3.3 和 CZ-3.4 是第三次爆破振动的 4 个监测点。其中第二次和第三次的第 4 个监测点（即 CZ-2.4，CZ-3.4）和第一次的第 4 个监测点 CZ-1.4 是同一个点。该监测点由于处于断层的位置，且监测点巷道前方位置的岔路口巷道比较窄，受到爆破振动影响比较小，第一次监测的数据不太清晰，故第二次和第三次都把第四个监测点布置在此处。

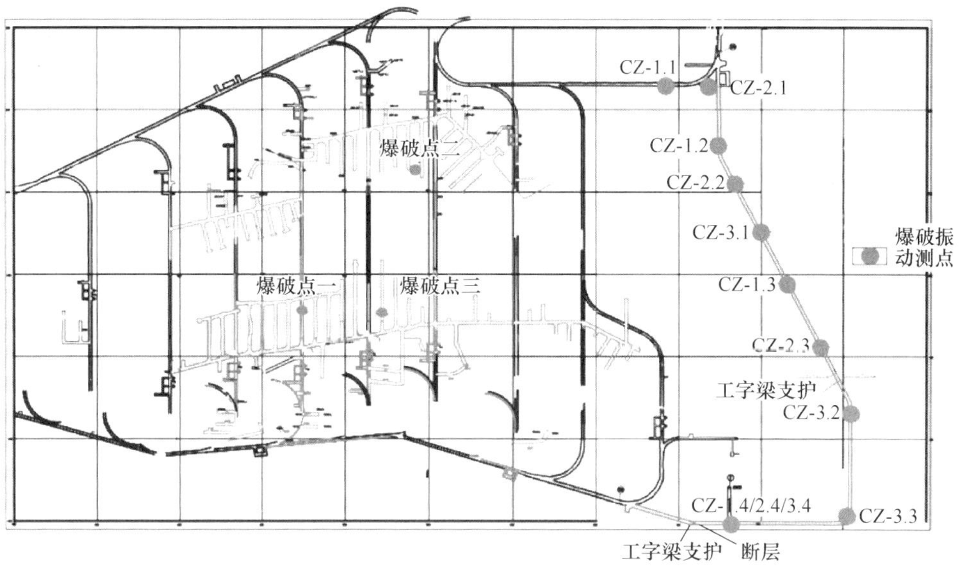

图 7-7　爆破点和监测点位置

在确定需要进行爆破振动测试的具体区域后，在选定的测试区域内安装传感器，传感器应该牢固固定在巷道壁上或地面上，并确保与巷道结构相适应，然后清理传感器附近的区域，确保传感器安装点表面干净、平坦，且没有杂物干扰。将传感器与数据采集系统连接，确保连接牢固可靠，并进行必要的校准，以确保传感器的准确度。根据实际环境的特点，考虑为传感器提供防护措施，以防尘埃、湿度或其他因素影响传感器的性能。在进行实际爆破振动测试之前，验证传感器的安装是否正确可以通过进行小规模振动测试或使用其他验证方法来检查传感器的响应。爆破振动测试布置安装如图 7-8 所示。

图 7-8　爆破振动测试及传感器布置

7.5.3　爆破振动测试结果

图 7-9 为爆破振动测试的振动波形图，以监测点 CZ-1.1 为例。

表 7-1～表 7-3 为三次爆破振动测试得到的数据以及数据处理。

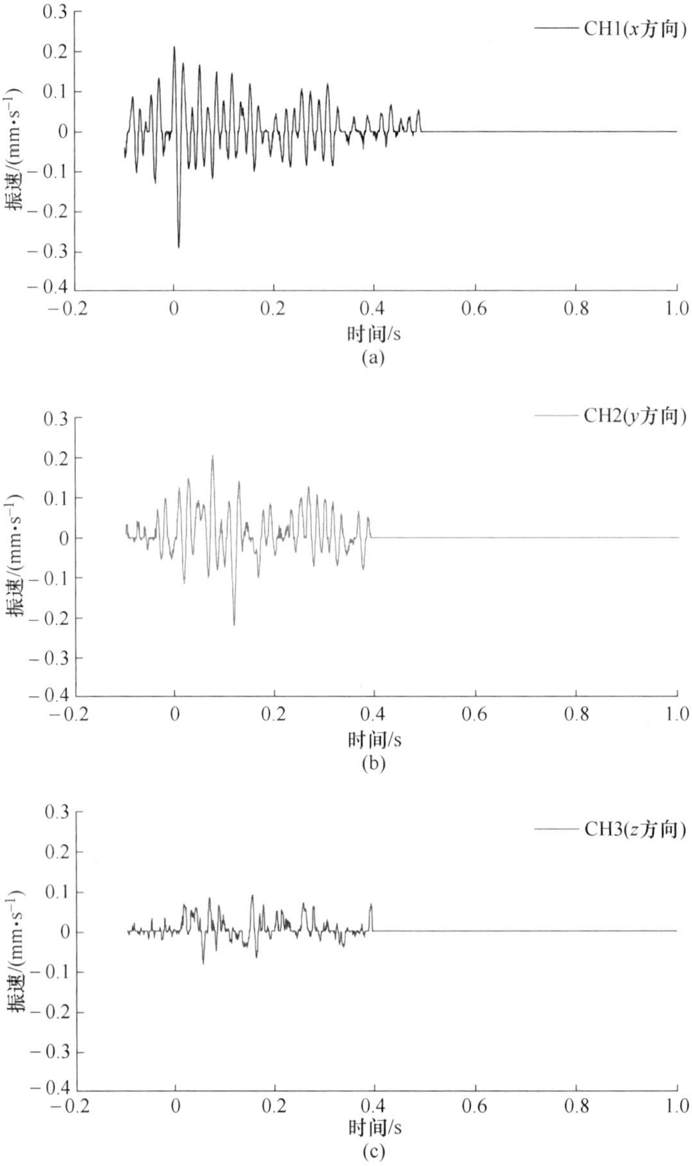

图 7-9 振速波形图（监测点 CZ-1. 1）

（a）x 方向；（b）y 方向；（c）z 方向

表 7-1 第一次监测数据处理

测点	CZ-1. 1	CZ-1. 2	CZ-1. 3	CZ-1. 4
与爆破点距离/m	514	535. 4	601. 2	577. 5
振速 x 峰值/(mm · s^{-1})	0. 2182	0. 2260	0. 1953	0. 1347
振速 y 峰值/(mm · s^{-1})	0. 2302	0. 1671	0. 1163	0. 2012

续表 7-1

测　点	CZ-1. 1	CZ-1. 2	CZ-1. 3	CZ-1. 4
振速 z 峰值 /(mm · s^{-1})	0. 0971	0. 0978	0. 1255	0. 1170
最大振速/(mm · s^{-1})	0. 3209	0. 2418	0. 2148	0. 2215
最大位移/mm	0. 01345	0. 0096	0. 00777	0. 00773
最大加速度/(mm · s^{-2})	1. 363	1. 504	0. 979	1. 228

表 7-2　第二次监测数据处理

测　点	CZ-2. 1	CZ-2. 2	CZ-2. 3	CZ-2. 4
与爆破点距离/m	366. 2	384. 8	533. 7	574. 7
振速 x 峰值 /(mm · s^{-1})	0. 6283	0. 5836	0. 2485	0. 1321
振速 y 峰值 /(mm · s^{-1})	0. 5121	0. 4970	0. 2365	0. 1398
振速 z 峰值 /(mm · s)$^{-1}$	0. 4583	0. 4237	0. 1992	0. 0981
最大振速/(mm · s^{-1})	0. 7818	0. 6412	0. 3804	0. 2448
最大位移/mm	0. 02151	0. 01926	0. 01360	0. 00873
最大加速度/(mm · s^{-2})	1. 4057	1. 412	0. 9687	0. 5966

表 7-3　第三次监测数据处理

测　点	CZ-3. 1	CZ-3. 2	CZ-3. 3	CZ-3. 4
与爆破点距离/m	465. 7	578. 6	613. 0	492. 7
振速 x 峰值 /(mm · s^{-1})	0. 1788	0. 0703	0. 0553	0. 1432
振速 y 峰值 /(mm · s^{-1})	0. 1293	0. 0476	0. 0204	0. 0468
振速 z 峰值/(mm · s^{-1})	0. 1401	0. 0553	0. 0259	0. 0578
最大振速/(mm · s^{-1})	0. 3947	0. 2814	0. 1769	0. 2989
最大位移/mm	0. 01458	0. 00853	0. 00205	0. 00815
最大加速度/(mm · s^{-2})	6. 003	3. 441	1. 678	1. 283

由表 7-1~表 7-3 可知在药量相同的条件下，各个监测点监测到的 x 方向峰值振速、y 方向峰值振速、z 方向峰值振速、最大振速和最大位移与距离爆破点距离成反比，随着距离爆破点距离的增大下降趋势很明显，虽然偶尔有个别数据会有所波动，但总体趋势都是随着距离爆破点的距离的增大而减小。但是从三个表中不难发现，第四个监测点的数据与前三个相比比较反常，这是因为第四个监测点布置的位置有一条破碎带而且该位置前方岔路口巷道口比较窄，爆破振动波传播到该位置会因为破碎带的影响衰减比较严重，致使该

位置监测到的数据比较反常，第二次和第三次监测的时候第四个监测点都是布置在该位置，所以有同样的问题。

7.5.4 数据处理与分析

在工程爆破中，爆破振动效应安全判据的选取直接关系到周围建筑物、重要设施。将相同地形、地质及爆破条件下测得的质点最大合成速度、监测点距离和单段最大药量按萨道夫斯基公式拟合，计算爆破振动速度：

$$v = K\left(\frac{\sqrt[3]{Q}}{R}\right)^{\alpha} \tag{7-31}$$

式中 v——爆破振动质点最大合成速度，cm/s；

K，α——与岩特性有关的经验系数值；

Q——单段最大药量，kg；

R——测点距爆源中心距离，m。

利用最小二乘法求解 K，α 值，将式（7-30）等号两边取对数，使之成为线性函数，即：

$$\ln v = \ln K + \alpha \ln\left(\frac{\sqrt[3]{Q}}{R}\right) \tag{7-32}$$

设 $y = \ln v$，$x = \ln\left(\frac{\sqrt[3]{Q}}{R}\right)$，$a = \alpha$，$b = \ln K$，则式（7-31）可以表示为：

$$y = ax + b \tag{7-33}$$

将表 7-1～表 7-3 中的药量 Q、最大振速 v 和距离 R 依次载入 Origin 中，使用式（7-33）进行线性拟合，得到待定系数值为 a 和 b，由获得的待定系数值换算得到 K 和 α，进而得到最大振速的爆破振动衰减规律。三次拟合参数见表 7-4，三次拟合得到的萨道夫斯基公式见式（7-34）～式（7-36），线性拟合图如图 7-10 所示。

表 7-4 线性拟合参数表

监测次数	a	b	K	α	R^2
第一次	2.30	5.99	399.41	2.30	0.80
第二次	2.24	5.80	330.30	2.24	0.95
第三次	2.27	5.87	354.25	2.27	0.79

$$v = 399.41\left(\frac{\sqrt[3]{Q}}{R}\right)^{2.30} \tag{7-34}$$

$$v = 330.30\left(\frac{\sqrt[3]{Q}}{R}\right)^{2.24} \tag{7-35}$$

$$v = 354.25\left(\frac{\sqrt[3]{Q}}{R}\right)^{2.27} \tag{7-36}$$

从上述三次测试数据的回归结果发现，采用线性回归拟合，得到拟合的相关性系数 R^2 依次为 0.80、0.95 和 0.79，相关性较好。场地系数 K 值分别为 399.41，330.30 和

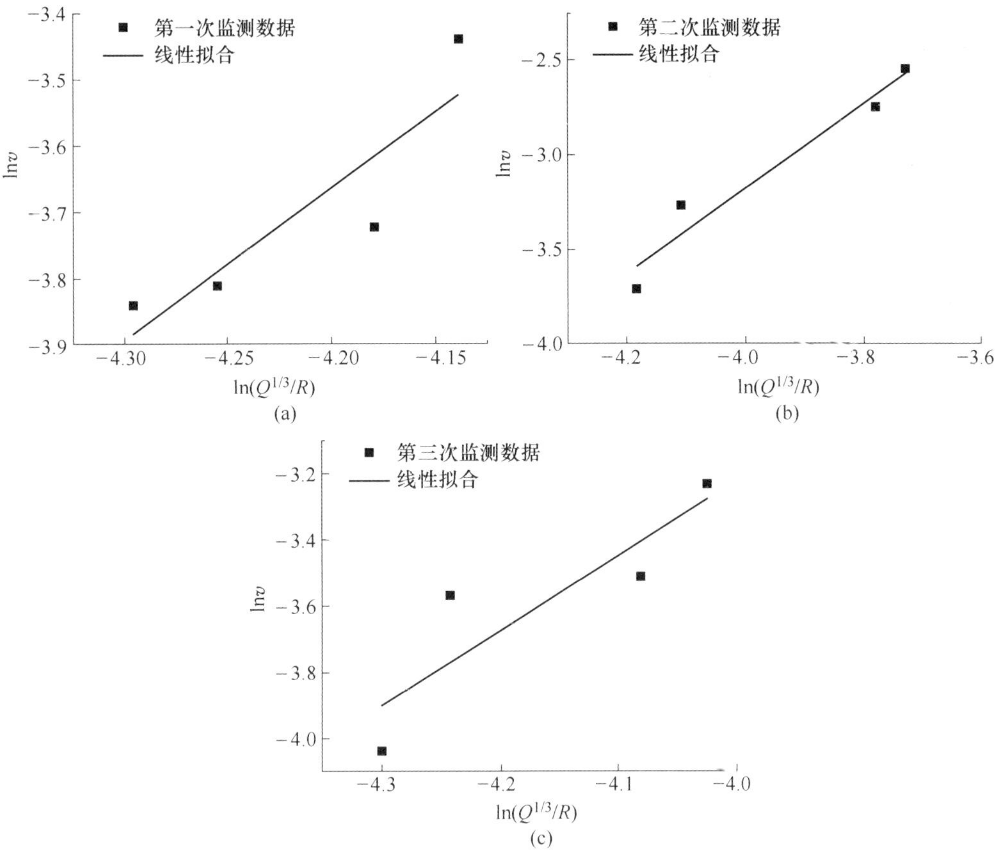

图 7-10 线性回归拟合图

（a）第一次监测；（b）第二次监测；（c）第三次监测

354.25，α 值分别为 2.30、2.24 和 2.27，参考《爆破安全规程》（GB 6722—2014），回归系数与规程中对于不同爆区岩性的 K、α 值与软岩的数值差不多，但还是有一定的差距，见表 7-5。该线性回归拟合的爆破振动衰减规律与实际的衰减规律可能有一定的出入，产生这种问题的主要原因是监测点太少，个别监测点数据不具有代表性，导致可以用来拟合的数据有限，拟合结果存在偏差，另外第四个监测点所在位置的地质条件，使监测结果与前三个点的监测结果差异较大，也对拟合结果存在一定的影响。

表 7-5 爆区不同岩性的 K、α 值

岩 性	K	α
坚硬岩石	50~150	1.3~1.5
中硬岩石	150~250	1.5~1.8
软岩石	250~350	1.8~2.0

针对上述个别监测点数据问题导致得到的爆破振动衰减规律存在偏差的情况，在进行萨道夫斯基公式线性拟合时，从三次爆破振动测试获得的 12 个监测点数据中剔除了 4 个

数据偏差较大的点，然后进行线性拟合，得到的拟合曲线的相关性系数 $R^2=0.91$，相关性较好，且 K、α 值比较符合上表 7-5 中的参考值。修正过的萨道夫斯基公式见式 (7-37)，回归线性拟合图见图 7-11。

$$v = 347.23\left(\frac{\sqrt[3]{Q}}{R}\right)^{2.26} \tag{7-37}$$

根据修正过的线性回归公式 (7-37)，以及三次爆破振动测试的药量，可以得到距离爆破点不同距离的爆破预测振动速度，见表 7-6。预测振速与实测振速对比如图 7-12 所示。

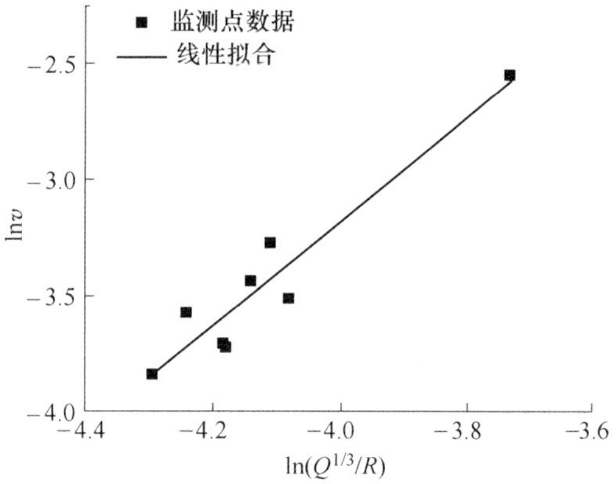

图 7-11 修正后的线性回归拟合图

表 7-6 预测振速与实测振速对比表

药量 Q/kg	距离 R/m	$\frac{\sqrt[3]{Q}}{R}$	实测振速 /(cm·s^{-1})	预测振速 /(cm·s^{-1})
550	514.0	0.01594	0.03209	0.03008
550	535.4	0.01530	0.02418	0.02743
550	577.5	0.01363	0.02215	0.02111
550	601.2	0.01419	0.02148	0.02312
675	366.2	0.02395	0.07818	0.07551
675	384.8	0.02280	0.06412	0.06751
675	533.7	0.01644	0.03804	0.03223
675	574.7	0.01526	0.02448	0.02727
575	465.7	0.01786	0.03947	0.03887
575	578.6	0.01437	0.02814	0.02380
575	613.0	0.01357	0.01769	0.02089
575	492.7	0.01688	0.02989	0.03422

通过预测振速和实测振速对比可以看出，使用线性回归分析，预测值和实际监测数据的大部分点的偏差较小，只有极少数点存在一点差异，爆破振动的衰减规律比较明显，预测数据和实测数据都是随着 $\frac{\sqrt[3]{Q}}{R}$ 增大而增大的趋势，即在药量相同的条件下爆破振动的振速都是随着爆破振动波传播距离增大而减小。

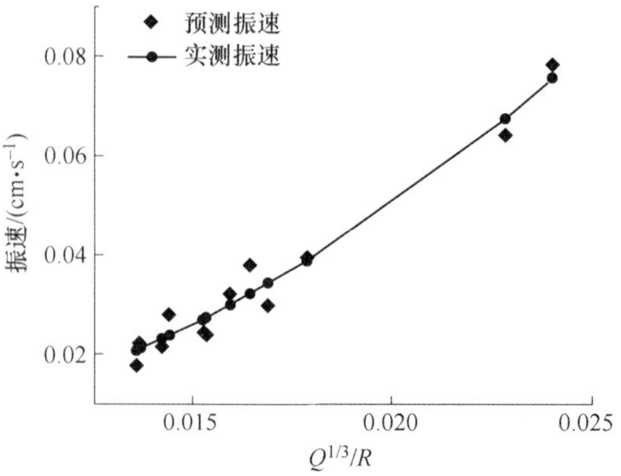

图 7-12 预测振速和实测振速对比图

由于本次爆破振动监测点较少，获得的振速只是个别点的数据，对于整个回风巷道的振速还需要进一步的了解，以便更好地掌握回风巷道的稳定性情况，对此采用修正过的萨道夫斯基公式 $v = 347.23\left(\frac{\sqrt[3]{Q}}{R}\right)^{2.26}$，测量采场与回风巷道各点之间的距离，将药量 Q 和距离采场距离 R 代入萨道夫斯基公式中进行爆破振速的校核，将得到的振速与《爆破安全规程》（GB 6722—2014）规定的允许振速标准比较，检验爆破的振速是否符合要求。

通过测量得到采场距离回风巷道最小距离 $R_1 = 127.18$ m，最大距离 $R_2 = 883.52$ m，单段最大药量 Q 选取为 675 kg，代入式（7-37）中得到最大振速 $v_1 = 0.8242$ cm/s，远远小于《爆破安全规程》（GB 6722—2014）中允许的质点最大振速 2 cm/s，说明爆破振动对回风巷道的稳定性影响较小。

习题与思考题

习题与思考题答案

7-1　影响爆破地震效应的因素主要包括哪些？

7-2　爆破地震波参数及波形主要依赖哪些因素？

7-3　爆破段数的主要影响主要表现在哪些方面？

7-4　什么是振动测试？

7-5　拾振器的主要结构包括什么，物理模型主要包括哪些？

7-6　惯性式拾振器的工作原理是什么？

7-7　位移拾振器、加速度拾振器、速度拾振器的响应特性是什么？

7-8　选择拾振器需要考虑哪些因素？

7-9　安装拾振器时有哪些注意事项？

7-10　如何利用周期频率法分析近似正弦波的波形？

8 地质雷达探测技术

8.1 概　　述

目前地质雷达测试技术已广泛应用在工程场地勘察、埋设物与考古探察、金属矿化带勘查、工程质量检测、隧道超前预报和地下管网探测等众多领域，多用于铁路公路隧道衬砌、高速公路路面、机场跑道等工程结构，用于检测衬砌厚度、脱空和空洞、渗漏带、回填欠实、围岩扰动等问题，检测厚度精度可达厘米级。为保证隧道施工中的人员、设备安全，保证工期和质量，节约经济投资，用地质雷达对掌子面前方 20~30 m 范围进行隧道地质超前预报；如探测管线在地下空间内的水平位置分布，还可以确定其深度，得到三维分布图。

地质雷达测试技术是采用无线电波检测地下介质分布和对不可见目标体或地下界面进行扫描，以确定其内部结构形态或位置的电磁技术，具有以下特点：它是一种非破坏性的探测技术，能连续探测地下目标，并能给出图形显示，成果直观、快速，便于分析；利用脉冲发射，探测指向性好，使用中心频率高，分辨率强；高频数据借助光纤等技术传递，抗电磁干扰能力强，可在各种噪声环境下工作，亦对环境干扰影响小，工作场地条件宽松，适应性强；便携微机控制数字采集、记录、存储和处理；轻便类仪器现场仅需 3 人或更少人员即可工作，工作效率高。存在以下局限性：由于松散介质多、含水多、含盐度高的岩石与土壤对高频电磁波能量具有强烈的衰减作用，因而在高导厚覆盖条件下，探测范围受到限制；电磁波的参数与岩土力学指标无直接关系，限制了其应用范围。

8.2 地质雷达技术基本理论

地质雷达工作时，高频电磁波以宽频带脉冲形式通过发射天线发射，经目标体反射或透射，被接收天线接收。高频电磁波在介质中传播时，其路径、电磁场强度和波形将随所通介质的电性质及集合体形态而变化，由此通过对时域波形的采集、处理和分析，可确定地下界面或目标的空间位置或结构状态，如图 8-1 所示。

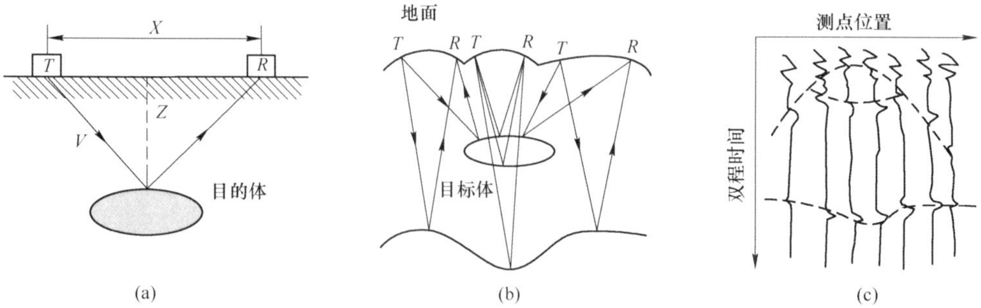

图 8-1　地质雷达反射剖面示意图

（a）地质雷达反射示意图；（b）地质雷达探测示意图；（c）地质雷达剖面示意图

8.2.1 麦克斯韦电磁场理论简介

地质雷达采用高频电磁波进行探测，电磁波的传播满足麦克斯韦方程组：

$$\begin{cases}\nabla E = -\dfrac{\partial B}{\partial t} \\ \nabla D = \rho \\ \nabla B = 0 \\ \nabla H = J + \dfrac{\partial D}{\partial t}\end{cases} \tag{8-1}$$

式中 E——电场强度，V/m；
B——磁感应强度，T；
H——磁场强度，A/m；
J——电流强度，A/m^2；
D——电位移，C/m^2；
ρ——电荷密度，C/m^3。

麦克斯韦方程组表明，随着时间变化的磁场会产生随着时间变化的电场，随着时间变化的电场又会产生随着时间变化的磁场。简而言之，就是变化的磁场和变化的电场相互激发，并且变化的磁场和变化的电场以一定的速度向外传播，这就形成了电磁波。

8.2.2 电磁波在介质中的传播规律

电磁波是交变电场与磁场相互激发在空间传播的波动。电磁波根据其波面的形状可以分为平面波、柱面波和球面波，其中平面波是最基本、最具有电磁波普遍规律的电磁波类型。地质雷达所发射的电磁波可经傅里叶变换换算一系列的谐波，这些谐波近似为平面波，则地质雷达电磁波传播以平面谐波的传播规律为基础。

在地质雷达应用中，通常比较关心电磁波的传播速度和衰减因子。若介质为低损耗介质，此时，平面波的电场强度近似等于磁场强度；大多数岩石介质为非磁性、非导电介质，其传播速度为 $v_p = c/\sqrt{\varepsilon_r}$，其中 c 为光速，ε_r 为相对介电常数。此时，电磁波的速度主要取决于介质的介电常数；衰减常数与电导率成正比，与介电常数的平方根成反比，电磁波能量的衰减主要是由于感生涡流损失引起的。若介质为良导体，此时，随着电导率、磁导率增加，以及电磁波频率升高，电磁波的衰减越快。波速与频率的平方根成正比，与电导率的平方根成反比，波速是频率和电导率的函数。

8.2.3 地质雷达测试原理

8.2.3.1 地质雷达的构造

地质雷达由雷达系统和显示处理系统两大部分组成。雷达系统由发射脉冲源、收发天线、取样接收电路和主机控制电路等组成，如图 8-2 所示，用来获得目标的回波信息。显示处理系统由工控机和地质雷达专用测量、处理软件组成，具备动态测试、实时图像连续显示和数据处理功能。

8.2.3.2　基本工作原理

工作时，由发射脉冲发出的脉宽为毫微秒量级的射频脉冲，经位于地面上的宽带发射天线（T）耦合到地下，当发射脉冲波在地下传播过程中遇到介质分界面、目标或其他区域非均匀体时，一部分脉冲能量反射回到地面，并由地面上的宽带接收天线（R）所接收，如图8-3所示。

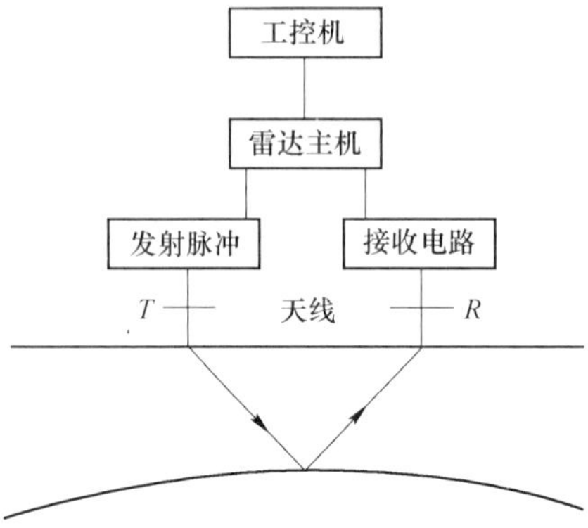

图8-2　地质雷达构成框图

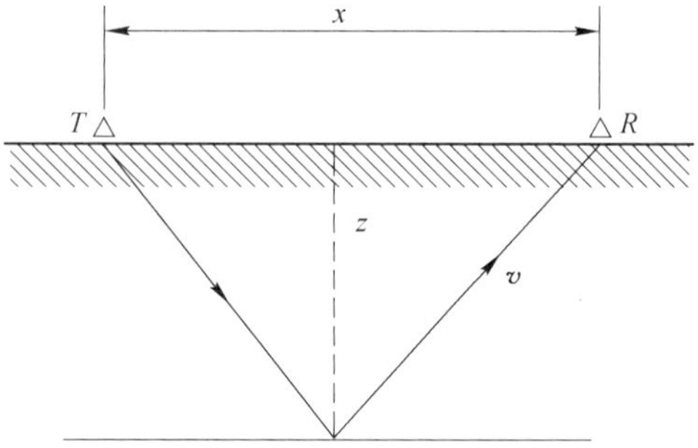

图8-3　地质雷达探测示意图

脉冲波行程需时：

$$t = \frac{\sqrt{4z^2 + x^2}}{v} \tag{8-2}$$

当地下介质中的波速 v 为已知时，可根据测到的精确的 t 值（ns，1 ns = 10^{-9} s），由式（8-2）求出反射体的深度（m）。式中，x 值(m) 在剖面探测中是固定的；v 值(m/ns) 可以用宽角方式直接测量，也可以根据 $v \approx c/\sqrt{\varepsilon}$ 近似算出（当介质的导电率很低时），其中 c 为光速（$c = 0.3$ m/ns）；ε 为地下介质的相对介电常数值，可利用现成数据或测定获得。

每次遇到存在电磁特性差异的接触界面，电磁波均发生反射与折射。入射波、反射波与折射波的方向遵循反射定律和折射定律，如图8-4所示。

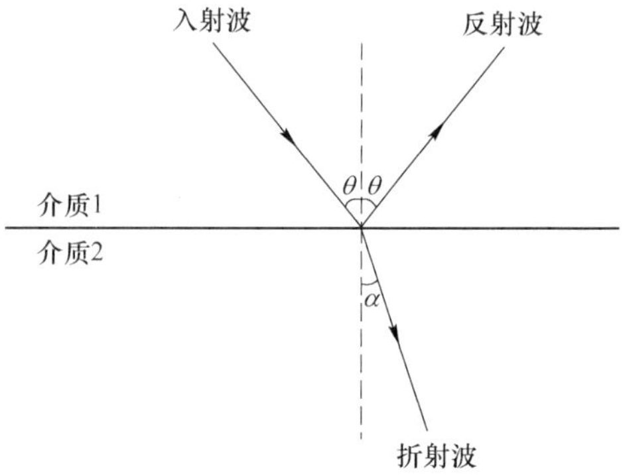

图8-4　电磁波在介质分界面的反射和折射

在介质界面的折射和反射特性由折射系数 T 和反射系数 R 表示，对于非磁性介质，当电磁波垂直入射时（$\theta = 0°$），折射系数 T 和反射系数 R 可由接触界面两侧介质的一对常数 ε_1、ε_2 确定，用下式表示：

$$T = \frac{2\sqrt{\varepsilon_1}}{\sqrt{\varepsilon_1} + \sqrt{\varepsilon_2}} \tag{8-3}$$

$$R = \frac{\sqrt{\varepsilon_1} - \sqrt{\varepsilon_2}}{\sqrt{\varepsilon_1} + \sqrt{\varepsilon_2}} \tag{8-4}$$

由上式可知，对于非磁性介质，电磁波的反射、折射特性与介质的介电常数有密切关系。通常把一种介质的介电常数与空气介电常数的比称为相对介电常数。在混凝土结构中，空洞、裂缝、钢筋、素混凝土、围岩的介电常数有明显的差异，它们之间能形成良好的电磁波反射界面，故为地质雷达的探测提供了一定的前提条件。

表 8-1 列出了常见岩土介质的有关电性参数。

表 8-1 常见岩土介质的电性参考数

介质	导电率/($S\cdot m^{-1}$)	介电常数（相对值）	波速/($m\cdot ns^{-1}$)	衰减系数/($dB\cdot m^{-1}$)
空气	0	1	0.3	0
纯水	$10^{-4}\sim3\times10^{-2}$	81	0.033	0.1
新鲜水	5×10^{-4}	81	0.033	0.1
海水	4	81	0.01	103
淡水冰	$10^{-4}\sim10^{-3}$	3.2	0.17	0.01
花岗岩（干）	10^{-8}	5	0.15	0.01~1
花岗岩（湿）	10^{-3}	7	0.1	0.01~1
玄武岩（湿）	10^{-2}	8	0.15	—
灰岩（干）	10^{-9}	7	0.11	0.4~1
灰岩（湿）	2.5×10^{-2}	8	0.115	0.4~1
白云岩	—	6.8~8	0.106~0.115	—
砂（干）	$10^{-7}\sim10^{-3}$	4~6	0.15	0.1
砂（湿）	$10^{-4}\sim10^{-2}$	30	0.06	0.03~0.3
粉砂（湿）	—	10	0.095	—
淤泥	$10^{-3}\sim10^{-2}$	5~30	0.07	1~100
黏土（湿）	$10^{-3}\sim1$	8~12	0.06	1~300
黏土土壤（干）	$10^{-3}\sim1$	3	0.173	—
沼泽	—	12	0.086	—
土壤	1.4×10^{-4}	2.6~15	0.13~0.17	20~30
农业耕地	—	15	0.077	—
畜牧耕地	—	13	0.083	—
页岩（湿）	10^{-1}	7	0.09	1~100
砂岩（湿）	4×10^{-2}	6	0.112	—
泥岩（湿）	—	7	0.113	—
煤	—	4~5	0.134~0.15	—
石英	—	4.3	0.145	—
肥土	—	15	0.078	—
永久冻土	$10^{-5}\sim10^{-2}$	4~8	0.12	0.01~1
混凝土	$10^{-3}\sim10^{-2}$	6.4	0.12	—
沥青	$10^{-2}\sim10^{-1}$	3~5	0.12~0.18	—

地质雷达在移动发射和接收天线的同时，接收到反射电磁波的双程走时相应变化。波的双程走时由反射脉冲相对于发射脉冲的延时进行测定。反射脉冲波形由重复间隔发射（重复率为20~200 kHz）的电路按采样定律等间隔的采集叠加后获得；考虑到高频波的随机干扰性质，由地下返回的发射脉冲系列均经过多次叠加（次数为几十次到数千次）。这样，若地面的发射和接收天线沿探测线以等间隔移动时，即可在纵坐标为双程走时t(ns)、横坐标为距离x(m)的地质雷达屏幕上描绘出仅由反射体的深度所决定的“时距”波形道的轨迹图，如图8-5所示。

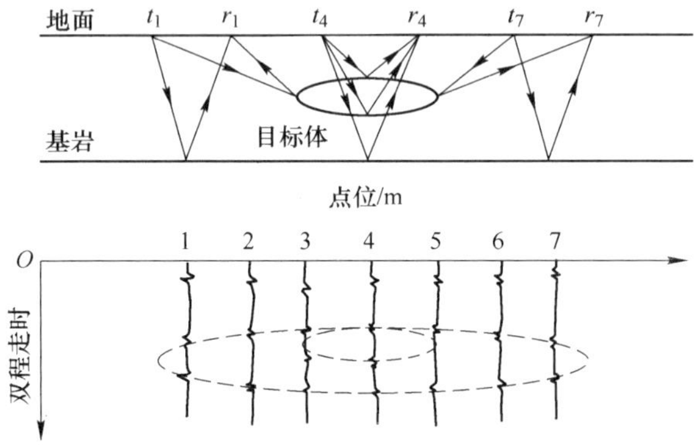

图8-5 地质雷达剖面示意图

雷达图形常以脉冲反射波的波形形式记录，波形的正负峰分别用黑、白表示，或者用灰阶或彩色表示。这样同相轴以等灰度、等色线即可形象地表征出地下反射面。图8-5对照一个简单的地质体画出了波形的记录，在波形记录图上各测点均以测线的铅垂方向记录波形，构成雷达时间剖面。当地下有空区或塌陷区时，电磁波在岩体和空区的界面两侧形成强烈的反射波，同时高频脉冲电磁波在地下有的耗介质的传播过程中具有衰减特性，通过分析高频脉冲电磁波在地下有耗介质中的衰减行为和特性，不同岩性、不同的岩石结构衰减特性和频散特性存在差异，可以利用这一特性为识别和推断岩石性质和岩体内部结构提供依据。

8.2.4 影响地质雷达测试的因素

影响地质雷达的探测深度、分辨率及精度的因素主要包括内在与外在两方面。内在因素主要是指探测对象所处环境的电导率、介电常数等因素；外在因素主要与探测方法有关，如探测所采用的频率、采样速度等。在实际应用中，综合考虑这些因素，采用适当的方法技术，是探测成功与否的关键。

8.2.4.1 内在因素

A 环境电导率的影响

环境电导率是影响地质雷达探测深度的重要因素，高频电磁波在地下介质的传播过程中会发生衰减。由于地质雷达的工作频率较高，一般认为，高频电磁波在地下介质的传播过程满足介电极限条件。实际上，由于大地电阻率一般都比较低，达不到介电极限条件，其工作条件介于准静态极限与介电极限条件之间。无论工作条件是在介电极限还是在准静态极限条件下，或者是介于两者之间，其探测深度都随电导率的增大而减少，即环境的电导率越低，高频电磁波的衰减越慢，探测深度越大。

在工程实践中，环境电导率的值一般在 4~10^{-9} S/m，对于常见的非饱和含水土壤和沉积型地基，其电导率的大小主要受含水率及黏土含量的影响。一般地说，低电导率条件（$\sigma<10^{-7}$ S/m）是很好的雷达应用条件，如空气、干燥花岗岩、干燥石灰岩、混凝土等；10^{-7} S/m$<\sigma<10^{-2}$ S/m 为中等应用条件，如纯水、冰、雪、砂、干黏土等；$\sigma>10^{-2}$ S/m 为很差的应用条件，如湿黏土、湿的页岩、海水等。

B 介电常数的影响

介电常数反映了处于电场中的介质存储电荷的能力，介质的介电常数主要受介质的含水量和孔隙率的影响。相对介电常数的范围为：1(空气)~81(水)，为工程勘察中常见介质的相对介电常数环境。高频电磁波在介质中的传播速度主要取决于介质的介电常数，高频电磁波在两种不同介质的界面产生反射，由于地质雷达是接收反射波的信息来探测目标体，而反射信号的强弱取决于介电常数的差异，因此介电常数的差异是地质雷达应用的先决条件。

8.2.4.2 外在因素

A 探测频率的影响

一般的地质雷达都拥有多种频率的天线，一些厂家的天线中心频率低频可达到 16 MHz，高频可达到 2 GHz。通常，把探测时所采用的天线中心频率称为探测频率，而其实际的工作频率范围是以探测频率为中心的频带（1.5~2.0 倍），探测频率主要影响探测的深度和分辨率。

当地质雷达工作在介电极限条件时，高频电磁波的衰减几乎不受探测频率的影响，比如，电磁波在空气中传播，由于不存在传导电流，电磁波不发生衰减。但实际上，由于大地电阻率一般都比较低，其工作条件达不到介电极限条件。由于传导电流的存在，高频电磁波在传播过程中发生衰减，其衰减的程度随电磁波频率的增加而增加。因此，在实际工作时，必须根据目标体的探测深度选用合理的探测频率。在工程地质勘察中，勘察深度一般在 5~30 m，选择低频探测天线，要求探测频率低于 100 MHz。对于浅部工程地质，探测深度在 1~10 m，探测频率可选择 100~300 MHz；对于探测深度在 0.5~3.5 m 的工程环境及考古勘察工作，探测频率可选用 300~500 MHz；对于混凝土、桥梁裂缝等厚度在 0~1 m 的检测，探测频率一般选用 900 MHz~2 GHz。

探测频率是制约探测深度的一个关键因素，同时也决定了探测的垂直分辨率，一般是探测频率越高，探测深度越浅，探测的垂直分辨率越高。对于层状地层，以 T_m 表示可分辨的最小层厚度，λ 为高频电磁波的波长，则有 $T_m=0.5\lambda$，由于 $\lambda=v/f$，其中，v 为电磁波的传播速度，f 为电磁波的频率，$\lambda=c/\sqrt{\varepsilon}$，于是 $T_m=c/2f\sqrt{\varepsilon}$。由此可见，探测频率和介质介电常数是决定垂直分辨率的两个主要因素。对于金属圆柱体，其可探测的最小直径约为埋深的 8%，埋深大于 3 m，其可探测的最小直径约为埋深的 50%。

探测频率也是制约水平分辨率的一个关键因素。地质雷达向地下传播是以一个圆锥体区域向下发送能量，如图 8-6 所示。电磁波的能量主要聚集在能量区，而不是一个单点上。电磁波频率越高，波长越短，反射区的半径越小，水平分辨率越高。

B　其他影响

（1）环境杂波及噪声干扰。主要来源于测区的金属构件、无线电射频源、近距离施工用电器及机械设备等对测量反射波有效信号的干扰，以及施工噪声、温度、湿度、掌子面危岩清理等测量环境对测量人员的干扰，可通过测前清理测区环境、使用代用或低噪设备等改善环境、检测时停止施工，减少相关杂波和噪声的干扰，提高测量信杂比。

（2）天线间距误差的影响。在天线之间设置定位联系件，用设计选定的最佳天线间距，采用逐块天线紧挨遍布测量。

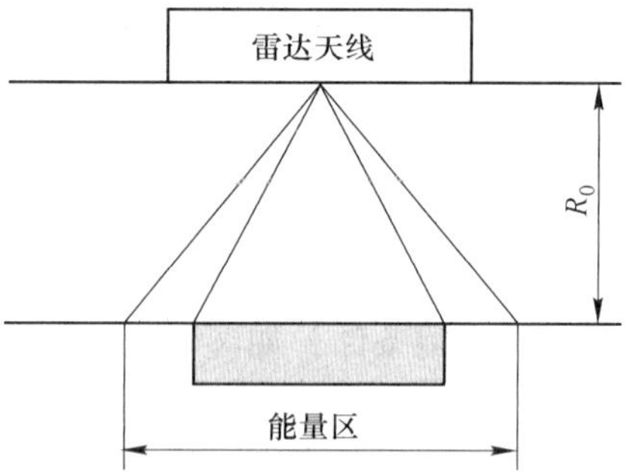

图 8-6　雷达反射示意图

（3）操作人员的人为因素影响。对测量人员和现场配合人员进行现场培训，提升配合效率和操作熟练程度，降低人为误差。

8.3　地质雷达的野外施测与数据采集

8.3.1　探测目标

地质雷达探测项目都会有其确定的检测对象，明确检测目的和要求，以便正确设置仪器参数和合理布置测线。其中，探测目标深度关系到雷达时间窗口的大小；探测目标水平尺度决定测线的间距；目标是二度体还是三度体关系到应测线布置方案；要求的分辨率关系到目标与环境电磁向值差异的大小。

8.3.2　测线布置与标记

测线布置一般应尽可能与异常的走向垂直；同时测线的间距应小于或等于目标尺度与分辨率尺度，以防目标漏测。对于一般的二度体，可以布置一个方向的测线。如需反映三度体的特性或做成三维成像，应布置多条测线或构成测网，如图 8-7 所示。测量中要做好场地标记和记录打标。场地标记包括测线标记和测线上距离标记。同时，雷达记录里的标记要与场地标记相一致。

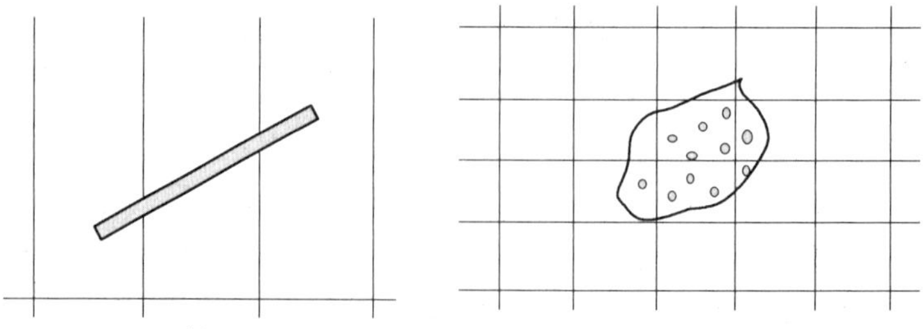

(a)　　(b)

图 8-7　探测剖面布置

（a）二度体；（b）三度体

8.3.3 观测场地与环境记录

观测现场记录很重要，它是资料解释的基础。有些环境干扰信号被记录下来，如电线杆、一侧面墙、金属物品反射等，如不参考现场记录，很容易被错判为地下异常体。现场记录的要点是把那些可能产生反射干扰的地物都记录下来，注明它们的性质、与测线的距离及位置关系等。

8.3.4 地质雷达的观测方式

一般来讲，地质雷达的观测方式随天线类型的不同而有所不同。按天线的频率特性讲，有高频、中频和低频天线；按结构特点，又划分为非屏蔽和屏蔽天线；以电性参数分，有偶极子天线、反射器偶极子天线及喇叭状天线。采用不同种天线结构是为了获得较高的发射效率。下面就地质雷达的几种主要观测方式予以简要概述。

8.3.4.1 剖面测量法

剖面测量法是使收、发天线以固定间隔距离沿测线同步移动的一种观测方式，发射天线和接收天线同时移动一次便获得一个记录，如图 8-8 所示，其中 T 为发射天线，R 为接收天线。

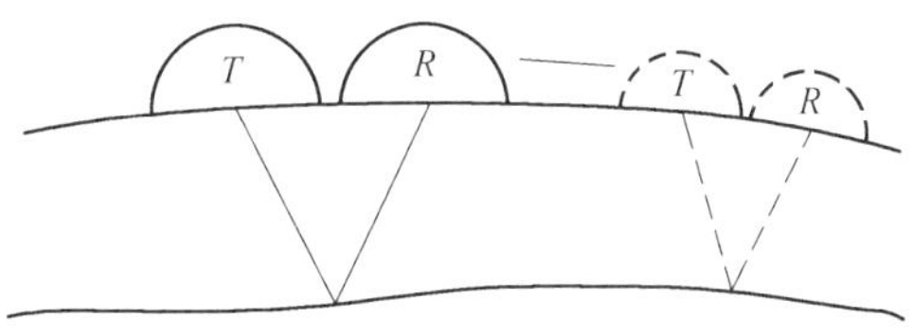

图 8-8 剖面测量法

当发射天线和接收天线沿测线移动时，就可以得到由一个个记录组成的地质雷达时间剖面图像。

同样，横坐标表示天线在测线上的空间位置，纵坐标表示雷达脉冲从发射天线出发经地下界面发射回到接收天线的双程走时。这种记录能准确地反映测线下各个反射面的起伏变化情况，获得测线下面整个岩层界线分布图，如图 8-9 所示。

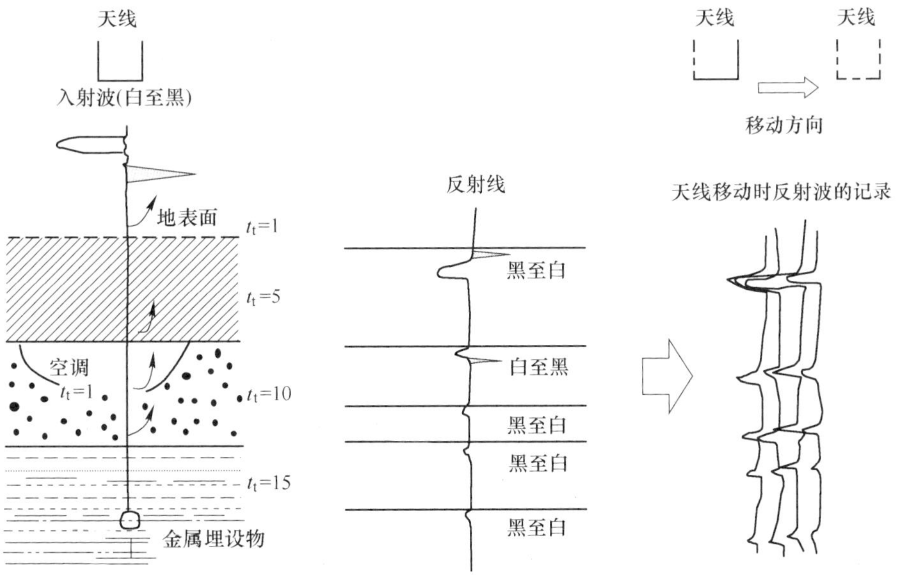

图 8-9 剖面量测地质雷达记录测量法

8.3.4.2　宽角测量法

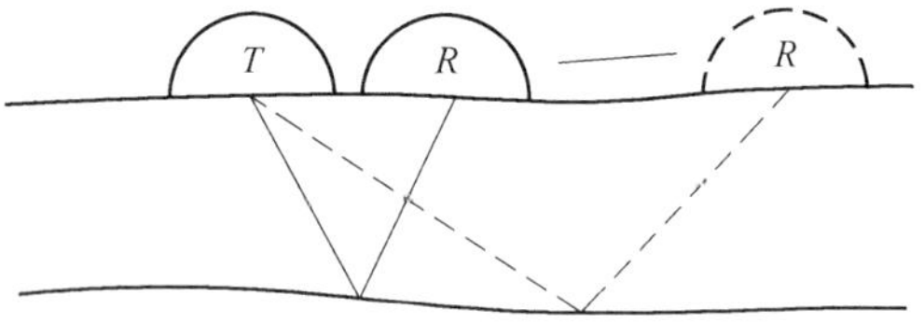

图 8-10　宽角测量法

在宽角法观测当中，一个天线固定在地面某一点不动，而另一个天线沿测线移动，记录地下各个不同层面反射波的双程走时，如图 8-10 所示，其中 T 为发射天线，R 为接收天线。这样记录的电磁波是通过地下各岩层的传播时间，它反映了地下介质各岩层的速度分布。通过宽角法测量成果的分析，可以确定地下各岩层的传播速度。

在地下界面为水平的情况时，从发射天线发射的电磁波，被岩层界面反射，返回地表到达接收天线时，则发射天线与接收天线之间存在着反射波。根据反射波的理论，地下深度为 Z 的水平界面反射电磁波的时距方程：

$$T = \frac{\sqrt{X^2 + 4Z^2}}{v} \tag{8-5}$$

式中　X——收发天线之间的距离；

v——地层中电磁波的传播速度。

当 $Z=0$ 时，则有：

$$T = \frac{X}{v} \tag{8-6}$$

上式即为地表直达波的时距方程。

将式（8-5）两边平方可得：

$$T^2 = \frac{X^2}{v^2} + \frac{4Z^2}{v^2} \tag{8-7}$$

于是在 T^2-X^2 坐标中，界面反射法的 T^2 与 X^2 之间的关系表现为一条直线，直线的斜率为 m，在 T^2 轴上的截距为 T^2，于是电磁波的传播速度为 $v = 1/\sqrt{m}$，界面埋深为 $D = vT_0/2$。

图 8-11（a）为宽角测量时间剖面，在图中可见两个清晰的界面 R_1 和 R_2，根据这两个界面的反射，由图 8-11（b）可得第一层介质的速度为 5.5 cm/ns，埋深为 126 cm；第二层介质的速度为 6.2 cm/ns，埋深为 284 cm。

8.3.4.3　多次覆盖法

地质雷达在探测来自地下深部界面的反射波时，由于信噪比过小，不易识别。这时可采用类似地震的多次覆盖法技术，应用不同天线距的发射、接收天线在同一测线进行重复测量，然后把所得到的测量记录中测点位置相同（其中心点）的记录进行叠加，能增加所得的记录信噪比，抑制多次反射波以及随机噪声的干扰。

8.3.4.4　多天线法

这种方法是利用多个天线进行测量。每个天线道使用的频率可以相同，也可以不同；每个天线道的参数如点位、测量时窗、增益等都可以单独用程序控制。多天线测量又有两种方式：第一种方式是所有天线相继工作，形成多次单独扫描，这多种扫描使得一次测量的覆盖面积广，从而提高工作效率；另外也可利用多次扫描结果进行叠加处理，有利于提高记录的信噪比。第二种方式是所有天线同时工作，利用时间偏移推迟各道的接收时间，

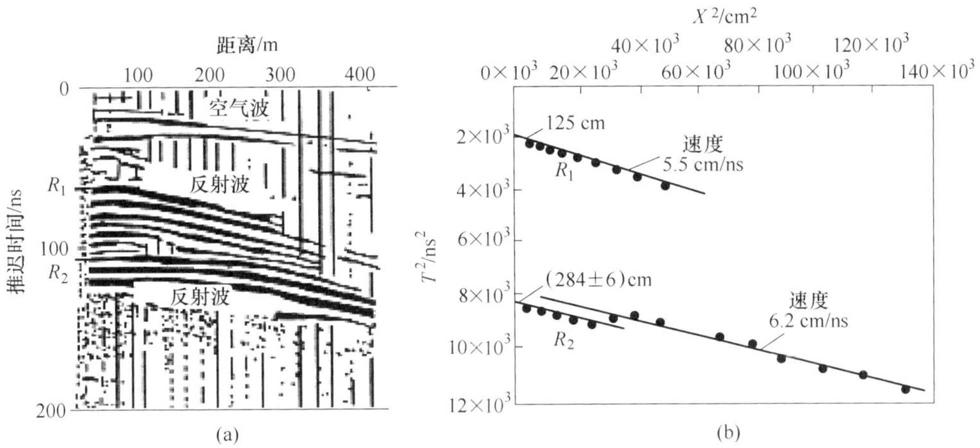

图 8-11　宽角测量时间剖面与速度图

（a）宽角测量时间剖面；（b）速度图

可以形成一个合成雷达记录，改善系统的聚焦特性，即天线的方向特性。聚焦程度取决于各天线之间的间隔，一般来讲，天线间距越大，聚焦效果越好。

8.3.5 地质雷达仪器参数的选择

现场测量开始前应该对雷达的采集参数进行设定，这一工作最好在进入现场前在室内完成，进入现场后可根据情况略加调整。参数设定内容包括时间窗口大小、扫描样点数、每秒扫描数、A/D 转换位数、增益点数等内容。参数设置得是否合理影响到记录数据的质量，故其至关重要。

（1）探测深度与时窗长度。探测深度的选取非常重要，既不能选得太小而丢掉重要数据，也不能选得太大降低垂向分辨率。一般选取探测深度 H 为目标深度的 1.5 倍。根据探测深度 H 和介电常数 c 确定采样时窗长度（Range）：

$$\text{Range} = \frac{2H\sqrt{\varepsilon}}{0.3} = 6.6H\sqrt{\varepsilon} \quad (\text{ns}) \tag{8-8}$$

例如，对于地层岩性为含水的砂层时，介电常数为 25，探测深度为 3 m 时，时窗长度应选为 100 ns，时窗选择应略有富余，宁大勿小。

（2）A/D 采样分辨率。雷达的 A/D 转换有 8 Bit、16 Bit、24 Bit 可供选用。当探测深度大、时窗长时宜选择 24 Bit，其动态大且强弱反射信号都能记录下来；当探测深度为 2~5 m 时采用 16 Bit，其动态中等；当探测深度小于 1 m、时窗小时选择 8 Bit，其动态小，采集速度快。

（3）扫描样点数。扫描样点数 samples/scan 有 128/scan、256/scan、512/scan、1024/scan、2048/scan 可供选用，为保证高的垂向分辨，在容许的情况下尽量选大。对于不同的天线频率 F_a、不同的时窗长度 Range，选择样点数 samples 应满足下列关系：

$$\text{samples} \geqslant 10^{-8} \cdot \text{Range} \cdot F_a \tag{8-9}$$

该关系保证在使用的频率下一个波形有 10 个采样点。例如，对于 900 MHz 天线，40 ns 采样长度的时窗，要求每扫描道样点数大于 360 samples/scan，可以选择接近的值

512。对于 100 MHz 天线，500 ns 采样长度，样点数应大于 500 sanples/scan，因而可以取 512 或 1024。样点数大对提高资料的质量有利，但耗时较大，影响前进速度。

（4）扫描速率。扫描速率（scans/s）是定义每秒钟雷达采集多少扫描线记录，扫描速率大时采集密集，天线的移动速度可增大，因而尽可能选大些，但它受仪器能力的限制，一般选 32 或 64。对于一种类型的雷达，它的 A/D 采样位数、扫描样点数和扫描速度三者的乘积应为常数。当扫描速率 scans/s 确定后，要认真估算天线移动速度 TV。估算移动速度的原则是要保证最小探测目标（SOB）内至少有 20 条扫描线记录，TV ≤ scans · SOB/20。例如探测目标最小尺度为 10 cm、扫描速率为 64 scans/s 时，推算天线运动速度应小于 32 cm/s，相当于 0.5 cm/scan。如果最小目标为 0 Sm，则天线移动速度可达 1.5 m/s。实测时，一直采用高速扫频可能会影响仪器的使用寿命，同时考虑到模数转换速度和数据量大小的因素，采样点数确定后，在满足水平分辨率要求的前提下，可对扫描频率适当限制。

（5）增益点数的选择。增益点的作用是使记录线上不同时段有不同放大倍数，使各段的信号都能清楚地显现出来，增益点的位置最好是在反射信号出现的时段附近。如 SIR 型雷达设计的增益点为 2~8 个，时窗短时选 2 点增益，时窗长时选 4 个或 5 个。点之间的增益是线性变化的，增益的变化是平滑的。增益大小的调节是使多数反射信号强度达到满度的 60%~70%，增益太大将造成信号削顶，增益太小将丢失弱小信号。

（6）滤波设置。滤波设置是为了改善记录质量。滤波分为垂向滤波和水平滤波。垂向滤波分高通和低通，高通频率选为天线频率的 1/4，高于这个频率的信号顺利通过，这相当于带通滤波器里的低截频率。垂向低通频率选为天线频率的 2 倍，低于该频率的波顺利通过，这相当于带通滤波器里的高截频率。水平滤波分为水平平滑和背景剔除，目的是消除仪器和环境的背景干扰。水平平滑通常取 3 道平滑，背景剔除功能只在回放时起作用。

（7）选择合适的采集方式。地质雷达的采集方式有多种，有连续采集、逐点采集、控制轮采集等。连续采集是最常用的采集方式，具有工作效率高的特点，便于界面连续追踪。逐点采集一般在表面起伏变化大的情况下采用，或是使用低频拉杆天线时采用。控制轮采集是通过控制轮行走为记录打标记，资料位置标记均匀准确，一般在表面平整的机场跑道、高速公路路面等场合采用。

（8）选择适宜的显示方式。地质雷达显示是现场观察探测结果的直观展示，仪器预设了几个可供选择的彩色显示方式，可以根据不同对象选用，通过比较选择效果最好的方案。

（9）分辨率。和地震弹性波相似，电磁波在纵向和横向上所能区分地层单元的最小尺度称为地质雷达的垂直分辨率和水平分辨率。显然，分辨率与雷达波的波长和地质体的埋深有关，当地质体埋深一定时，波长越短，雷达波频率越高，其分辨率越高。例如：混凝土中电磁波速度 $v=0.12$ m/ns，主频为 400 MHz，则其波长 $\lambda = v/f = 0.3$ m。若按 $\lambda/4$ 作为垂直分辨率的下限，则可分辨的最薄地层的厚度为 0.075 m（7.5 cm）；若按 $\lambda/8$ 作为分辨率的极限，则可分辨的最薄地层厚度为 3.75 cm。可见，地质雷达的纵向分辨率是很高的。对于横向分辨率，经类似的分析，也在数厘米到数十厘米的范围内。

8.4 地质雷达资料处理与地质解释

8.4.1 地质雷达资料处理

(1) 处理的目的。地质雷达资料处理的目的就是消除干扰，突出有用信号，提高信噪比。由于地质雷达反射记录的波形比地震波复杂得多，一方面是地质雷达分辨率高，记录的信号很丰富；另一方面是由于电磁波的干扰因素多；同时由于雷达发射的子波比较复杂，并非简单的脉冲。因而雷达资料的处理和解释是一项复杂、细致的工作。此外，现场采集时天线移动很难保证匀速，记录标记也不均匀。对于不同的探测对象，资料处理的技术选择也不完全相同。一般的处理都包含记录标记的归一化、水平与垂直滤波、电磁波速分析等三步。在完成上述处理之后，根据不同的探测对象，选择针对性的处理办法。

(2) 记录标记的归一化。雷达记录标记有时用手打，有时用测量轮。用测量轮打的标记记录比较均匀，每米的扫描数是相等的。用手工打的标记因移动速度不等，一般每米扫描数都不太均匀。资料处理的第一步就是作标记的归一化处理，使每米扫描数相同。不同雷达厂家提供的软件均应包含该项功能，否则软件功能是不完备的。在处理中根据选择每米扫描数，软件会根据标记位置，自动增补或删除一些扫描线。

(3) 电磁波速分析与标定。标定的方法有多种，一个是直接破孔，将雷达波反射走时与破孔深度对比；也可以利用声波测厚数据进行对比计算；还可以用雷达 CDP（CMP）方法作速度扫描，或用反射抛物线迭代计算厚度和速度。标定得到波速值后，要与经验值进行比较，分析同异的原因。特别是作混凝土厚度检测时，混凝土配比不同，浇筑的时间长短不同，孔隙率和含水量不同，对介电常数有很大影响，其值可在 5~12 间变动，如果波速取的不正确，会给检测带来很大误差。

(4) 数字滤波处理技术。地质雷达测量中，为了保持有更多的反射波特征，通常利用宽频带进行记录，在记录各种反射波的同时，也记录了各种干扰波。数字滤波技术就是利用频谱特征的不同来压制干扰波，以突出有效波，它包括水平滤波和垂直滤波。

1) 水平滤波。水平滤波对处理雷达资料特别重要，雷达资料中水平波特别发育，它产生于雷达仪器本身；来自于控制器、馈线、天线的相互作用，是难以避免的。水平波具有时间相等的特点，水平滤波就是利用这一特性。在滤波过程中，可将相邻的一定数量的扫描线求平均，再与个别扫描线相比较，就可消除水平波。水平滤波中选取的扫描线数越大，在滤波效果越小。相反选取的扫描线数越小，滤除水平波的效果越明显。但如果水平滤波扫描线取得太少，可能会滤掉一些缓变界面信号。因而在进行水平滤波时，要根据对象进行试验、调整，以求最佳效果。一般情况下先选 10~100 条扫描线开始尝试。

2) 垂直滤波。垂直滤波就是地震资料处理中常用的滤波方法，其中较为常用的方法有带通滤波、高通滤波、低通滤波和小波变换等。垂直滤波的目的是消除杂散波干扰，这些杂散波是来自于外源，不是天线自身发出的，频率不在雷达天线频带内。有时为了区分不同的地质体，选取不同的频带，都要用到垂直滤波。垂直滤波是一种数学变换，有时会带来较大的失真，滤波的频带越窄，失真越大，应用中要认真选取方法和参数。因为雷达天线的发射与接收都设定了带宽，也就是说雷达信号本身已经过滤波，所以一般资料处理中的滤波处理改善并不明显。

（5）增益调节与显示选择。增益调节与显示方式选择是雷达资料的处理最有效的手段，它可使图像目标更加清晰，易于识别。增益调节主要是调节增益点的数目，同时也就改变了增益点的位置，使用自动增益可使有用信号得到清晰显示。一般情况下对 50 ns 长的记录选择 3~4 点增益比较合适，100 ns 以长的记录选择 4~5 点增益，400 ns 长的记录可选择 5~6 点增益。显示选择包含两个层次的选择，一个层次是选择显示方式，另一个层次是选择显示模板，根据不同的对象，选择合适的模板，可达到显示目的。

（6）地形校正处理。地形校正在场地勘察和滑坡等地质病害诊断中经常遇到。地质雷达记录是以表面为零点的相对深度，要确定反射面的空间位置需要将深度换算成海拔高程。地形校正需要输入测线的高程文件和表层波速，校正计算是以地形最高点为基点，凡是比它低的点的记录在开头都增加一个时间延时，延时的大小取决于双程高差与速度的比，校正后的地质雷达记录中表面反射振幅随地表起伏变化，地下反射层的埋深未变，但起伏形态改变了。表层速度选取的是否合适关系到校正结果的误差大小。

8.4.2　地质雷达资料解释

8.4.2.1　解释参考资料

地质雷达资料的解释一定要参考地质与工程资料，这些资料对于辨认雷达波的特点、确定反射层位置都有重要的参考价值。要收集的参考地质资料包括地质报告、钻探物探资料，并对工作区域进行详细的地质考察，了解工作区的地层出露层序、岩性特征、岩体结构特征等，包括岩体的节理、裂隙，层理的产状、密度、穿透性，岩体的风化程度，地下水分布及富集地段等；工作区的构造特征，包括断裂的走向、产状、规模，断裂的组合关系等。这些资料对于雷达资料的解释非常重要，要学会使用和分析地质资料，并学会用地质语言表达探测结果。

8.4.2.2　地质雷达记录的判读

为获得雷达探测的结果，需要对雷达记录进行处理与判读，判读需要坚实的理论基础和丰富的实践经验。雷达记录的判读也叫雷达记录的波相识别或波相分析，它是资料解释的基础，基本要点如下所述。

A　反射波的振幅与方向

反射波有两个特点：第一，界面两侧介质的电磁学性质差异越大，反射波越强，因此从反射振幅上可判定两侧介质的性质与属性。第二，波从介电常数小的介质进入介电常数大的介质时，即从高速介质进入低速介质，从光疏介质进入光密介质时，反射系数为负，即反射波振幅反向；反之，从低速进入高速介质，反射波振幅与入射波同向。这是判定界面两侧介质性质与属性的又一条依据，如从空气中进入混凝土层，混凝土反射振幅反向，折射波不反向；从混凝土后边的脱空区再反射回来时，反射波不反向，结果脱空区的反射与混凝土表面的反射方向正好相反；如果混凝土后面充满水，波从该界面反射也发生反向，与表面反射波同向，而且反射振幅较大。混凝土中的钢筋，波速近乎为零，反射自然反向，而且反射振幅特别强，如图 8-12 所示。由此可见，反射波的振幅和方向特征是雷达波判别最重要的依据。

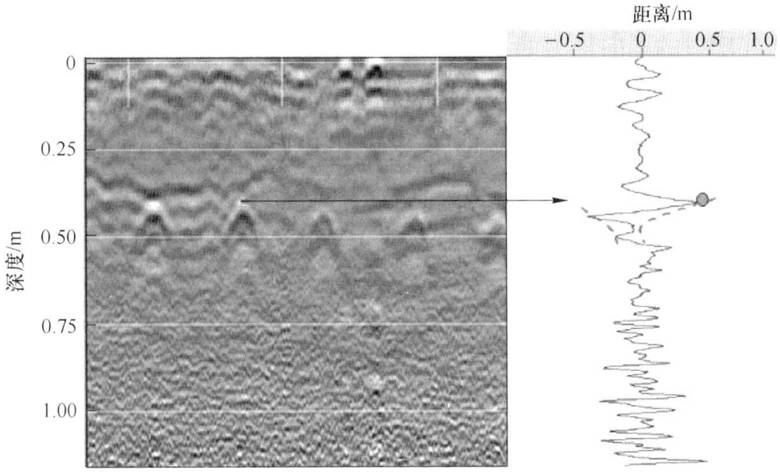

图 8-12 钢筋反射波的振幅与方向

B 反射波的频谱特性

不同介质有不同的结构特征，内部反射波的高、低频率特征明显不同，这可以作为区分不同物质界面的依据。如混凝土与岩层相比，比较均质，没有岩石内部结构复杂，因而围岩中内反射波明显，特别是高频波丰富；而混凝土内部反射波较少，只是有缺陷的地方有反射。又如表面松散土电磁性质比较均匀，反射波较弱；强风化层中矿物按深度分化布，垂向电磁参数差异较大，呈现低频大振幅连续反射；其下的新鲜基岩中呈现高频弱振幅反射，从频率特性中可清楚地将各层分开，如图 8-13 所示。

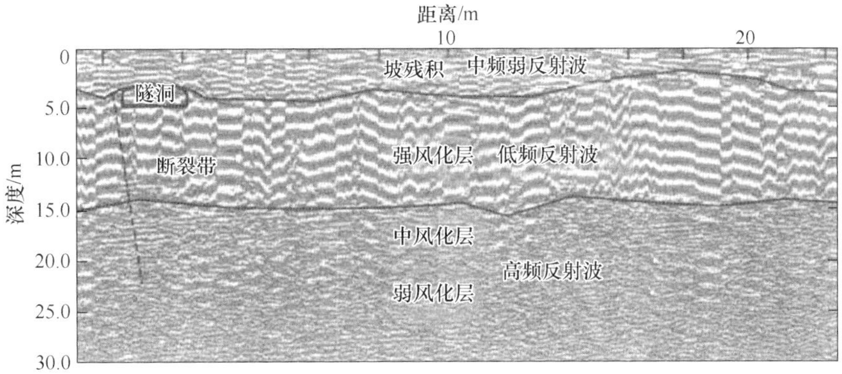

图 8-13 反射波的频谱特征

如围岩中的含水带也表现出低频高振幅的反射特征，易于识别；节理带、断裂带结构破碎，内部反射和闪射多，在相应走时位置表现为高频密纹反射，但由于破碎带的散射和吸收作用，从更远的部位反射回来的后续波能量变弱，信号表现为平静区。

C 反射波同向轴形态特征

地质雷达记录资料中，同一连续界面的反射信号形成同相轴，依据同向轴的时间、形态、强弱、方向反正等进行解释判断是地质解释重要的基础。同向轴的形态与埋藏的物界面的形态并非完全一致，特别是边缘的反射效应，使得边缘形态有较大的差异。如对于孤立的埋设物，其反射的同向轴为向下开口的抛物线，如图 8-14 所示，有限平板界面反射的同向轴中部为平板，两端为半支下开口抛物线。

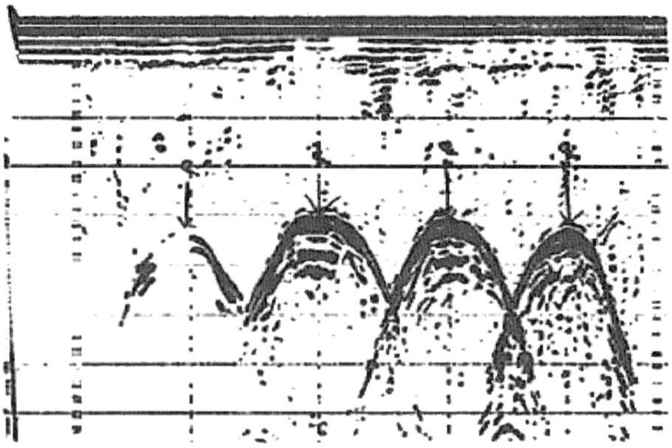

图 8-14　反射波同向轴形态特征

8.4.2.3　*解释技术及结果表示方法*

对于地质雷达的检测结果，无论是基于工程地质勘察目的，还是基于工程质量检测目的，都要求检测结果结论可靠、表述明确、清晰易懂。因而雷达的探测结果应尽量图形化、图像化。比如将雷达探测结果表示成彩色地质剖面，混凝土厚度表示成曲线图、二维厚度分布图等，用 Winsurf、Excel、Cordraw、Powerponit 等绘图工具可达到这一目的。如将处理好的雷达记录通过复制粘贴到 Excel、Powerpoint 和 Coredraw 界面下，可进行标记、解释、绘图，将地质界面、构造要素、构筑物界限、空洞、含水带等所关心的内容标画在雷达记录上，或将解释标记拷贝移位下来，填充颜色与图案，编制报告成果图。近来发展了很多三维表达方式，用于展现地下管网的分布，非常直观，如图 8-15 所示。

图 8-15　地下管网三维显示

8.4.3　反射波形态特征

地质雷达剖面上识别各种波的 4 个标志是：同向性、振幅显著增强、波形特征和时差变化规律。

（1）同向性。只要在地下介质中存在电性差异，就可以在雷达图像剖面中找到相应的反射波与之对应。根据相邻道上反射波的对比，把不同道上同一反射波同相位连接起来的对比线称之为同向轴。同一波组的相位特征即波峰，波谷的位置在时间剖面上几乎没有变化。

（2）振幅显著增强。一个反射波的振幅增强，还与界面的反射系数（界面两边的电性差异）和界面形状等因素有关。如果沿界面无构造或岩性突变，则波的振幅沿测线也应当是渐变的。

（3）波形特征。这是反射波的主要力学特点，由于雷达主机发射的是同一雷达子波，同一界面反射波的传播路程相近，传播过程中所经过的地层吸收等因素的影响也相近，所以同一反射波在相邻道上的波形特征（包括主周期、相位数、振幅包络形状等）是相近的。

（4）时差变化规律。由于地质雷达发射与接收距离非常相近，可以认为是自激自收方式，所以在地质雷达剖面上，反射波的同向轴是直线，绕射波的同向轴是曲线。这是地质雷达剖面识别的类型的重要依据。

8.5 工 程 应 用

地质雷达已广泛应用在众多工程领域中，主要包含以下几个方面：

（1）在地质工程和岩土工程勘察中的应用。主要用于建筑物地基勘察、边坡稳定性调查、基岩面探测、冻土层探测、地基夯实加固检测、地质结构灾害监测、地下水探测和地下环境监测等。

（2）在隧道工程中的应用。主要用于隧道衬砌质量检测（隧道衬砌厚度、拱架、钢筋及衬砌缺陷），隧道底部岩溶、采空区探测。近年来随着隧道建设的发展和安全施工的要求，地质雷达在围岩松动圈探测和隧道地质超前预报方面也得到了广泛的应用。

（3）在机场跑道和公路工程中的应用。主要用于机场跑道和高速公路检测，其优点在于对工程可进行无损连续检测、精度高、速度快。它不仅能准确检测面层和基层厚度的变化，而且可以检测基层以下的基础和原状土中存在的病害隐患。

（4）在水利水电工程中的应用。主要用于探测堤坝工程隐患（如堤坝裂缝、渗漏、动物洞穴等）和坝基选址调查，另外还可应用于江岸边坡调查。

（5）在采矿工程中的应用。主要用于探测采空区、陷落柱、渗水裂隙、断层破碎带、瓦斯突出、巷道围岩松动圈以及采场充填等方面。

（6）在环境工程及考古中的应用。地质雷达可用来进行地下掩埋垃圾场的调查，以确定年代久远的垃圾场的确切位置以及评价有害物质对周围介质或地下水的污染程度。考古方面地质雷达可用于古墓探测。

（7）在铁道工程中的应用。主要用于道碴厚度、道碴陷槽、翻浆冒泥、道碴下沉外挤和桥头下沉等病害的探测。

8.5.1 隧道检测

地质雷达技术在隧道检测中用于检测衬砌厚度、衬砌混凝土胶结情况、衬砌背后回填情况、格栅钢架和钢筋布置是否符合设计要求，隧道超欠挖断面检查、超前导管注浆效果检测和隧道衬砌含水情况调查等。测线布置以纵向线为主、横向线为辅。纵向线的布置应在隧道拱顶、左右拱腰、左右边墙和底部各一条；横向布线一般情况间距 8～12 m。采用点测时，每断面不少于 5 个点。三车道隧道应在隧道拱顶部位增加两条测线。测线每 5～10 m 应有一里程标记，如图 8-16 所示。

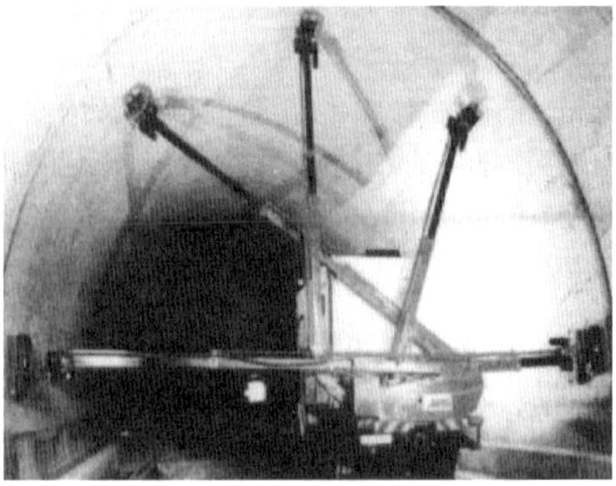

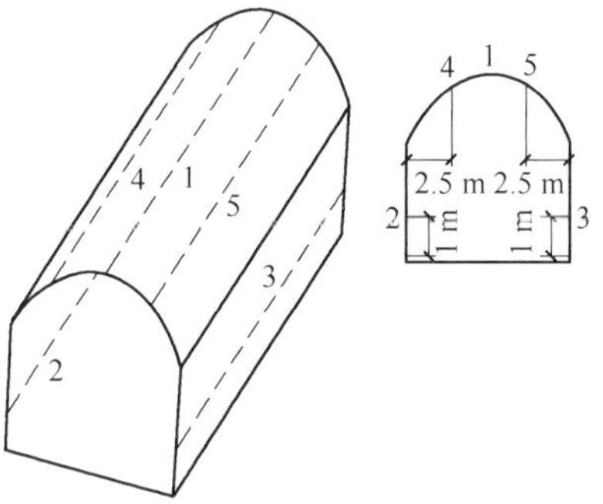

(a)　　(b)

图 8-16　地质雷达测线布置示意图

（a）现场实测图；（b）测线布置示意图

1—拱顶测线；2—边墙测线；3—边墙测线；4，5—拱腰测线

8.5.1.1　隧道衬砌厚度检测

混凝土衬砌厚度检测是隧道施工质量的重要指标，直接影响衬砌结构承载力和隧道运营使用寿命。混凝土衬砌厚度的计算处理，要先对电磁波波形所反映出的衬砌结构有明确认识。

围岩介质的组成成分相对复杂，在电磁波波形特征上表现为宽频、衰减曲线的不规则性和反射相位的不确定性。一般情况下，围岩的含水率大于衬砌结构介质的含水率，所以多数情况下层面反射相位在负相位上。图 8-17 中给出了某隧道围岩结构的波相特征，该围岩为灰岩，灰岩是一种节理、裂隙比较发育的岩体，雷达波可将这种岩体结构清晰地显现出来；节理裂隙断断续续，反射波高频成分较多，时强时弱，断断续续，反映岩体结构、产状的特征。

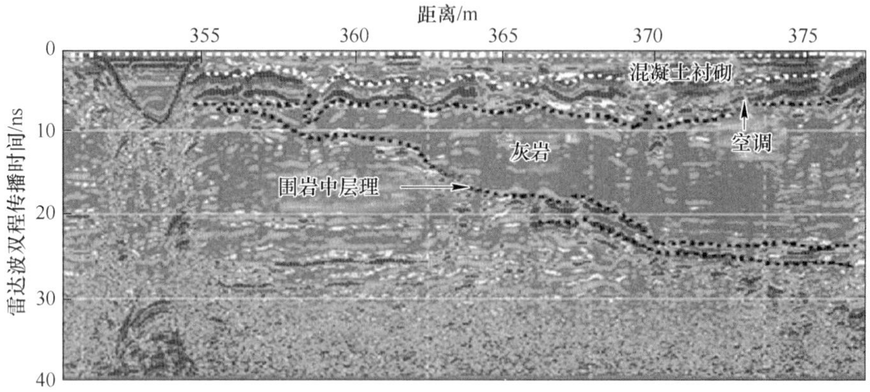

图 8-17　隧道围岩结构的反射波形态特征

由于混凝土衬砌介质均匀，反映出其频率单一，对电磁波波幅较强的吸收，由于二次衬砌与初衬施工工艺的差异，亦产生出明显的反射界面；初衬和围岩之间由于超挖回填的块石结构，在雷达回波波形上表现为较单一的低频特征，反映出其孔隙度大、密实程度较

差的电性特点。检测时电磁波从二次衬砌混凝土进入初支混凝土时，由于二次衬砌混凝土、防水布以及初支混凝土介电常数的差异，反射波信号增强，从而形成一个强反射界面，如图 8-18 所示。

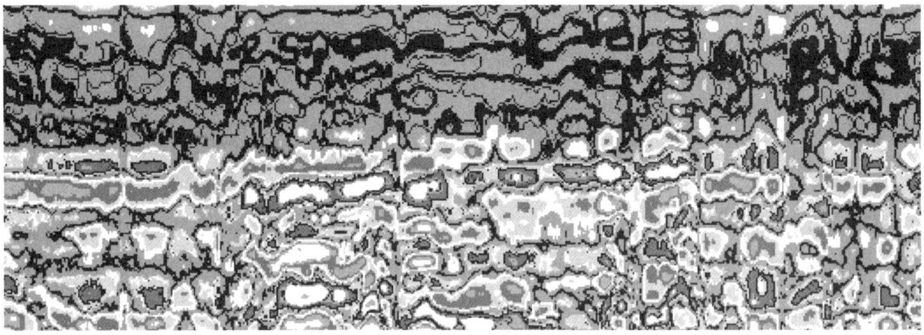

图 8-18　二次衬砌反射波形态特征

根据雷达回波波形分辨出的混凝土衬砌结构，在地质雷达剖面上确认出混凝土与岩石界面间的反射波同相轴，读取反射波双程旅行时间，按公式 $H=v \cdot T/2$ 进行时深转换计算，其中，v 为电磁波在介质中的传播速度，T 为反射波组所对应的双程反射时间，H 为衬砌层厚度。速度 v 可通过明洞地段标定。图 8-19 给出了衬砌厚度不足的反射波形态特征。

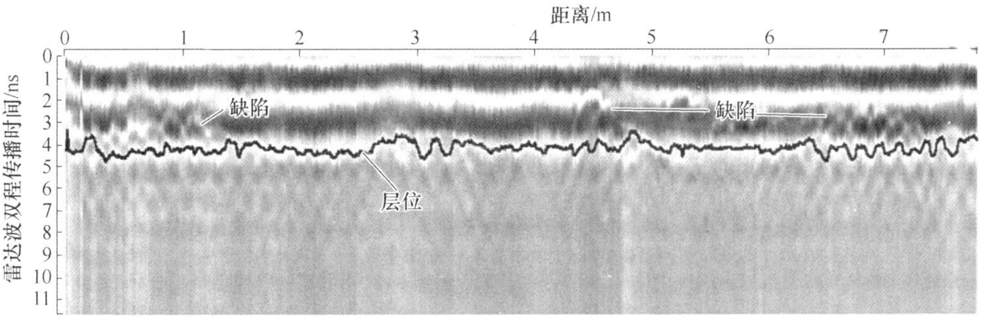

图 8-19　衬砌厚度不足的反射波形态特征

8.5.1.2　衬砌混凝土胶结情况检测

根据混凝土反射雷达电磁波在雷达图像上的特征，混凝土胶结质量可分为两种情况：密实和不密实。混凝土密实是指混凝土振捣均匀、材质均一，浇筑质量好，在雷达图像上表现为图像清晰，电磁波反射能量分布均匀、能量衰减慢，同相轴连续性较好、波形稳定、规律性强；混凝土不密实是指混凝土密实度差、振捣不均匀、局部集料架空，存在蜂窝、离析现象，浇筑质量差，在雷达图像上表现为电磁波能量分布不均匀、能量衰减快，局部出现离散现象，同相轴连续性差，波形波幅不稳定、杂乱。

8.5.1.3　衬砌内存在空洞或脱空质量检测

根据混凝土与围岩接触情况在雷达图像资料上的特征，混凝土与围岩接触情况可分为胶结紧密、轻微脱空及脱空三种。胶结紧密，雷达图像表现为电磁波反射能量分布均匀、规律，信号幅度较弱，波形稳定，图像清晰；轻微脱空，表现为衬砌胶结界面反射波波形杂乱，能量强弱无规律性，相位不连续，在剖面图上不能够追踪到连续的同相轴，局部存在较明显的反射现象；脱空，表现为衬砌胶结界面反射雷达电磁波能量强，频率成分丰富，频带较宽，在剖面上形成近圆弧状的、同相轴连续可追踪的反射波组，并伴有多次强反射，且衬砌层底部的反射波振幅明显增强，但层底的反射波同相轴依然连续清晰，形状未发生大变化，如图 8-20 所示。

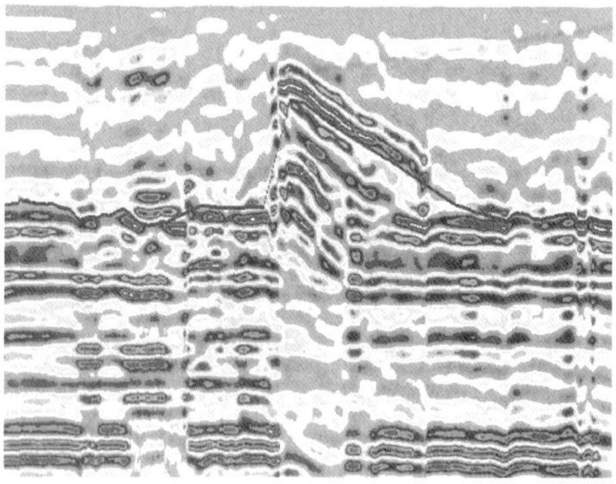

图 8-20 三角形空洞的反射波形态特征

空洞和不密实带的信号特征为：在雷达时间剖面图上，将“双曲线”异常解释为衬砌内或回填层内的空洞，将零乱的团块状或条带状的强反射异常判识为衬砌内或回填层内的不密实带，如图 8-21 所示。

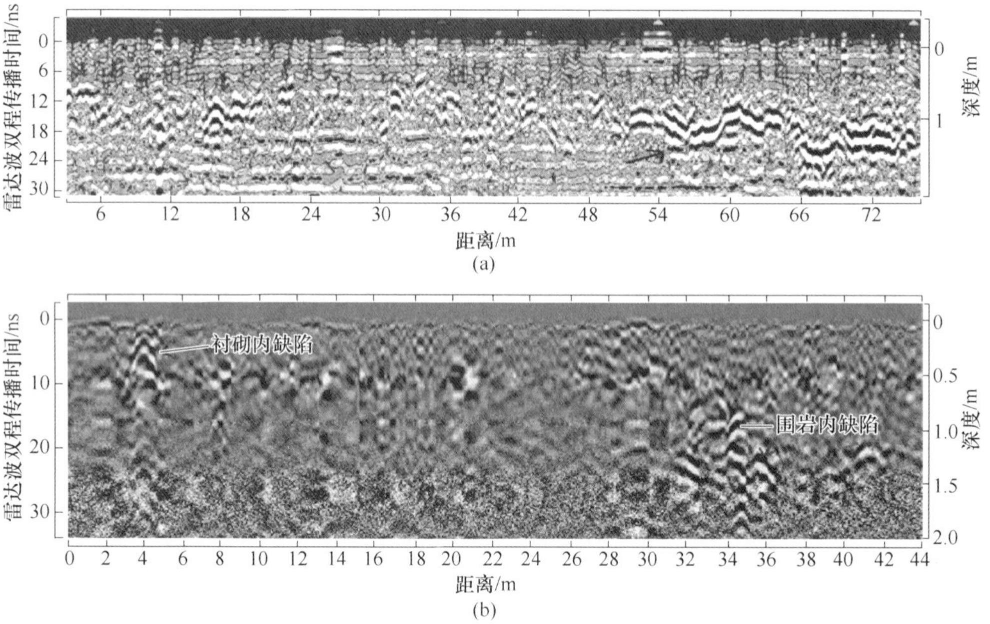

图 8-21 空洞和不密实带的信号特征

（a）初衬内脱空（52~76 m）；（b）隧道内衬砌和围岩缺陷

8.5.1.4 格栅钢架和钢筋布置检测

地质雷达也可应用于对隧道内支撑钢架的位置进行检测，衬砌内钢筋或钢格栅对隧道薄弱或重要部位起着不可忽略的加固作用，地质雷达能够检测钢架位置。金属导体中电磁波速为零，不能传播。钢筋对于电磁波的能量几乎全部反射回来，反射系数近乎为 1，反射极强。应用高频天线探测，钢筋形成清晰的反射弧，呈半张开的伞形；可靠地检测出钢筋网密度、钢筋粗细及布置位置。在雷达时间剖面图上，钢筋的特征主要表现为沿垂直方向呈密集型、连续的、小双曲线形强反射信号，如图 8-22 所示。

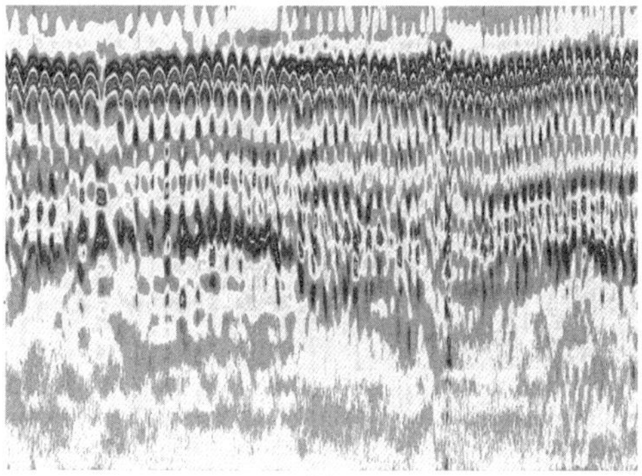

(a)

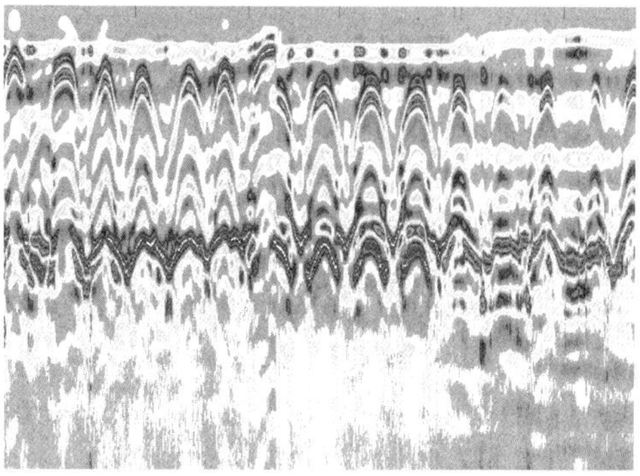

(b)

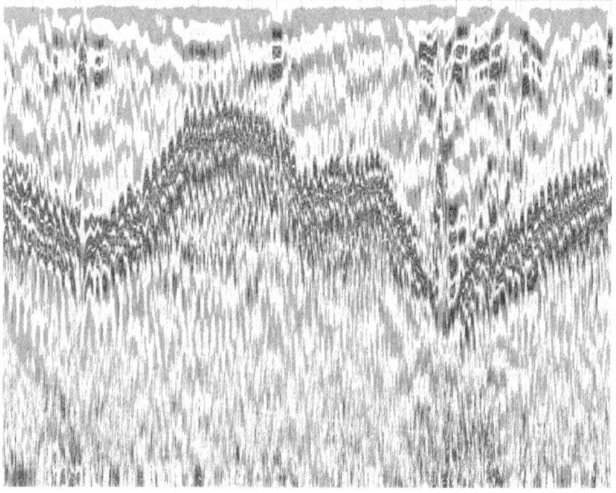

(c)

图 8-22 钢筋雷达分布图

(a) 钢筋分布良好；(b) 钢筋布置不够；(c) 钢筋布置参差不齐

钢架的特征主要表现为沿垂直方向成离散的月牙形强反射信号，如图 8-23 所示。

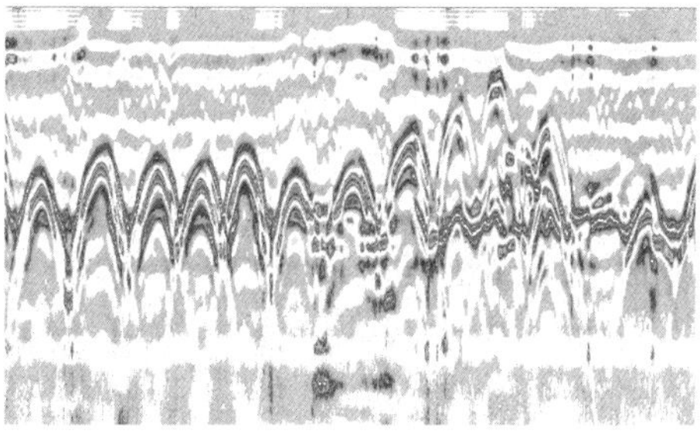

图 8-23 钢架雷达分布图

因为金属物体对雷达波的屏蔽及反射强烈，且钢筋间距较小，所以通常只能判读靠近混凝土表层的一排钢筋数量，后排钢筋往往反射信号很弱。另外，如果二次衬砌内设计有钢筋网，这时初衬的钢架需要在浇筑二次衬砌之前进行检测，否则，不能保证在雷达图上分辨出钢架信号；如果二次衬砌是素混凝土，也可在二次衬砌完成后进行。

8.5.1.5 隧道断面开挖情况检测

隧道断面开挖情况检测时，以某物理方向为起算方向，按一定间距依次测定仪器旋转中心与实际开挖的轮廓线，通过洞内的施工控制导线可以获得断面仪的定点定向数据，在计算机软件帮助下，自动生成实际开挖轮廓线与设计开挖轮廓线的空间三维匹配，如图 8-24所示，最后可以输出各测点与相应设计开挖轮廓线之间的超欠挖值。如果沿隧道轴向按一定间隔测量数个断面，还可得出实际开挖方量、超挖方量及欠挖方量。

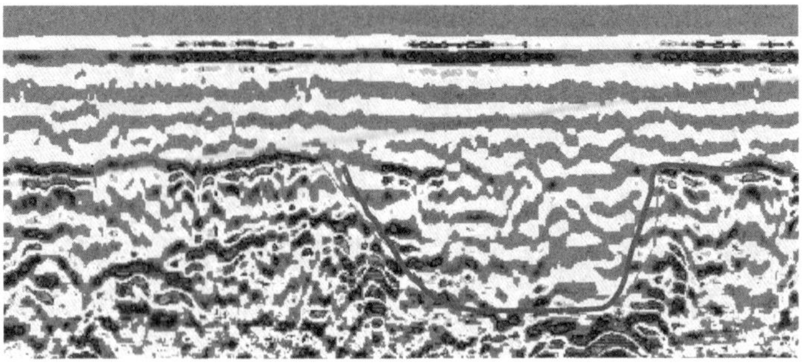

图 8-24 超挖地段雷达图像

8.5.1.6 橡胶止水带探测

如图 8-25 所示，给出的是山西某隧道内做止水带和钢筋探测，该工程的二衬是采用做好的预制板，预制板之间用橡胶止水带处理，图中钢筋和止水带的位置非常清楚，左边第 6 个止水带处理得很好，左边第 4 个止水带处理得较差。

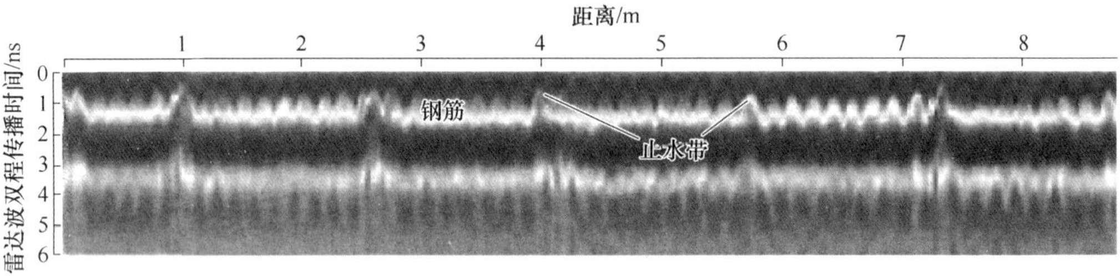

图 8-25 橡胶止水带探测

8.5.2 地下管线检测

随着工程建设的发展，非开挖施工（如顶管工程、盾构施工）越来越多，迅速准确地查清施工前方的管线（特别是较深的污水管）的分布具有重要意义。这是因为在施工中打断管线，会造成停水、断电、污水横流等严重事故，延误工期。地质雷达广泛适用于城市管网探测普查、非金属管线探测、定向钻进管线预报探测、城市道路建筑施工指导探测等领域，如电力管网、输水管道、排污管道、输汽管网、通信管网等的探测。主要的物探方法是管线探测仪，另外就是地质雷达仪。对于非金属管道和深度较大的管道来说，地质雷达仪的作用更加重要。

8.5.2.1 地下金属管线探测

城市地下管线属隐蔽工程，为了施工需要，往往要对其进行准确定位。通常金属管线采用地下管线仪寻找，但对深部的大口径或连续性较差的金属管，因管线仪的应用效果不理想而多采用地质雷达进行探测。由于金属管线的介电常数与周围介质明显不同，所以当电磁波入射到地下管道表面时，将产生较强的反射，通过对在地面上接收到的反射波同相轴几何形态、回波振幅及波形等特征的对比分析，便能确定地下金属管线的空间位置。图 8-26 中给出了某金属管道地质雷达波探测结果，呈现如下特征：电磁波反射极强，反射弧形较窄，呈半展开伞形，中间反射强，向两侧很快衰减。

8.5.2.2 地下非金属管线探测

A 探测前提

在探测区域内，地下非金属管线与周围介质之间存在足够的电性差异，是探测工作行之有效的重要前提。影响雷达探测效果的主要物性参数是介电常数和电导率。城市非金属管线大部分埋设在道路两侧，埋深一般不超过 3 m，其路面材料一般为混凝土或沥青，路面以下的介质多为杂填土和砂质土，其含水率差别很大。各种介质的介电常数如表 8-2 所示。

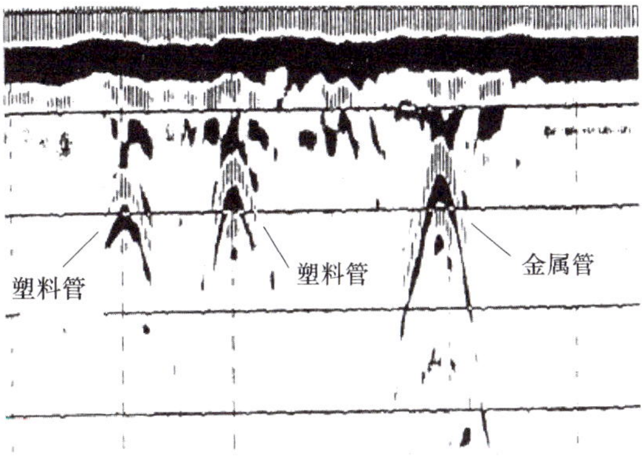

图 8-26 金属管线反射波形态特征

表 8-2 探测中常见介质的介电常数

介 质	介电常数	波速/(m·ns^{-1})
混凝土	6.4	0.12
沥青	3~5	0.13~0.17
杂填土、砂质土	7~18	0.07~0.11
水	81	0.03
空气	1	0.3

对非金属管线，外表面与内表面均为反射界面。在非金属管管壁厚度不大的情况下(一般小于 0.1 m)，内外界面的反射波相互叠加，反射波波形因天线频率、管壁厚度和周围介质的介电常数等因素的不同而有很大的差别。此外，当介质电阻率很小时，反射波在其反射路径上的衰减很大，接收天线所接收的非金属管线反射波信号就会很弱，甚至接收不到。在非金属管线探测中，有时雷达剖面图在管线埋设部位看不到管线的波形反应，就是这个原因引起的。

B 探测方法

对某一测量区域内的地下管线进行“盲探”时，首先应在现场确定好坐标，坐标原点最好选在永久性标识点上，以备日后复查校验。测线最好布置成网格状，如图 8-27 所示，测线间距应视测量场地大小和测量精度的要求而定，一般可选为天线宽度的 1~2 倍，这样能够准确探测到横向和竖向的管线而不致遗漏。在雷达剖面图上看到的抛物线是与测线相垂直的管线的波形反映，如果在几条平行测线的雷达剖面图上，在相近位置和深度都能发现或绝大多数有类似波形反映，一般就可以判定是一条连续的管线。之所以要采取网格状或几个不同位置的平行雷达剖面图来判读管线，这是因为有些测量区域的地下介质电性差异变化很大，

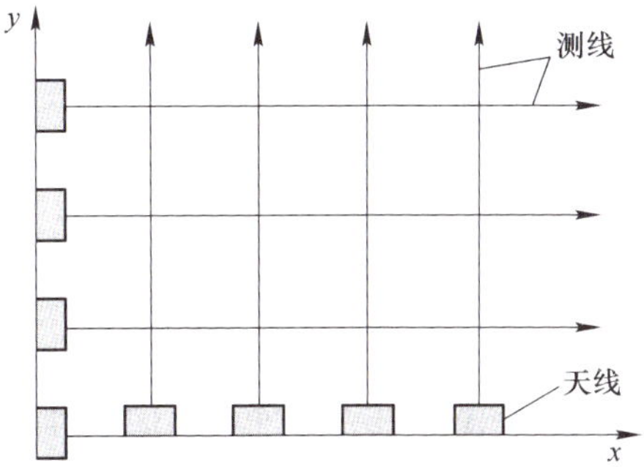

图 8-27 测线布置示意图

有时将雷达剖面图位置稍微移动，雷达波形就会有很大的变化；另外，地下情况非常复杂，不能只从一个雷达剖面图上的波形反映就能得出是否是一条连续的管线的结论，因为地下的混凝土块、箱形物体等都会出现与管线类似的反映。

C　管线深度和水平位置的确定

管线的深度可从雷达剖面图上直接读取，地质雷达系统自动把时间域转换成空间域，其原理是根据公式 $D = v \cdot \Delta t/2 = C \cdot \Delta t/2\sqrt{\varepsilon_r}$ 求得。其中，C 为电磁波在空气中的介电常数，Δt 为电磁波在衬砌介质中的双程旅行时间，ε_r 为介质的相对介电常数值。电磁波在不同介质中的传播速度不一样，在确定管线深度之前，在测量区域内找一条已知管线进行传播速度测试。波速值的求法是根据电磁波在介质中的双程走时时间不变的原理求得的，即 $D_1/v_x = D_2/v_2 = \Delta t$。其中，$D_1$ 为管线的实际埋深，D_2 为从雷达图上读出的管线深度值，v_x 为所求的雷达波速值，v_2 为在测量前事先假设的雷达波速。

管线的水平位置可由测量轮精确测得，而且地质雷达具有现场回拉定位功能，当屏幕上显示出管线波形时（天线拖动方向与管线方向垂直时，典型波形反映为抛物线），可将天线回拉，屏幕上将出现一个光标，随着天线的回拉，光标在雷达剖面图上移动，当光标移到抛物线顶点时，天线的中心位置对应的就是该管线轴心的平面位置。

D　估算管线直径

一般来讲，地质雷达很难精确得出管线直径，操作者只能根据地质雷达使用经验并结合管线方面的专业知识估算其直径，其结果往往不能满足工程精度的要求。但有些地质雷达的后处理软件提供了一种通过拟合抛物线大小的方法来判读管线直径的方法，在管线半径的窗口内输入半径值，不同半径值对应不同形状的抛物线，当输入某一数值后，拟合抛物线与雷达剖面图上管线的抛物线完全吻合，则该数值就是所要探测管线的半径，这种方法为解决管线直径的探测问题提供了一种有效可行的思路。

8.5.2.3　地下管线的反射波形态特征

对于管线探测，地质雷达的反射波组主要从两方面进行识别解释：

一方面，反射波组的同相性形成同相轴是判别管线空间位置的重要标识，在管线探测的横向剖面上，管线作为孤立的埋设物，其反射波的同相轴为：当管线为圆形管道时，为向下开口的抛物线，呈伞形状。如图 8-28 中 A 与 B 两处所示，可以很清楚地看到管线异常具有明显的抛物线形态的同相轴异常特征，呈向上凸起的弧状，其顶部反射波的振幅明显较大。当为沟道或管块时，同相轴为有限平板，界面反射的中部为平板状，两端各为半支下开口的抛物线。

另一方面，电磁波在介质中传播特性反映了地下界面上下介质的物性差异，该差异越大，反射波越强，振幅越大；上下介质中波速大小决定了反射波振幅方向，当波从介电常数小波速大的介质进入介电常数大、波速小的介质时，反射系数为负，即反射波振幅反向；反之，从波速小进入波速大的介质时，反射系数为正，反射波幅与入射波同向。地下目标管线一般存在四层介质界面，即管线的内外各两层。以上层内界面为例，非金属管线内上界面的反射波振幅较大，当内介质为水时，反射系数为负，反射波为反向；当内介质为气体时，反射系数为正，反射波为正向；金属管线由于金属内波速近似为零，反射波自然为反向，而且反射振幅特别强，同时反射信号以管线的外层界面为主，其他层面较弱。

地下管线的种类繁多，其雷达反射波场特征也表现各异，它们共同的特征是反射波同

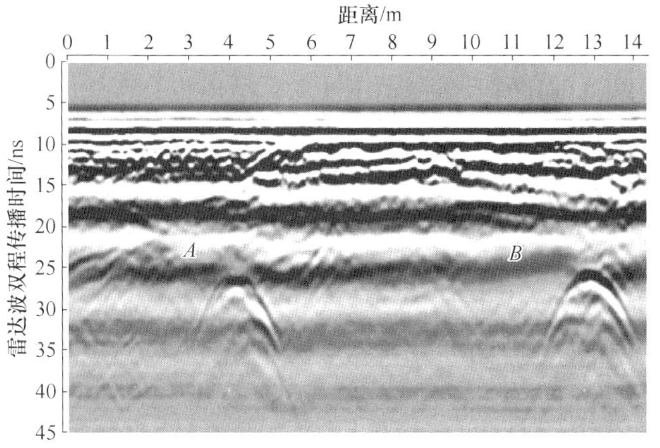

图 8-28 污水管线地质雷达图

相轴呈向上凸起的弧形，顶部反射振幅最强，弧形两端绕射波振幅最弱。它们的差异性表现如下：由于金属管的相对介电常数较小（1~2.5），导电率极强衰减极大，则金属管顶部反射会出现极性反转，无管底反射；而非金属管的介电常数一般较高，导电率小，衰减小，顶部反射极性正常，管底部反射同相轴明显。对非金属管而言，管内流动的物质不同，管线的波形特征不同，当管线内部充水时，在水界面发生极性反转，来自管底的反射需要较大的旅行时。管的直径越大，反射弧的曲率半径越大，对非金属管而言，管顶部与管底部反射时间相差越大。如图 8-29 所示，给出了地下 8 根地下管线（编号为 $A\sim H$）的地质雷达探测图像，反射波形态特征大致相同，略有差异。

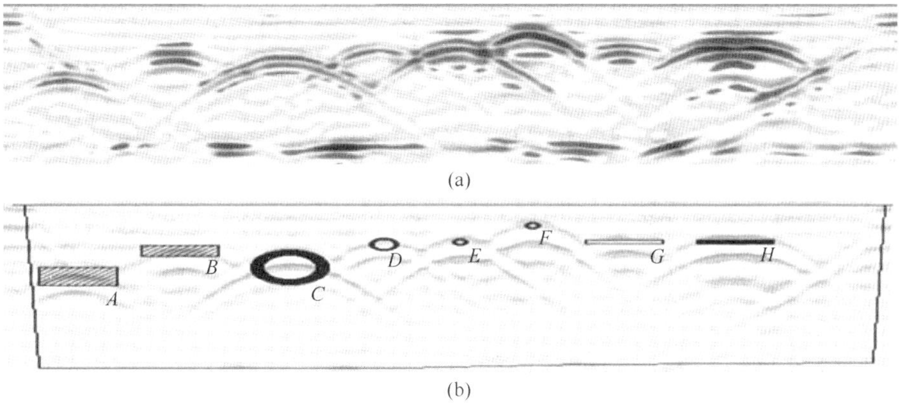

图 8-29 管线综合探测图

（a）管线雷达波形图；（b）实际对应的管线图

当管线埋深比较大时，在观测剖面上异常范围相应较大，从而相应的水平定位误差也将增大，在实际工作中通常以异常范围的中心作为水平位置，施工结果证实误差一般能控制在施工要求范围以内。此外，施工场地和地下地质条件一般都比较复杂，要想得到结果波形同理论模型一样一般比较困难，所以除了观测时各种观测参数的选择很重要外，图像解释人员的经验也很重要。解释中要综合考虑现场的各种实际情况，遵从由已知区域向未知区域解释的原则进行。在图像的识别上，除考虑探测目标本身可能产生的异常波形外，对目标体所处的具体地质环境也应进行考虑，比如在埋设大口径管道时其对周围的土体肯定会产生扰动，而且其范围比管道本身范围还大，所以也会产生波形扰动，可作为判断管道位置的间接依据。

8.5.3 超前地质预报

地质雷达探测是电磁波反射法超前地质预报的常用方法，是利用电磁波在隧道开挖工作面前方岩体中的传播及反射，根据传播速度和反射脉冲波走时进行超前地质预报的一种物探方法，主要用于岩溶探测，亦可用于断层破碎带、软弱夹层等不均匀地质体的探测。

8.5.3.1 工作原理

通过发射装置向待测区域打出电磁波，用检测设备检测反射回来的电磁波的波形，利用电磁波在不同介质中的传播状态差异，分析并判断出被测区域的地质结构。探测过程中的实施要求如下：探测目的体与周边介质之间应存在明显的介电常数差异，电磁波反射信号明显；探测目的体具有足以被探测的规模；不能探测极高电导屏蔽层下的目的体。

8.5.3.2 操作过程

检查待测区域前方地面是否平整、堆渣是否稳定、掌子面是否清理干净，确保无碎石塌落；打开电脑，并运行检测程序；连接天线，通过试验选择雷达天线的工作频率、确定介电常数。应注意：探测情况复杂时应选两个及以上不同频率天线；隧址区内不应有较强的电磁波干扰，若有则在记录中标示出来；支撑天线的器材应选用绝缘材料，天线操作人员应与工作天线保持相对固定的位置；工作天线的平面与探测面基本平行，距离相对一致；让天线以一定速度（能反映出探测对象异常）从掌子面底部一侧开始移动，每次移动 10 cm 左右，待数据读取完毕向下一位置移动，移动的轨迹（即测线）以十字或网格形式布设为宜；待探测完毕后，将数据通过软件分析并得出波形图；读出图中信息，完成超前地质预报书面报告的撰写。

这里的分析和阐述是根据地质雷达图像的波形特征和频率、振幅、相位以及电磁波能量吸收情况等细节特征的变化规律来建立与各种典型地质现象的对应关系。在超前地质预报中，常见的不良地质现象有：断层破碎带、裂隙带、富水带、岩溶洞穴、岩性变化带等。以下分别采用不同地质雷达波形图对以上几种典型地质现象与地质雷达特征图像的对应关系进行分析。

8.5.3.3 典型地质现象的反射波形态特征

A 完整岩体

完整岩体一般介质相对均匀，电性差异很小，没有明显的反射界面，雷达图像和波形特征通常表现为：能量团分布均匀或仅在局部存在强反射细亮条纹；电磁波能量衰减缓慢，探测距离远且规律性较强；一般形成低幅反射波组，波形均匀，无杂乱反射，自动增益梯度相对较小。该类岩体的探测和解释精度通常比较高，其典型图像见图 8-30，图中最上面的几条水平强反射波同相轴为直达波和地表层受爆破松弛影响所致。

B 断层破碎带和裂隙带

断层是一种破坏性地质构造，其内通常发育有破碎岩体、泥或地下水等，介质极不均匀，电性差异大，且断层两侧的岩体常有节理和褶皱发育，介质均一性差。而裂隙带通常存在于断层影响带、岩脉以及软弱夹层内，裂隙内也有各种不同的非均匀充填物，介电差异大。它们一般都有明显的反射界面。

在断层或裂隙带，其地质雷达图像和波形特征较为相似，通常表现为断层和裂隙界面反射强烈，反射面附近振幅显著增强且变化大；能量团分布不均匀，破碎带和裂隙带内常产生绕射、散射、波形杂乱、同相轴错断、在深部甚至模糊不清；电磁波能量衰减快且规律性差，特别是高频部分衰减较快、自动增益梯度较大；一般反射波同相轴的连线为破碎带或裂隙带的位置。其典型地质雷达特征图像如图 8-31 所示。虽然两者的雷达特征图像相似，但通过对比分析可大致把它们分辨开来。

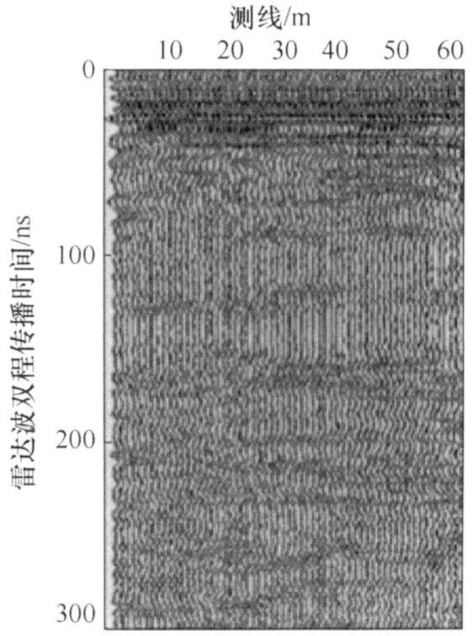

图 8-30　完整岩体地质雷达特征图像

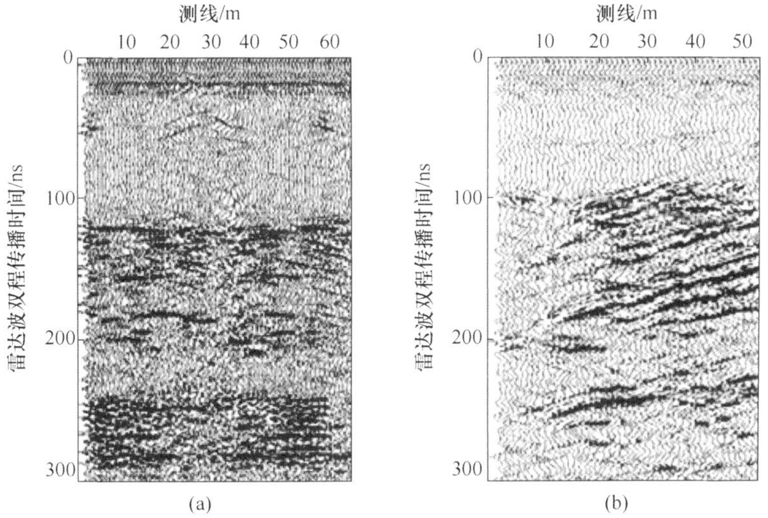

图 8-31　地质雷达特征图像
（a）断层破碎带；（b）裂隙带

（1）断层破碎带的影响范围通常比裂隙带宽，在地质雷达图像上有较宽的异常反映；相反，裂隙带异常在雷达图像上一般表现为相对较窄的条带。

（2）断层破碎带的波幅变化范围通常比裂隙带大，而裂隙带的振幅一般为高幅。

（3）在相对干燥的情况下，断层破碎带在地质雷达图像上同相轴的连续性不如裂隙带，它的同相轴错断更明显，其波形更加杂乱，而裂隙带在地质雷达图像上同相轴的连续性反映了裂隙面是否平直、连续。

（4）探测时可参考当地的区域地质背景资料和钻孔资料，对可能遇到的地质现象做出大致的判断，为图像解释时对这两种地质现象的分辨识别提供依据。图 8-32 给出了某裂隙岩体反射波形态特征，可以清楚地显示出裂隙分布。

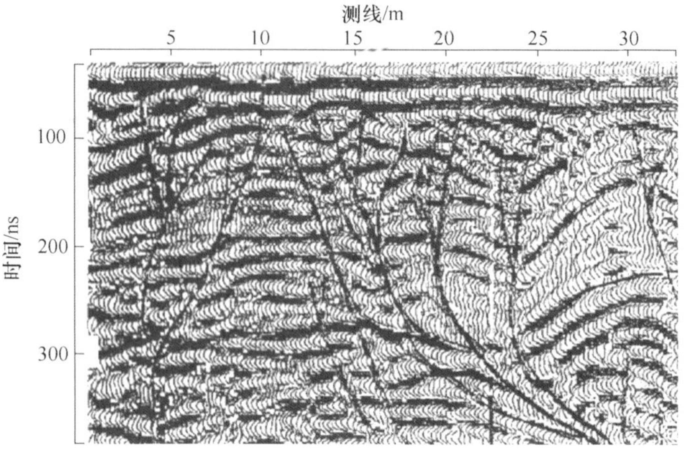

图 8-32 裂隙带的地质雷达特征图像

C 富水带

地下水经常存在于断层带、裂隙密集带以及岩溶发育带中，含水程度和储水条件主要受构造控制。在常见物质中，水的相对介电常数最大，为 80，与基岩介质相比存在明显的电性差异。

富水带地质雷达图像和波形特征一般表现为：地质雷达波在含水层表面发生强振幅反射；电磁波穿透含水层时将产生一定规律的多次强反射，在富水带内产生绕射、散射现象，并掩盖对富水带内及更深范围岩体的探测；电磁波频率由高频向低频剧烈变化，脉冲周期明显增大，电磁波能量快速衰减，能量团分布不均匀，自动增益梯度很大；因含水面通常分布连续，反射波同相轴连续性较好，波形相对较均一；从基岩到含水层是高阻抗到低阻抗介质的变化，因而反射电磁波与入射电磁波相位相反。其典型地质雷达特征图像如图 8-33 所示。

D 岩溶洞穴

岩溶洞穴一般出现在灰岩地层中，洞穴中可能为空气、含水或填充其他物质，其地质雷达图像和波形特征通常表现为：岩溶洞穴在地质雷达图像上的形态特征主要取决于洞穴的形状、大小以及填充物的性质，一般表现为由许多双曲线强反射波组成；在洞穴侧壁上一般为高幅、低频、等间距的多次反射波组，特别是无填充物或充满水时反射波更强，而洞穴底界面反射则不太明显，只有当洞穴底部部分充填水或黏土、粉砂、砂砾性物质时，底部反射波会有所增强，可见一组较短周期的细密弱反射；如果洞穴为空洞或充水洞则在洞体内部几乎没有反射电磁波；有充填物时，电磁波能量迅速衰减，高频部分被吸收，反射的多为低频波，自动增益梯度大。其典型特征图像见图 8-34。

岩溶洞穴的地质雷达图像特征比较明显，相对容易判断，一般根据当地岩体类型、水文地质资料及前期岩溶地质调查资料等，都能做出准确的解释。图 8-35 中给出了某地下空洞的地质雷达特征图像，反射波形态特征为：多次反射波很强，持续很长一段时间，侧向散射波不太强；具有局部孤立的特点，高频成分为主；反射相位与入射波同向，与表面反射波相位相反。与岩溶洞穴的雷达特征图像相似。

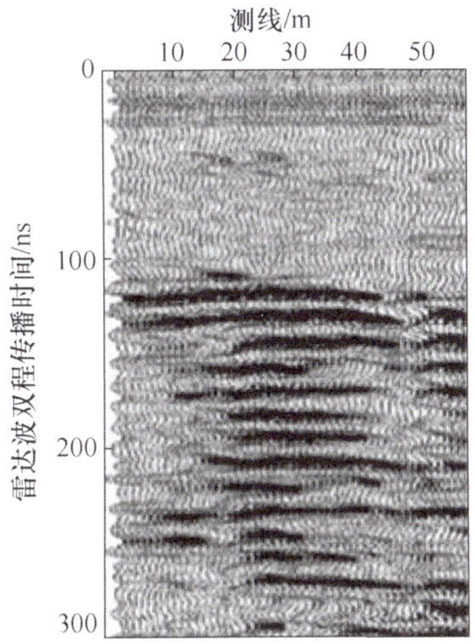

图 8-33　富水带特征图像

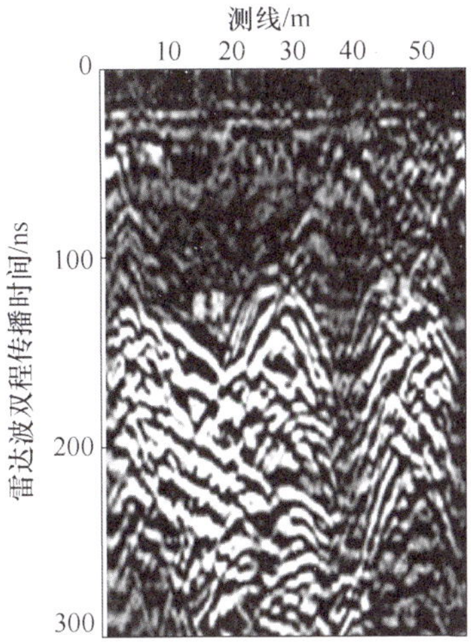

图 8-34　岩溶洞穴特征图像

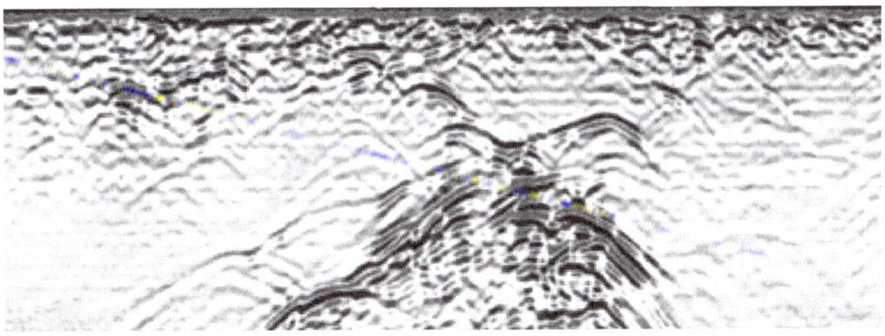

(a)

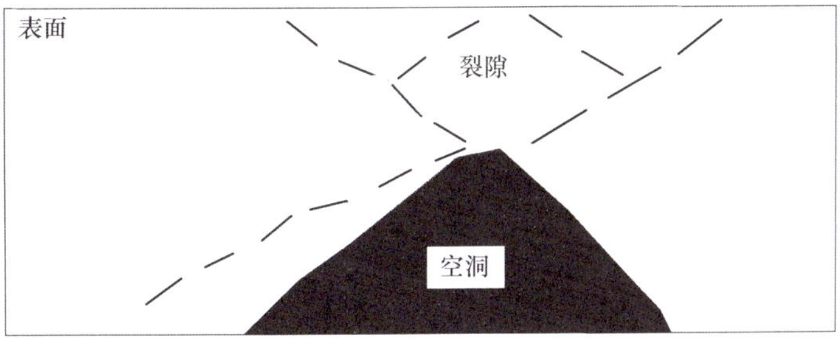

(b)

图 8-35　某地下空间地质雷达特征图像

（a）雷达特征图像；（b）空洞及裂隙实际位置示意图

以上典型地质现象与地质雷达图像和波形特征的对应关系简单总结，如表 8-3 所示。

表 8-3　典型地质现象与地质雷达现象波形特征间的简单对应关系

地质体名称	雷达图像及波形特征				
	能量团分布	能量变化	同相轴连续性	波形	振幅强弱
完整岩石	均匀	按一定规律缓慢衰减	连续	波形均一	低幅
断层破碎带	不均匀	规律性差，衰减快	不连续	波形杂乱	波幅变化大
裂隙密集带	不均匀	规律性差，衰减较快	时断时续	波形较杂乱	高幅

续表 8-3

地质体名称	雷达图像及波形特征				
	能量团分布	能量变化	同相轴连续性	波形	振幅强弱
富水带	不均匀	按一定规律快速衰减	与含水率有关	基本均一	高、快幅
岩溶洞穴带	不均匀	规律性差，衰减快	成弧形较连续	波形较杂乱	一般为高幅

习题与思考题

习题与思考题答案

8-1 什么是地质雷达测试技术，地质雷达测试技术有哪些特点，它有哪些局限性？

8-2 地质雷达测试技术一般可应用于哪些方面？

8-3 简述地质雷达的组成及基本工作原理。

8-4 影响地质雷达测试的因素主要有哪些？

8-5 地质雷达的观测方法有几种？分别对各种方法进行简要概述。

8-6 地质雷达的采集参数有哪些，怎样设定合理的各项参数？

8-7 什么是数字滤波技术，什么是偏移绕射处理？

8-8 地质雷达资料处理的目的是什么？

8-9 简述水平滤波和垂直滤波各自的作用。

8-10 地质雷达资料处理技术有哪些？

8-11 地质雷达记录的判读主要包含哪些内容？

8-12 地质雷达剖面上识别各种波的 4 个标志分别是什么？

8-13 简述地质雷达技术在工程中的应用。

8-14 地质雷达技术在隧道检测中主要有哪些应用，一般情况下如何布置测线？

8-15 地质雷达技术在地下管线检测中主要有哪些应用？

8-16 简述地质雷达探测应用于超前地质预报的基本原理及操作过程。

8-17 简述典型地质现象的反射波形态特征。

9 采空区探测技术

9.1 矿山采空区概述

9.1.1 采空区概况

地下矿山采用空场法采矿，回采过后往往会形成大量大小不同、形状各异的采空区，采空区是开采地下资源所留下的地下空洞，如图9-1所示。由于开采方式的不同，采空区顶板覆岩会产生冒落坍塌，往往在地表形成连续沉降盆地或不规则沉降变形，对地表建筑物的稳定性造成很大的影响。这些采空区的存在，恶化了后期开采条件，引发矿柱变形，致使相邻采区或巷道维护困难，岩体大面积冒落，甚至引发地表塌陷等大规模的地压活动，成为矿山主要的危险源之一。

图9-1 地下矿山采空区

然而矿产资源开采利用过后，以及地质条件改变所形成的大量采空区，由经济资本限制和人力资本不足等原因导致很多采空区没有得到妥善的处理，使得大多数的采空区闲置一旁。采空区的存在会改变原有的地质构造，导致地质构造失衡，出现地面塌陷等现象。且由于采空区没有得到妥善处理，表现出的种种不良后果，也为地质工作、矿区活动、施工建设和国家财产带来了一定的损失。因此，需定期对已存在的采空区进行稳定性评价和分级，对危险性较大的空区进行封闭或回填处理。如对采空区进行治理，对采空区的地理位置、埋深、现状情况进行了解是关键，只有对采空区的空间分布状态有了充分的了解，才能为采空区安全治理和资源后续回采提供准确的设计依据。

9.1.2 采空区灾害

在矿山事故中，其中主要诱因之一就是采空区。目前我国大多数矿山，譬如广西大厂矿务局、栾川钼矿、厂坝铅锌矿，广东大宝山矿、秦岭金矿、贵州开阳磷矿等，经十余年的民间掠夺式开采，留下大量未处理的采空区，严重影响了矿山的安全生产。我国由于地下采空区造成地表塌陷的面积超过 1150 km^2。地下采空区对工程的危害是显著的，主要体现在两个方面：一个是采空区顶板大面积冒落，造成地表沉陷和开裂，破坏地面环境和影响露天作业；另一个是在矿山开采过程中，采空区围岩受爆破震动影响，导致岩体裂隙发育，甚至贯通地表或连通老窿积水，发生突水事故，从而淹没坑道和工作面，造成损失。如 2001 年 7 月广西南丹发生的特大透水事故，就是因为民窿留下大量的采空区积水相互贯通造成的。

9.2　采空区探测仪器

9.2.1　常用探测方法及探测仪器

目前，采空区的探测方法主要包括电法、电磁法、微重力法、地震法、瞬态瑞利波法、探地雷达（GPR）技术、射气测量技术等。但综合来看，以上探测方法都只能确定空区的大致范围、埋深和大概形状，却难以形成空区的三维模型，同时，这些测试方法对地质条件的依赖性很强，周围岩土体性质的变化对探测结果都会产生较大的影响。近年来，基于激光测量技术的采空区三维探测技术在国外矿山得到了较为广泛的应用，20 世纪 80 年代末期，GASPE 矿业公司成功试验了 AFGANDML853 型激光系统，但并未实现系统自动化；90 年代初期 GASP 矿业公司又试验成功了 OPTECHG150 激光测距仪，在 100m 的探测范围内，将探测精度提高到 0.05%；此外，Noranda 技术中心于 1992 年在刚性安装杆上固定激光探头并配合自动扫描装置对开挖后的空间进行扫描探测，取得了很好的效果。之后基本实现了矿山空区的激光探测。目前，国际上主要的激光探测系统生产商有英国 MDL 公司、加拿大 OPTECH 公司、澳大利亚的 I-SITE 公司、美国 CYRA 公司、奥地利 RIEGL 公司、德国 CALLIDUS 公司等。

9.2.2　采空区激光探测设备介绍

目前适用于矿山采空区的激光探测系统主要有两种，一种是 OPTECH 公司的 CMS（空区监测系统），另一种是 MDL 公司的 C-ALS（空区自动激光扫描系统）。

9.2.2.1　CMS（空区监测系统）

CMS 是加拿大 Optech 研制的特殊三维激光扫描仪，其功能是采集空间数据信息（三维坐标 X、Y、Z），对于人员无法进入的溶洞、矿山采空区等，可用此设备扫测空区内部数据，为矿山采掘规划、生产安全提供决策所需数据，既能辅助消减安全隐患，也可辅助减少矿体浪费。CMS 是 Cavity Monitoring System 的简称，直译为洞穴监测系统；也可理解为是 Control Measure System 的缩写，意即控制事态测量系统。它通过可旋转并集成有激光测距仪的扫描头来实现对空区的探测。扫描头做 360°旋转并收集距离和角度参数，每完成一个圆周的扫描后，扫描头将按预先设定的参数自动抬高一定角度（通常为 1°~3°）进行连续循环扫描直至完成全部扫描工作。CMS 主要由激光测距角度传感器、精密电机、计算模块、附属组件等构成。

CMS 系统包括硬件和软件两个部分，硬件的基本配置包括激光扫描头、坚固轻便的碳素支撑杆、手持式控制器和带有内藏式数据记录器与 CPU 和电池控制箱，如图 9-2 所示，软件如图 9-3 所示。

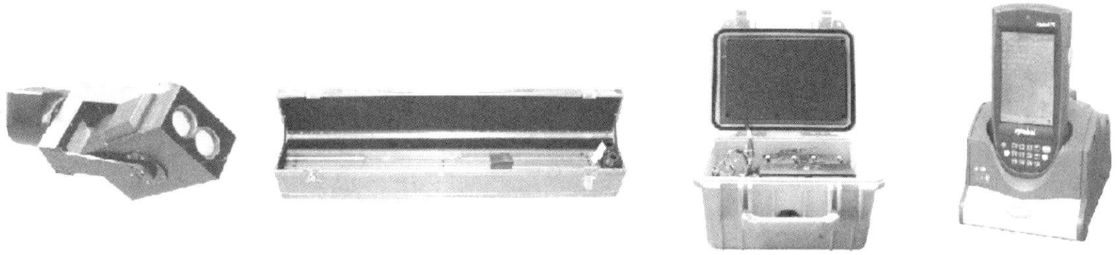

(a) (b) (c) (d)

图 9-2 CMS 硬件系统示意图

(a) 激光扫描头；(b) 支撑杆；(c) 电源控制箱；(d) 手持控制器

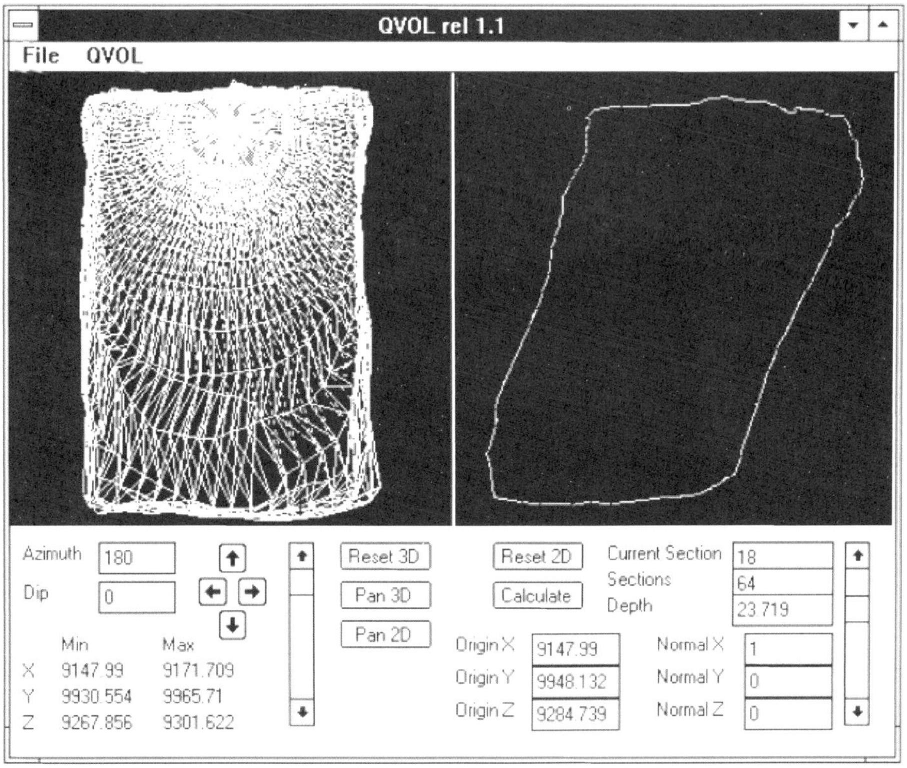

图 9-3 QVOL 软件操作界面

9.2.2.2 C-ALS（空区自动激光扫描系统）

C-ALS 空区自动激光扫描系统运用激光测量技术对空区进行扫描。该设备外直径 50 mm，通过地表钻孔延伸至地下空区和洞穴进行测量，条件允许的前提下也可利用导向杆直接伸入空区进行测量。空区自动激光扫描系统能测得空区的三维模型，双轴驱动扫描探头确保了对空区进行 360°全方位扫描，扫描距离可达 150 m。数据采集速率为每秒 200 个读数，测试精度为 5～10 cm。C-ALS 探测器中还设计了数字罗盘、倾斜和滚动传感器，确保设备扫描得到点的精确定位和导向。测量所得的数据通过数据测试记录传导系统传输到控制装置，该装置利用预先安装好的空区自动激光扫描系统控制软件的笔记本电脑来实现远程控制。传输生成的数据文件可转入 Surpac、AutoCAD 等软件进行数据处理，进一步进行建模形成空区三维立体模型。整个 C-ALS（空区自动激光扫描系统）包括激光探头、电源、数据接收器、计算机控制软件，如图 9-4 所示。

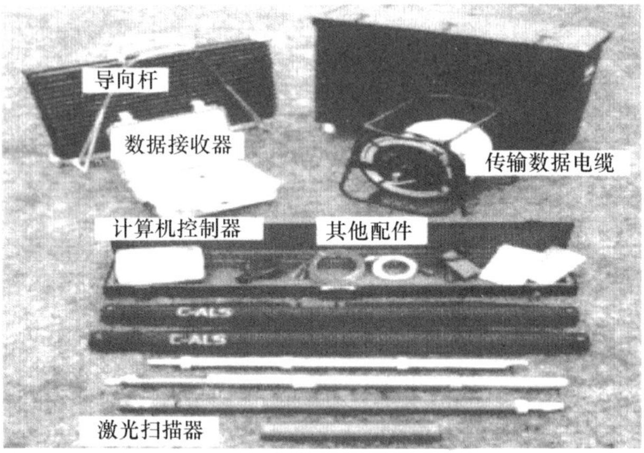

图 9-4　C-ALS（空区自动激光扫描系统）

本章主要针对 CMS（空区监测系统）的探测原理及应用进行介绍。

9.3　采空区激光探测原理及方法

9.3.1　探测原理

CMS 系统采用的是一种激光测距仪的扫描头。CMS 在进行测量时，激光扫描头伸入空区后做 360°的旋转并连续收集距离和角度数据。每完成一次 360°的扫描后，扫描头将自动地按照操作人员事先设定的角度抬高其仰角进行新一轮的扫描，收集更大旋转环上的点的数据。如此反复，直至完成全部的探测工具。工作原理如图 9-5 所示。

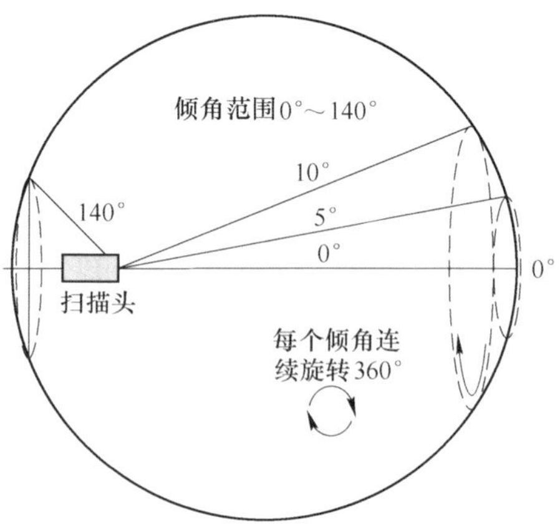

图 9-5　CMS 系统测量原理

CMS 激光测距仪采用的激光二极管，几乎可以实现对任何材料物体的非接触测距，可以在黑暗或光照强的环境下使用而不需采用其他反射体或反射镜。扫描头发射的细小激光束不会产生错误的回波并可对远距离的小物体进行测距。激光束从粗糙的物体表面反射回来仍可被接收单元接收并实现距离测量。

为了计算距离，扫描头中的高精度计时器将测定激光束到达并从被测物体表面返回的时间，然后微处理器再利用该时间自动计算出距离。系统采用高速发射的激光和平均的方法来减少系统的随机误差，使激光测距仪测定的距离精度与所测定的距离大小无关。

CMS 三维激光扫描仪可以对确定目标的整体或局部进行完整的三维坐标数据测量，在三维空间进行从左到右，从上到下的全自动高精度步进扫描，从而真实地描述出目标的整体结构及形态特性。通过扫描点编织出的“外皮”来逼近目标的完整原形及矢量化数据结构，可进行目标的三维重建。然后由全面的后处理可获取目标的基本信息，如角度距离、体积、面积、剖面及等高线等。

CMS 三维激光扫描技术的主要特点是大范围的扫描幅度和高精度的小角度扫描间隔。系统通过内置伺服驱动马达系统精密控制激光扫描头的转动，使脉冲激光束沿横轴方向和纵轴方向快速扫描。仪器在开始工作之前，会依据补偿器自动设定初始位置，根据电机步进角度值和激光测距值，确定出目标点位置信息。系统自动默认仪器中心位置坐标为（0，0，0），依据式（9-1）

$$\begin{cases} X = SD \cdot \cos\alpha \\ Y = SD \cdot \sin\alpha \\ Z = SD \cdot \tan\beta \end{cases} \tag{9-1}$$

式中 β——CMS 纵向电机步进角度值；

SD——激光所测距离；

α——CMS 水平电机步进角度值；

X，Y，Z——未经转换的目标点三维坐标。

计算出目标点位信息，再根据起算数据平移、旋转，把目标点位置数据换算至用户坐标系统，如式（9-2）所示。

$$\begin{cases} X_n = X_0 \cdot \cos\theta \\ Y_n = Y_0 \cdot \sin\theta \\ Z_n = Z_0 + Z \end{cases} \tag{9-2}$$

式中 X_0，Y_0，Z_0——CMS 中心点在用户坐标系中的位置数据；

θ——CMS 初始化后初始方位与用户坐标系中北方位夹角；

X_n，Y_n，Z_n——转换为用户坐标系后的空区内各点坐标。

扫描仪内置反光镜可将激光束水平偏转，以实现激光水平方向的扫描功能。扫描仪主体轴向自旋转功能可以实现纵向的扫描，每当水平扫描一个周期后，一步进一次，以进行第二次水平扫描，如此同步下去，最终完成对整个空间的扫描过程。

9.3.2 探测方法步骤

CMS 安装方式更为灵活，作为新兴的技术设备，其在地理空间信息数据收集方面，具有传统方法无可比拟的优势，能大大提高工作效率、有效降低劳动强度，安全准确地采集空间信息资料，在发达国家或地区，地采矿山都在使用该方式，在中国也有越来越多矿山单位了解、选用。

为了适应不同工程项目需要，CMS 架设方法灵活，洞口只需要 30 cm 孔径，即可把 CMS 探入进去，扫测洞内情况。如果通视条件好，人员没有安全隐患，可用三脚架，扫测周边数据。如果要扫测下部的空区，可用垂直插入包的组件，把 CMS 下垂至空区，扫测到空区内部点位数据，如图 9-6 所示。如果是要扫测周边空区，可以用竖直支撑杆使人员在安全区域操作，把 CMS 探入空区，即可扫测到空区内部点位数据。

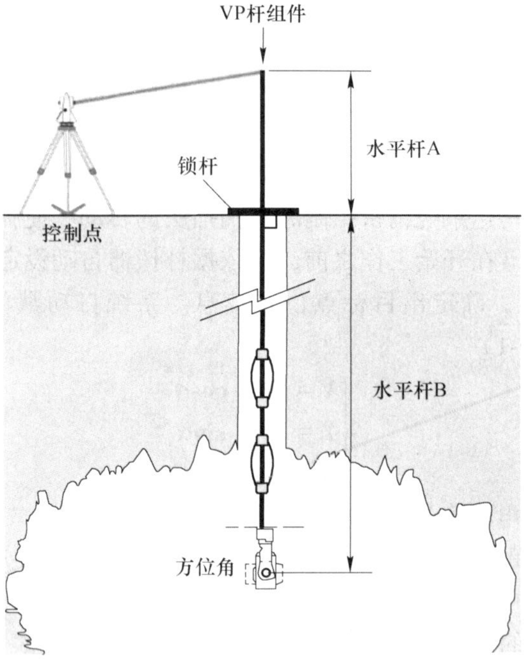

图 9-6 CMS 测量方法

9.3.2.1 竖井探测外业步骤

（1）携带 CMS 仪器箱、电源箱及配置清单中第八项 VP 配件到外业场所；

（2）把 CMS 扫描头连接到 VP 配件的主杆源，进行初始化；

（3）将主机及 VP 配件依次连接垂直放入竖井；

（4）用全站仪测量 VP 竖杆中心的坐标，以及确定扫描头的方位角；

（5）控制手薄设定扫描参数，启动扫描采空区数据；

（6）扫描完毕后，仪器自动复位。

9.3.2.2 扫测平硐或斜井外业步骤

（1）携带 CMS 仪器箱、电源箱及配置清单中第五、第六项支撑杆、横杆等配件到外业场所。

（2）选好支撑杆架设位置，上端顶在硐室顶板，底端顶在硐室底板，压起重器撑实、确保顶紧。

（3）水平杆 *A* 穿出电源电缆，连上仪器，再视需要接 *B*、*C*、*D*、*E* 水平杆，放在水平托架上，前托后压。

（4）接通电源，进行初始化。

（5）用全站仪测 CMS 上部中心和水平杆上某点坐标。

（6）用控制手簿设定扫描参数，启动扫描采空区数据。

（7）扫测完毕后，仪器自动复位。如果还要用同样模式扫测近处的采空区，可拆开

D、E、水平杆，不退出、不断电搬站。

扫描过程中，在红外遥控用的PDA上，会实时显示仪器工作状态、进度、点云图等信息。

9.4 采空区探测结果处理分析

9.4.1 采空区探测数据预处理

CMS测量得到的数据格式为TXT格式，需要经过处理才能进行下一步的工作，下面简单介绍一下数据的后处理。

（1）数据导入电脑。在扫描完成后，将PDA与电脑连接，然后用Microsoft ActiveSync将PDA中的扫描成果，复制后粘贴到电脑中，即可完成数据下载的工作。

（2）测量数据后处理。双击桌面CMS PosProcess，在弹出的主界面中，点击“打开文件”选入需要进行数据转换的文件。可以将数据文件转换为dxf和xyz。

（3）输入测记好的仪器中心点和激光点（或杆上的点位）坐标数据、前视点到激光中心距离等参数，点击“转换为DXF”和“转换为XYZ”，则软件会将原始数据转换为用户需要的数据格式。

（4）把点云数据导入3Dmine，Surpac等矿业软件中，作进一步处理分析，量算、建模等。

CMS探测仪所测量的点的坐标是相对坐标，是相对扫描头中心点的坐标。为精确获得空区各个测点坐标，就必须先要准确求出扫描头中心点的坐标。系统可以通过扫描头支撑杆上的两个测点的坐标自动求出扫描头中心点的坐标值，并且规定距离扫描头相对较近的测点作为测点1，较远的测点为测点2。测点1和测点2的坐标用全站仪测定。

将所测的数据填入图9-7所示的PosProcess转换窗口中的“前视点”（测点1）和“后视点”（测点2）数据输入框，并将前视点与激光中心的距离输入“前视点与激光中心距离”的输入框中，软件会根据数据自动计算激光中心的坐标和其他参数。

设置输出文件格式为“mesh”，选定“DXF Convert”或“XYZ Convert”，将形成能够被3Dmine处理的“＊.dxf”和“＊.xyz”格式的文件。其中“＊.dxf”是以线框网格形式记录空区边界，“＊.xyz”记录的是空区周围边界点的真实坐标。

9.4.2 采空区实体模型构建

3Dmine软件具有较强的三维建模能力，通过3Dmine软件的实体和块体建模功能，对CMS数据进行处理，生成采空区的实体和块体模型，为下一阶段进行空区稳定性分析提供基础，同时计算出空区较精确的体积，为采用充填的方式处理空区提供依据。

将探测数据预处理得到的dxf或xyz文件直接导入3Dmine软件中，经过实体编辑和验证就可以生成最终的实体模型，处理流程如图9-8所示。

经过处理后的各个空区的实体模型，通过三维实体模型可以直观地得到采空区的空间位置关系，包括采空区的空间形状，边界情况，顶板开采情况，以及相邻采空区之间的空间关系等。

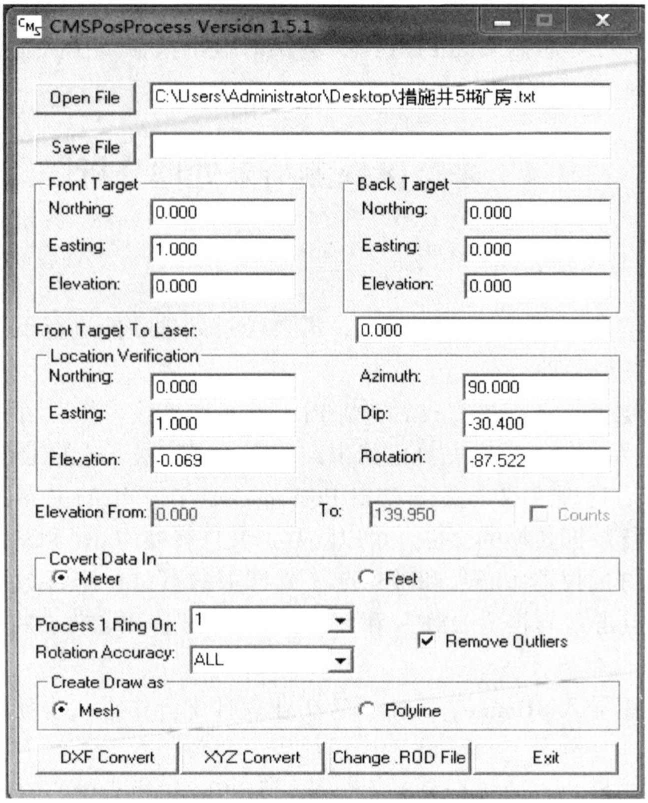

图 9-7　CMS 数据转换程序

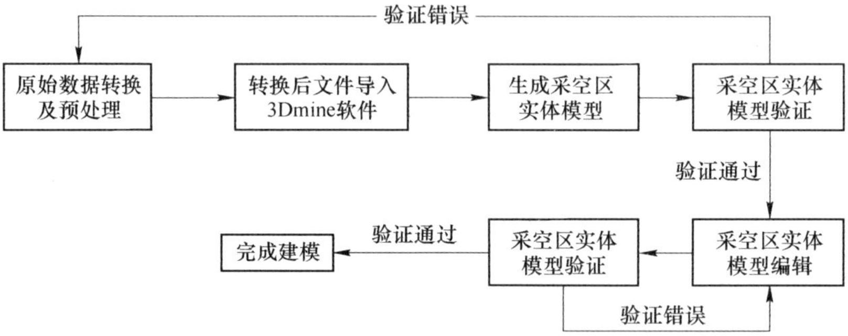

图 9-8　3Dmine 空区实体模型构建流程

9.4.3　采空区体积计算

3Dmine 软件中的块体模型功能主要是用来计算矿体的品位分布，估算矿体的体积和储量，除能在三维模型中直观显示之外，也可以形成报告文档。建立采空区块体模型，可以利用块体模型的体积估算功能估算较为准确的空区体积，为后期空区的充填做准备。

在 3Dmine 软件中建立空区的块体模型，需要先建立空区的实体模型，所建立的实体模型需要通过实体验证，作为块体的约束条件，在此基础上建立块体模型。块体模型的建立过程如图 9-9 所示。

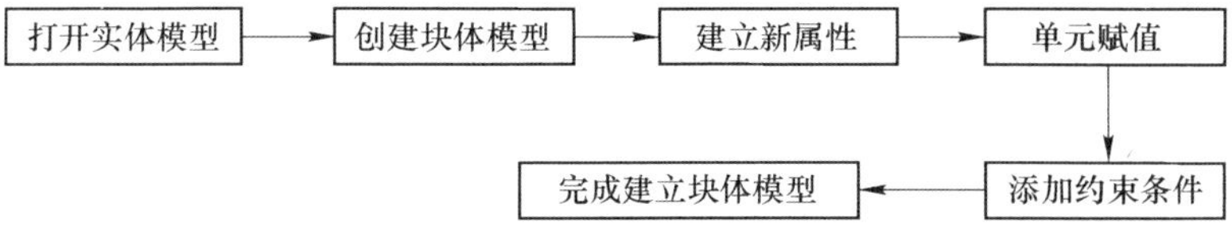

图 9-9　块体模型的建立流程

经过上述步骤建立起块体模型后，就可以进行采空区的体积计算。

9.5 工 程 实 例

9.5.1 采空区三维模型构建实例

某矿山由露天转入地下开采，在地下开采过程中，发现多处之前遗留的采空区。且有一定数量未知采空区造成大量涌水，严重危害矿山安全生产。为了消除矿山安全隐患，对所存在的采空区进行探测，以掌握其具体空间形态及空间关系。

采用 CMS 进行采空区探测，经过处理后可以得到各个采空区的实体模型，通过三维实体模型可以直观地得到采空区的空间位置关系，包括采空区的空间形状、边界情况、顶板开采情况，以及相邻采空区之间的空间关系，进而得到矿柱的边界，篇幅所限，仅取其中有代表性的几个采空区进行说明。

如图 9-10 所示，为措施井 11 号采空区的三视图，通过俯视图可以得到采空区开采的水平界限，由图 9-10（a）中可知，11 号采空区底部的开采跨度为 16 m 左右，而顶板开采跨度达到了 38 m，顶板的平均宽度达到了 14 m，如图 9-10（b）为 11 号采空区的侧视图，由图可知，11 号采空区倾角为 45°~70°，与矿体走向大体一致，底部开采宽度为 7 m 左右，顶板开采的最大宽度达到了 31 m，顶板暴露面积达到了 532 m^2，较大，存在一定的安全风险。从图中还可以看出采空区的开采高度，11 号采空区最大开采高度达到了 41 m，基本达到了设计要求，采空区顶板的最高点处于采空区东侧靠近边缘位置。另外，

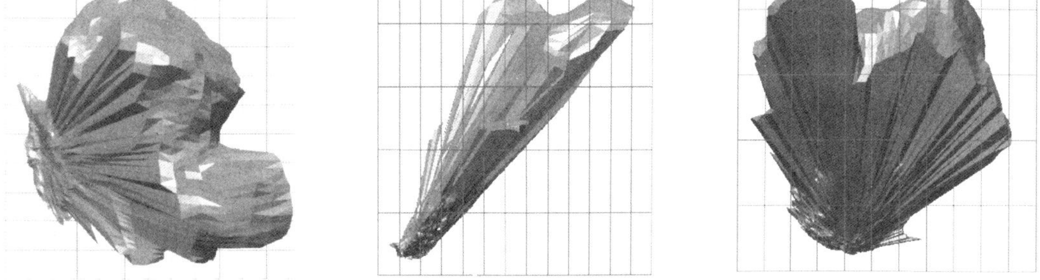

(a)　(b)　(c)

图 9-10　11 号采空区三视图

(a) 11 号采空区俯视图；(b) 11 号采空区侧视图；(c) 11 号采空区正视图

根据得到的采空区实体模型还可以对采空区模型进行进一步的处理，得到等值线，得到采空区实体模型的任意位置的剖面图，方便进一步的处理。

图 9-11 为 2 号采空区和 4 号采空区三维实体模型，可以看出两个采空区之间的空间关系。两个采空区之间的部分即为矿柱，将两个采空区与矿脉进行布尔运算，则就可以得到矿柱的具体形态和边界，如图 9-12 所示。图 9-13 中的白线即为矿柱的实际边界。

图 9-11　2 号和 4 号采空区三维实体模型

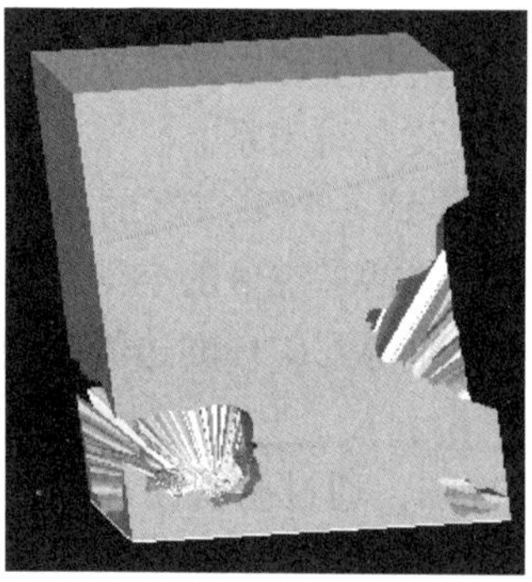

图 9-12　采空区与矿体耦合图

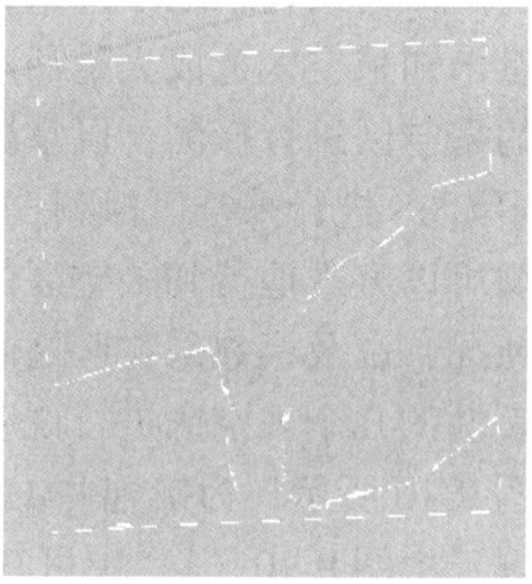

图 9-13　矿柱边界线

将采空区的模型和矿区的开拓系统、矿体以及露天境界进行复合又可以得到它们空间关系，方便进一步的处理。如图 9-14 和图 9-15 所示，为采空区与开拓系统的复合图，图中显示了每个采空区与开拓系统的空间位置关系。从图中可以较清楚地看出每个采空区与 0 m 巷道和-60 m 巷道的空间位置关系，可以为以后的采空区充填提供方便。

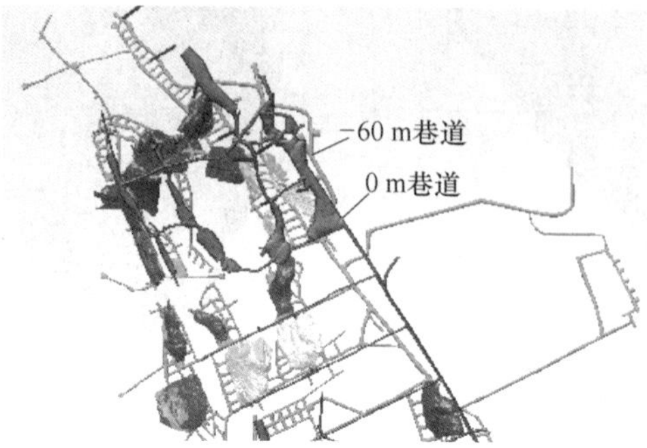

图 9-14　采空区与巷道复合图

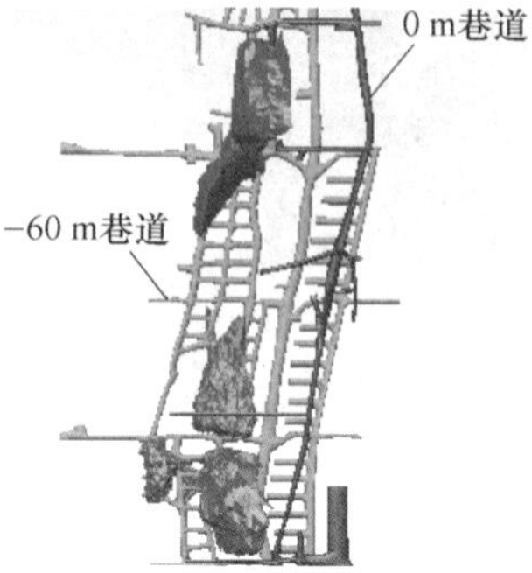

图 9-15　采空区与开拓系统复合图

如图 9-16 所示，为采空区模型与对应地表的复合图，从图中可以清楚看出，采空区与地表之间的空间位置关系，有的采空区距离露天边坡比较近，对边坡的稳定性有一定影响。通过观察图中各个部分的宏观空间关系，也可为后续采空区的稳定性分析提供基础。

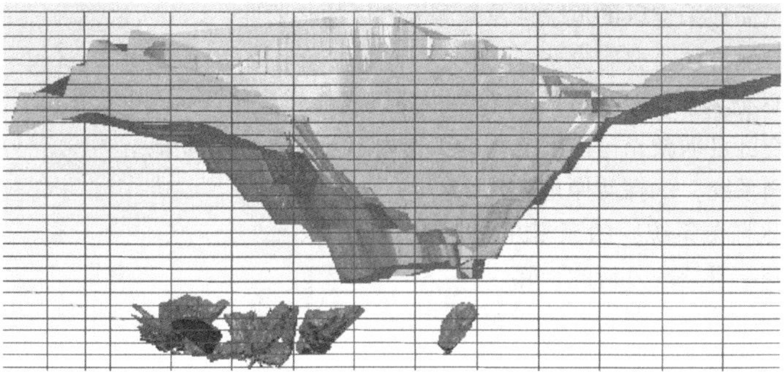

图 9-16　采空区与地表复合图

9.5.2　采空区体积计算实例

经过上述步骤建立起采空区的三维实体模型后，就可以进行体积计算。以 5 号采空区为例进行说明。

如图 9-17 所示，为 5 号采空区的三维实体模型，从图中可以得到采空区的一些基本信息，由图可知，5 号采空区比较整齐。然后利用 3Dmine 软件的“块体—创建块体”，选择合适的块体大小，然后添加约束条件，就得到了 5 号采空区的块体模型，如图 9-18 所示。

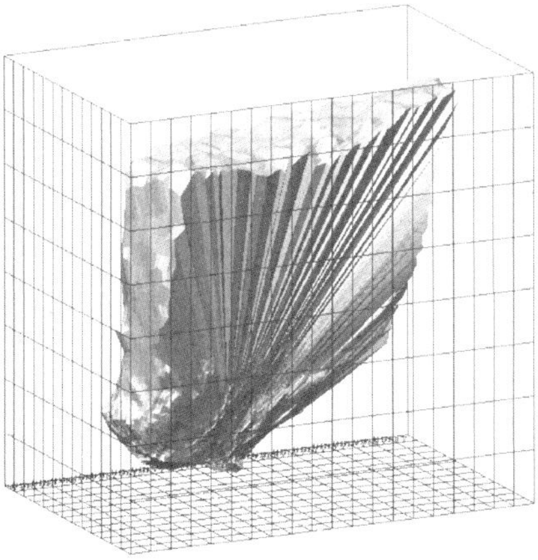

图 9-17　5 号采空区三维实体模型

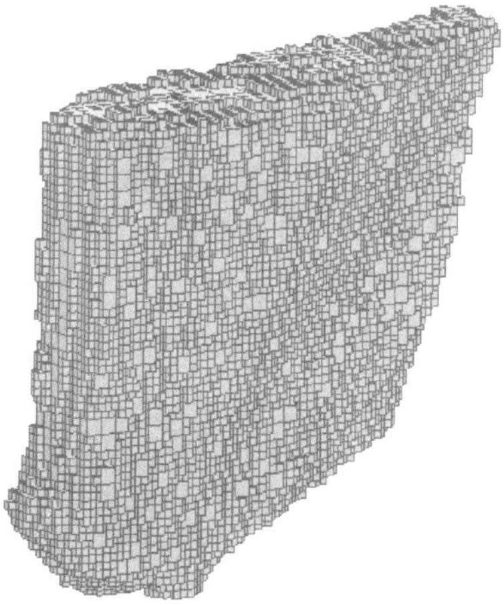

图 9-18　5 号采空区的块体模型

得到块体模型后，利用“块体”菜单下的块体报告就能得到该采空区的体积，该采空区的体积为 7050 m^3，体积较大，存在较大的安全隐患。同理，可以计算其他采空区的体积。还可对已测采空区的体积进行统计，得到不同体积采空区所占的比例，以分析采空区对矿区稳定性的影响。

习题与思考题

习题与思考题答案

9-1 什么是采空区？简述采空区的危险性及探测采空区的必要性。

9-2 目前采空区的探测方法主要有哪些？

9-3 简述 CMS（空区监测系统）的工作内容及主要组成部分。

9-4 简述 C-ALS（空区自动激光扫描系统）的工作内容及主要组成部分。

9-5 CMS（空区监测系统）的探测原理是什么？

9-6 简述 CMS（空区监测系统）的探测方法步骤。

9-7 简述采空区探测结果处理分析的步骤。

10 微震监测技术

10.1 概　　述

岩体在变形破坏的整个过程中几乎都伴随着裂纹的产生，扩展，摩擦，能量积聚，以应力波的形式释放能量，从而产生微震事件。整个过程中的微震信号从最初阶段就包含大量的关于岩体受力变形破坏以及岩体裂纹活动的有用信息，通过监测，分析微震事件，可以推测岩体发生破坏的程度。事件的位置及强度反映了岩体内发生变形或破坏的位置及程度，可以利用地震学方法对岩体破坏程度进行预测、预报、预警。微震监测是通过监测岩体破裂产生的震动或其他物体的震动，对监测对象的破坏状况、安全状况等做出评价，从而为预报和控制灾害提供依据的成套设备和技术。对于微震监测技术，国内外学者一直通过钻研使用科技手段不断改善、优化微震系统，使其在工程中更加精确、更加有效、更加广泛地作为技术手段解决各类工程问题。

传统的监测手段，如压力盒、离层计、多点位移计等，是基于有限区域的“点”监测，由于受到各种采矿活动因素的制约，难以实现大范围、全过程、动态的监测要求，无法涵盖整个开采空间的围岩破裂信息。而微震监测恰恰能弥补传统监测手段的不足，传感器可以布置在不受采矿活动影响的区域且监测范围较大，实现大范围、全过程、动态的监测要求，进行整个监测区域的“空间”监测，能够更全面地揭示工作面围岩内部的破裂特征和运动规律。微震监测较于其他常规监测和测试方法，设备数量少，安装便捷，读取数据方便且能实时查看，能够节省大量人力和物力。微震监测接收到的是岩石破裂能量释放的声波，是一种时空场测量方式，更能全面地反映监测区域的“时空强”特征，从而得到更为真实、系统的监测结果。

10.2 微震监测原理

微震（微地震）指的是局部范围内岩石由于某种诱发原因（如工程开挖）在裂纹开展时以地震波形成产生的震动。微震监测技术是利用记录和分析微震波信息从而获得岩体微震活动的时间，震源位置，震级，能量释放及非线性应变区域等数据，从而判断、评估和预报监测范围内岩体的稳定性。工程中通常遇到的由岩体破坏诱发的地震震级一般在 3 级以下，如图 10-1 所示，由于其讨论的震级范围小于通常天然地震感兴趣的震级范围（>3 级），因此可将工程岩石力学中遇到的地震称为微震。

岩体在破坏之前，大多以弹性波的形式释放积蓄的能量（即发生微地震），这种能量释放的强度，随着结构临近失稳而变化。所以每一个弹性波（微震波）都包含着岩体内部状态变化的丰富信息。若在破坏区域周围以一定的台阵形式布置一定数量的探头（传

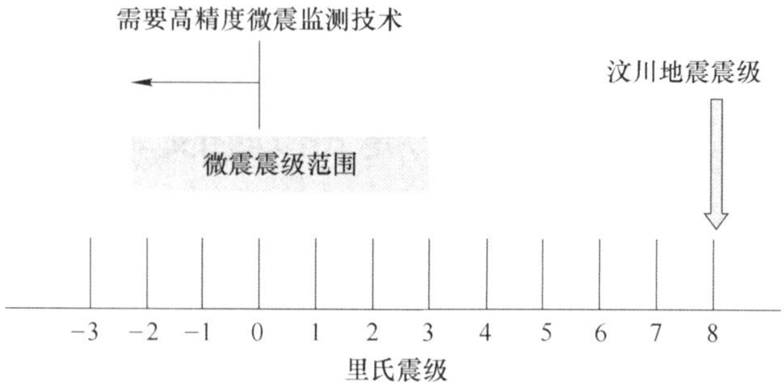

图 10-1 微震震级区间

感器），组成传感器阵列，当监测体内出现微震时，传感器即可将微震信号拾取，并将这种物理量转换为电压量或电荷量，通过多点同步数据采集测定各传感器接收到该信号的时刻，连同各传感器坐标及所测波速代入方程组求解，即可确定微震震源的时空参数，达到定位的目的，微震监测原理如图 10-2 所示。

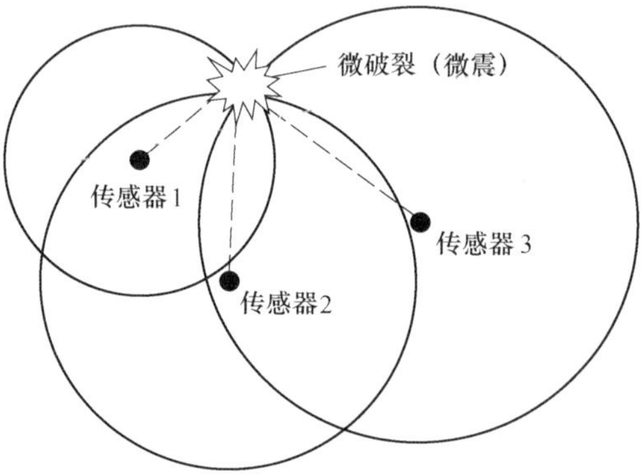

图 10-2 微震监测原理示意图

微震监测技术能够实时、长期、靠近震源监测大范围岩体变形破坏，准确定位震源发生时间、空间位置、微震释放能量、微震体变势、微震尺寸等。通过记录、统计、分析微震事件的诸多参数的时间和空间中的分布，并利用定量地震学、统计地震学、工程地震学的理论方法，通过矩张量分析，明确微震事件的性质（剪切、张拉、复合）以及众多微震事件在时空中的演化，黏度性、扩散性等，实现灾害发生空间、时间的概率性预警和分区分级评估。

10.3 微震监测系统介绍

10.3.1 微震监测系统的组成

常见的国外微震监测系统有南非的 IMS、加拿大的 ESG、波兰的 SOS 等。我国相对于国外其他国家，微震监测起步较晚，但近些年发展速度迅猛，开发了不少微震监测系统用于矿山安全监测。本章以 IMS 微震监测系统为例，介绍微震监测系统的组成。

IMS 微震监测系统主要由硬件部分和软件部分组成。IMS 系统的硬件主要分为三个部分，即传感器、数据采集器和数据通信部分，如图 10-3 所示。传感器将地面运动（地面速度或加速度）转换成一个可衡量的电子信号。数据采集器负责将来自传感器的模拟信号转换成数字格式。数据可以被连续记录采集，或采用触发模式，通过特殊算法来确定是否记录微震事件发生的数据。地震数据同时被传输到一个中央计算机或本地磁盘以待储存或处理。系统可以采用多种数据通信手段，以适应不同的系统环境需要。IMS 微震监测系统的连接及数据采集方式如图 10-4 所示。

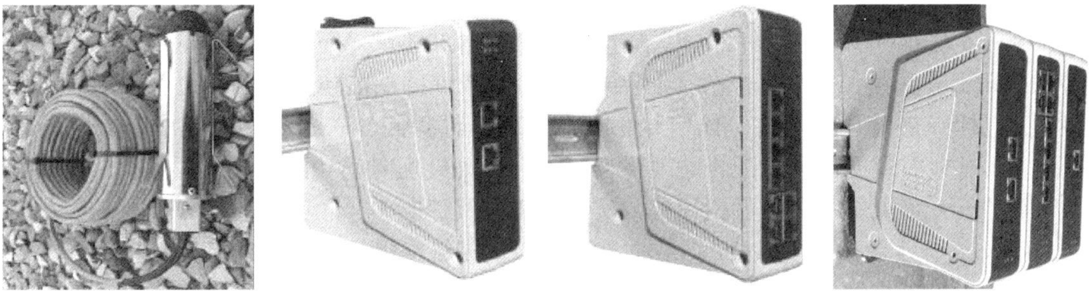

(a)　(b)　(c)　(d)

图 10-3　IMS 微震系统的主要组成部分

（a）智能型微震传感器；（b）NetADC（模拟-数字转换器）；（c）NetSP（微震处理器）；（d）微震采集处理仪

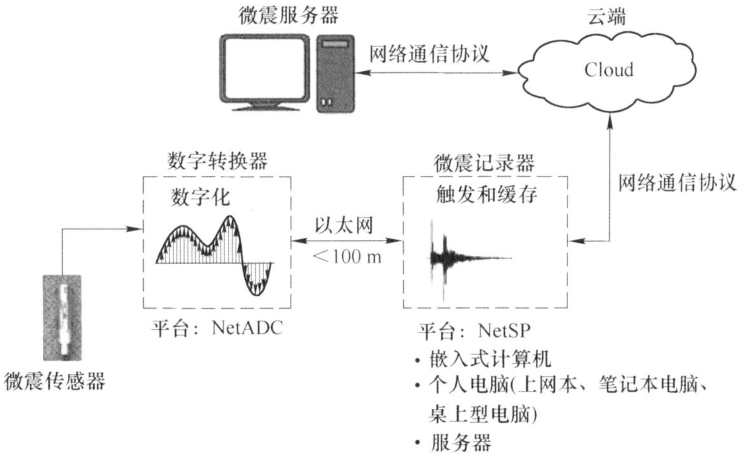

图 10-4　IMS 微震监测系统网络

微震传感器：IMS 提供两类智能传感器，分别为速度传感器和加速度传感器，除获取振动信号外，智能传感器功能包括支持传感器自率定，自动给出传感器编号，当前工况，安装方位角及倾角等物理量参数。

微震数据采集单元：

NetADC（模拟-数字转换器）：IMS 的 netADC 是 24 位，低噪声的模拟-数字转换器（ADC），具有以太网接口，有 4 或 8 通道两款制式，通过高速过采样技术可将精度提升到 32 位。NetADC 可以不断将来自微震传感器的模拟信号数字化和标记时间戳，再利用 IMS

的低延迟波形协议通过以太网将数据发出去。

NetSP（微震处理器）：微震处理器是一个嵌入式计算机，集成 4 端口以太网交换器、LED 状态指示灯和用户输入按钮，netSP 运行数据采集软件，执行的任务有从 netADC 获得数据，触发采集，预触发滤波，缓冲和将数据传输到服务器。微震处理器集成的 4 端口特制交换器，可以分配 netADCs 所需要的时序信号（ATU）并且使用和数据传输一样的 CAT5 电缆。无需为在 NetADC 和中央计时源之间的计时开通单独的通信线路。

UPS（不间断电源）：UPS 对 NetADC 数据采集单元和 netSP 地震处理器供电。UPS 和微震处理器之间可以进行双向通信。

IMS 微震监测系统的软件部分主要包含 Synapse、Trace、Vantage、Ticker3D 等软件。

Synapse（系统控制服务软件）：系统控制服务软件的功能包括：协调地震台网的所有设备，包括所有 IMS 的硬件，如信号采集、处理、时间同步、通信和控制中心服务器设备等。具有地震数据传输，配合触发微震事件和自动处理时间功能。控制服务软件通过操作界面进行系统配置，执行数据采集，实行故障在线诊断。

Trace（微震数据处理软件）：数据处理软件包提供常规和高级微震事件分析功能，可运行于 Windows 或者 linux 平台。该软件是具备处理地震波信息，震源定位，地震谱参数评估等功能的全自动执行程序。具有如下几个专门交互功能：相位选择、微震定位、量级计算、谱参数估计、矩张量、震源机制、震源时间函数计算。软件包具有几种可视化常规功能，如波形、转动分量、极性图、能量、P 波谱、衰减修正的栈谱位移。

Vantage（微震事件的可视化及解释软件）：Vantage 软件是 IMS 微震数据可视化与分析软件包。其显著特点包括：全三维交互综合的事件滤波与显示；任意表面的立体和线性等高线；历时分析；非均匀有理 B 样条曲面、可视化外来空间数据的数字化和分析图、事件动态图、里氏震级分布、频谱分析以及震源机制的岩石力学解释，软件可运行于 Windows 和 Linux 平台。

Ticker3D（微震事件实时显示软件）：Ticker3D 实时显示软件是一个三维的微震可视化软件，可直接将超过选定震级的微震事件自动显示与控制中心显示屏，并可用于超界限微震的预警功能，可缩短应急响应时间，有助于提高安全管理水平。

10.3.2 微震传感器的选择

在一般工程地震监测中，加速度计主要用于记录频率较高的小地震事件，速度计则用于记录频率较低的较大地震事件。具有高通频率为 7000～15000 Hz 的加速度计可以在这个范围里增大频率范围和灵敏度，通常可以涵盖到 $M_M=-3$ 的地震事件。但是在更高的频率段，如对于 $M_M=-4$，甚至加速度计灵敏度也会降低。低频加速度计尽管可以提供宽长的频带，但是与速度计相比，通常其性价比不高。

不同工作频率的传感器的监测范围大小是不同的。由于高频地震波在岩体传播时其能量衰减较快，传播距离较短，相反，低频地震波的传播距离较远，因此，高频传感器的测量距离小而低频传感器的测量距离大。根据矿山微震监测经验资料，可得矿山微震监测系统的传感器种类、频率和布置密度与地震强弱和监测范围大小之间具有如表 10-1 所示的经验关系。

表 10-1 地震监测传感参数变化与监测区大小关系

最小震级	最大震级	平均体积/km^3	事件数/d	传感器		最小密度/km	频带宽/Hz
				类型	频率/Hz		
1~0	4~5	30×30×5	100	速度计	1；4.5	第五个传感器间距>2	0.5~300
0~1	4	3×3×3	1000	速度计	4.5；28	最少五个传感器间距<1	2~2000
-3~-4	3	0.3×0.3×0.3	10000	加速度计	10000	最少五个传感器间距<0.3	3~10000

10.3.3 微震监测系统的设计

假设在一个矿区内，以潜在地震活动相对较高的区域作为监测对象。地震传感器以一定布局环绕这个区域，对于给定的传感器数来说，震源误差最小和灵敏度最高。但是，矿区地震监测系统站网设计总是涉及一些技术上的约束，不受限制的站网布置只具有学术上的意义。由于矿山地震监测站网是在矿山特定条件下建立，其站网设计必须以这些约束为条件。

第一个制约因素是矿山已具备用于地震监测系统安装的工程。显然，矿山巷道是安装监测系统设备的通路，但是几乎所有井下巷道都是为了矿体回采为目的，特别是新建矿山，以地震监测为目的掘进大量巷道是不大可能的。因此，通常情况下矿山地震传感器布置只能在已有采矿井巷工程的基础上进行。巷道空间分布形态和巷道与矿体的相对空间位置关系对监测传感器的空间形状及其与监测对象关系会产生不同特征的影响。由于矿山开拓和回采巷道布置主要取决于矿体赋存状态，矿体赋存状态不同，监测网的形状不同。第二个制约因素是矿山地震监测系统的技术性能，这包括其传感器的灵敏度和响应频率、通信系统性能等，不同的矿山地震监测系统可能受到其技术性能约束需要采用不同类型和不同数量的硬件设备，因此，这就涉及第三个制约因素即计划投入经费。理论上，不管传感器如何布置，只要布置足够多的传感器，就可以得到足够的地震事件定位精度和系统灵敏度，但是从经济角度需要最小的投入得到满足矿山监测要求的监测传感器站网布置。由此可见，在进行矿山地震监测站网布置时必须针对矿山具体条件进行优化设计。

10.4 微震监测数据处理

微震监测信号的辨识是整个微震监测过程的基础，针对监测目标，剔除噪声、爆破等无用信号，为岩体稳定性分析和地压灾害评价提供基础数据。工作面采煤作业每日大约可监测到几十个到几百个可定位信号，但真实的围岩破裂信号不足监测信号的1/5，大量噪声信号处理不仅工作量大、耗时长，更重要的是影响对围岩稳定性的分析与判断，对其进行滤除十分必要。

在数据处理方面，利用IMS监测系统分析软件去噪，并将具有岩石破裂信号特征的波形自动存储起来。这些波形需要通过人工辨别各种信号波形，将得到的波形分为几类：围岩破裂信号、爆破信号和机械振动及其他噪声，如图10-5所示，这样可以有效地区别各种波形特征。利用快速傅里叶变换（FFT）能够将图10-5（a）中的围岩破裂波形由时域图变化为频域图，如图 10-6 所示，可以掌握信号的频率特征，快速识别岩石微破裂信号。

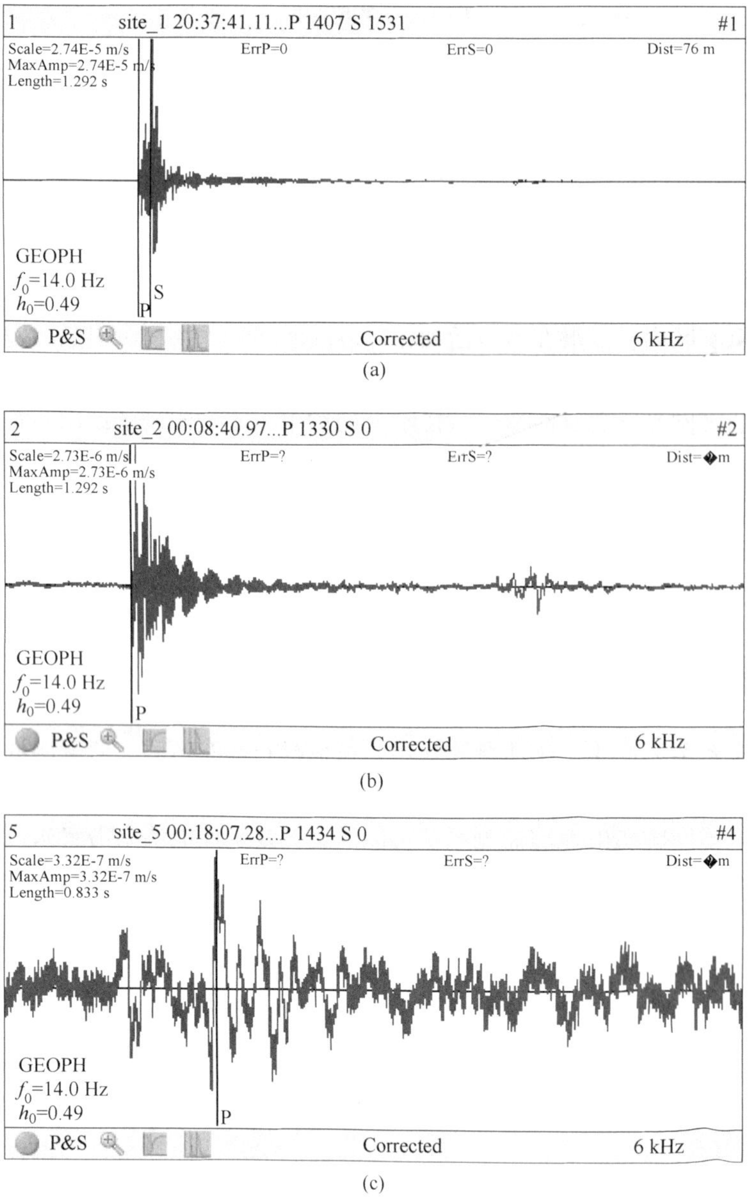

图 10-5 微震监测信号波形

（a）围岩破裂信号；（b）爆破信号；（c）机械振动信号

识别到岩体破裂信号之后，需要人工拾取 P 波和 S 波的到达，以实现岩体破裂信号的定位以及震源参数的定量计算，P 波和 S 波的拾取方法如图 10-7 所示。

通过波形特征识别有效的岩体破裂事件，滤除生产爆破及机械振动等事件的干扰，同时能实现地震学参数的定量计算，为微震活动时空分布的定量分析提供了条件。

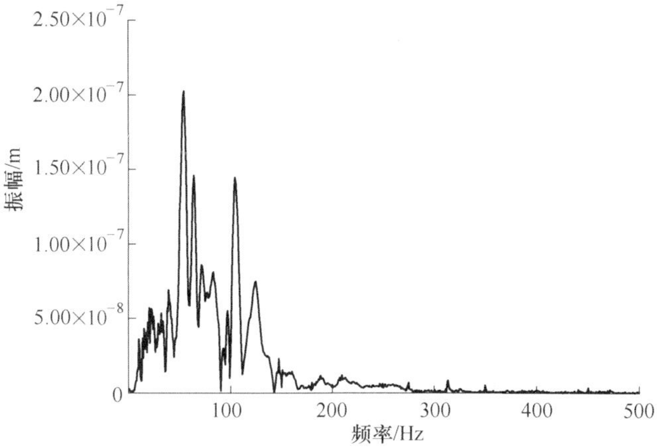

图 10-6 快速傅里叶变换的幅频曲线

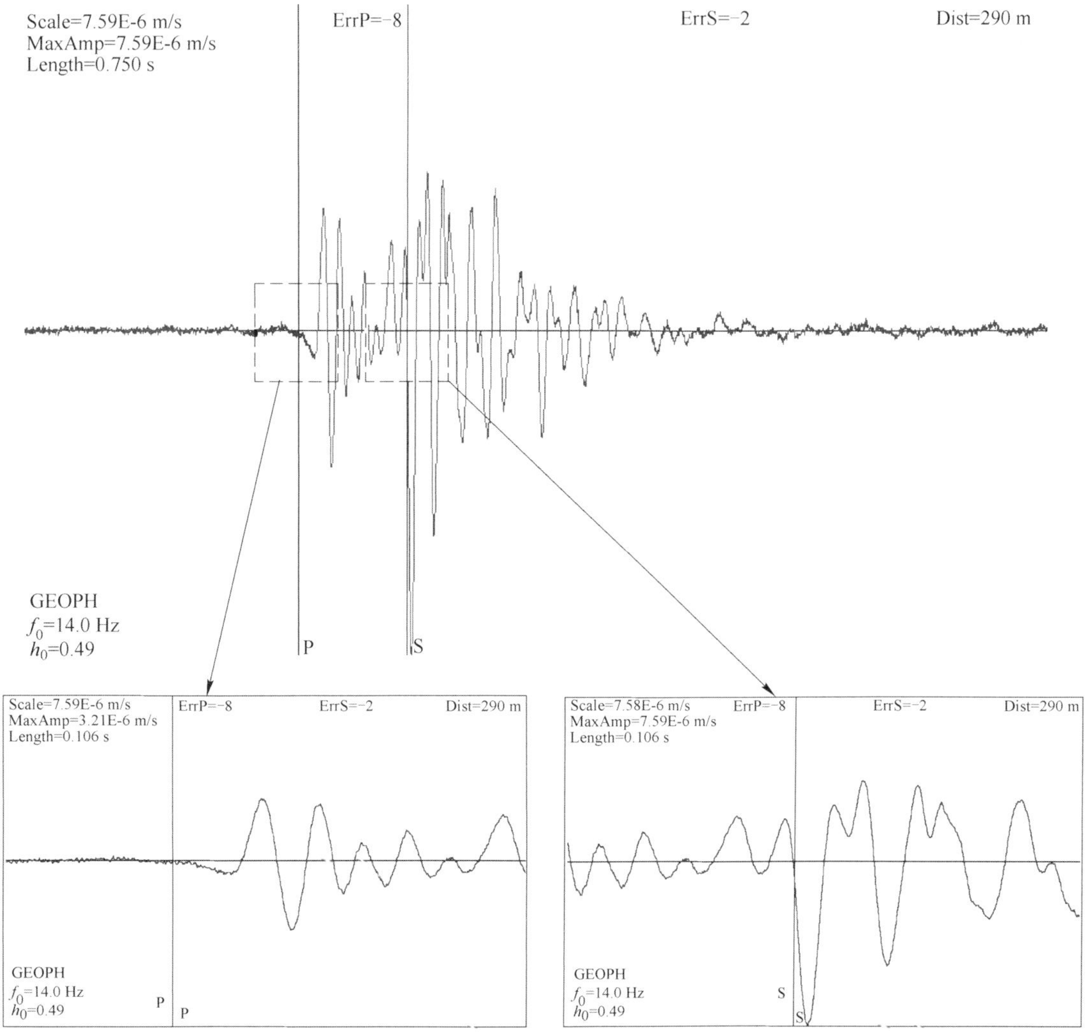

图 10-7 岩体破裂信号 P 波和 S 波的拾取

10.5 微震监测系统的定位精度

10.5.1 微震监测定位算法

微震事件的定位是矿山地震活动性研究的第一步。在这方面的研究中，定位精度是最重要的因素之一。微震定位方法和定位精度一直是地震学科中一个重要的研究课题，地震学家通过不断改进或提出新的定位方法，以期得到更高的地震定位精度。关于震源定位算法，相关专家学者已经做了很多研究，并提出许多定位方法，如 Geiger 方法、Bayesian 方法、最小二乘法、相对定位方法、联合测定法、单纯形方法及双差定位方法等，这些定位方法有力地促进了震源定位研究的发展，本章不再赘述。

10.5.2 微震监测系统的定位精度验证

微震事件定位是微震监测中最经典、最基本的问题之一。衡量一套微震监测系统性能和可靠性取决于其定位精度，以及满足定位精度要求的监测范围与监测对象是否一致。研究表明，微震监测系统定位精度除与监测系统仪器性能有关外，主要取决于速度模型、监测网的传感器空间布置方式、传感器布置密度和纵波/横波波速参数的选取，在给定速度模型时，可以通过优化传感器空间位置，提高整个监测系统的性能。

在矿山开挖过程中，岩体结构处于不断变化的过程，包括岩体变形破坏和内部采空区的不断形成，即使微震信号在同一类性质的岩石中传播，在不同方向、不同区域的传播速度也是不同的，从而难以精确地通过计算确定波速场。因此，在实际工程应用中，一般对监测系统波速模型进行相应的简化处理。目前常用的微震系统，普遍选用整体简化波速模型进行震源定位。

10.6 微震监测的参数描述

10.6.1 微震事件率

微震事件率是指单位时间内发生的微震事件数量。微震事件率通过对监测到的微震事件进行统计和分析得出。具体步骤包括数据采集、预处理、特征提取、信号分类、事件定位和参数计算等。通过这些步骤，可以确定微震事件的时空分布和强度，从而计算出事件率。

微震事件率是衡量地震活动水平的一个重要参数，它反映了岩石破裂或流体扰动的频率。在地震学和地质灾害预警中，微震事件率是一个关键指标，用于评估地震风险和预测地震活动。

10.6.2 震级

在微震监测领域通常采用震级来描述微震事件的量级，但震级不是一个严格意义的量值，有多重震级尺度表示方法，主要有里氏震级 M_R、矩震级 M_M、当地震级 M_L、体变势

震级 M_P，本章主要介绍里氏震级 M_R 和当地震级 M_L。

里氏震级 M_R 是由两位来自美国加州理工学院的地震学家里克特（Charles Francis Richter）和古登堡（Beno Gutenberg）于 1935 年提出的一种震级标度，是目前国际通用的地震震级标准。它是根据美国加州地区较大地震释放能量 E 和面波量级 m 之间的经验关系得出：

$$M_R = \frac{2}{3}\lg E - 3.2 \tag{10-1}$$

当地震级 M_L 来描述微震事件的量级，它考虑了地震矩和微震释放能的共同作用，并按下式进行计算：

$$M_L = \alpha\lg E + \beta\lg M + \gamma \tag{10-2}$$

式中，E 为微震辐射能，J；M 为地震矩，N·m；α、β 和 γ 为常数，根据 $\lg E$-$\lg M$ 曲线拟合计算后得到，分别取 0.3441、0.5161 和−6.572。

10.6.3 微震体变势

微震体变势 P 表示震源区内由微震伴生的非弹性变形区的岩体体积的改变量，它与形状无关。微震体变势是一个标量［m^3］，定义为震源非弹性区的体积和体应变增量的乘积。

$$P = \Delta\varepsilon V \tag{10-3}$$

对于一个平面剪切型震源，微震体变势定义为 $P = \bar{u}A$，其中 A 为震源面积，$\bar{u}$ 是平均滑移量。P 的量纲为［$m \cdot m^2$］。在震源位置，微震体变势是震源时间函数对整个震动期间的积分。在监测点，微震体变势与经远场辐射形态修正后的 P 波或 S 波位移脉冲的积分 $u_{corr}(t)$ 成正比。

$$P_{P,S} = 4\pi v_{P,S} R\int_0^{t_s} u_{corr}(t)\,dt \tag{10-4}$$

式中 $v_{P,S}$——P 波或 S 波波速；

R——到震源的距离；

t_s——震源时间，$u(0) = 0$，$u(t_s) = 0$。

微震体变势通常是由记录到的频率域内的低频位移谱辐射值 Ω_0 估计获得。

$$P_{P,S} = 4\pi v_{P,S} R\frac{\Omega_{0,P,S}}{\Lambda_{P,S}} \tag{10-5}$$

这里 $\Lambda_{P,S}$ 是远场幅值经震源焦球体上平均处理后的分布形式的平方根值；对 P 波 Λ_P =0.516；对 S 波 Λ_P = 0.632。

10.6.4 能量释放量

微震事件发生时释放出来的能量，也能够反映围岩破坏的强弱程度。在开裂或摩擦滑动过程中能量的释放是由于岩体由弹性变形向非弹性变形转化的结果。这个转化速率可以是很慢的蠕变事件也可能是很快的动力微震事件，其在震源处的平均变化速度可达每秒数米。相同大小的事件慢速事件较快速动力事件发展时间要长，因此慢速事件主要辐射出低频波。由于激发的微震能量是震源函数的时间导数，慢震过程产生较小的微震辐射。根据断裂力学的观点，开裂速度越慢，辐射能量就越少，拟静力开裂过程将不会产生辐射能。

在时间域内，P 波和 S 波的辐射微震能与经由远场速度脉冲的平方值修正后辐射波形在时段 t_s 上的积分成正比。

$$E_{P,S} = \frac{8}{5}\pi\rho v_{P,S} R^2\int_0^{t_s} \dot{u}_{corr}^2(t)\,dt \tag{10-6}$$

式中 ρ——岩石密度；

$v_{P,S}$——P 波或 S 波波速；

R——到震源的距离。

在远场监测中，P 波和 S 波对总辐射能量的贡献与 P 波和 S 波速度谱平方的积分成正比。要想获取主导角频率 f_0 两侧频带范围内合理的信噪比，就需要确定由微震观测网记录的波形的积分。如果要有效研究震源区的应力分布情况，微震系统应能记录到微震辐射的高频分量。

10.6.5 视应力

视应力 σ_A 定义为辐射微震能 E 与微震体变势 P 之比：

$$\sigma_A = \frac{E}{P} \tag{10-7}$$

表示震源单位非弹性应变区岩体的辐射微震能。

10.6.6 能量指数

将微震辐射能类比于微震体变势，可以得出一个实用的参数，即能量指数 EI。一个微震事件的能量指数是该事件所产生的实测辐射微震能 E 与区域内所有事件的平均微震能 $\overline{E}(P)$ 之比（见图 10-8）。平均能量可由该区域的实测平均能量和微震体变势 P 关系 $\lg\overline{E} = d\lg P + c$ 求得。

$$EI = \frac{E}{\overline{E}(P)} = \frac{E}{10^{d\lg P + c}} = 10^{-c}\frac{E}{P^d} \tag{10-8}$$

$d = 1.0$ 表示平均能量与视应力成比例关系。能量指数越大表示事件发生时震源的驱动应力越大。

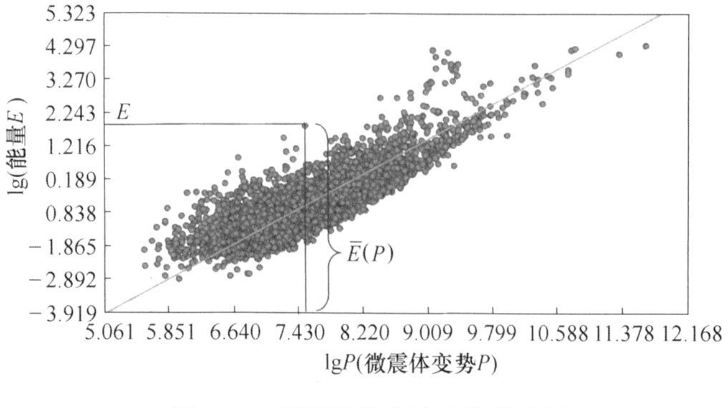

图 10-8 微震能量和体变势关系图

10.6.7 视体积

震源体积可以用 $V=P/\Delta\varepsilon$ 估计，它表示震源非弹性变形区岩体的体积。微震体变势可以从波形记录可靠算得，应变改变量 $\Delta\varepsilon=cPf_0^3$ 依赖于计算模型，变形区形状将影响到角频率 f_0。因此，微小的 f_0 不确定性可能会导致很大的 $\Delta\varepsilon$ 的不确定性，从而影响震源体积 V 的计算。一个较为稳定的参数是视体积，以视应变来代替应变降。

$$V_A=\frac{P}{\varepsilon_A}=\frac{\mu P^2}{E} \tag{10-9}$$

式中 μ——岩石的刚度（剪切模量）。

如视应力一样，视体积依赖于微震体变势和辐射能。由于其为标量，可以很容易地以累积量或等值线图等方式表示。

10.6.8 施密特数

施密特数（Schmidt 数）能测量震动岩石流变的时空复杂程度，也是唯一反映位势不稳定的参数。施密特数越低，微震变形越不稳定。在分析中一般取其对数，与累积视体积结合可以有效判定岩体的稳定性。从微震波形曲线上获取的微震信息包括：时间 t，位置 $X(x, y, z)$，微震体变势 P 及其张量 P_{ij} 以及辐射微震能量 E。

施密特数定义为：

$$Sc_s(\Delta V\Delta t)=\frac{4\Delta V\Delta t(\bar{t})\sum_{t_1}^{t_2}E}{\rho(\bar{X})^2\left(\sum_{t_1}^{t_2}P_{ij}\right)^2} \tag{10-10}$$

这里的微震看作一组发生在 Δt 时间内和 ΔV 岩体体积中的微震事件，时间增量 $\Delta t=t_2-t_1$，$\bar{X}$ 为连续时间的平均距离，ρ 为岩体密度，$\bar{t}$ 为事件间的平均时间。施密特数包含了描述微震特性的所有四个基本参数：$\bar{X}$、$\bar{t}$、P 和 E，表示了微震变形的复杂性。

10.6.9 *b* 值

许多观测表明，由开采诱发的地震事件与天然地震遵循同样的规则。在这两类地震活动性分析中，都遵循由古登堡和里克特所引入的频度-震级关系。

$$\lg N=a-bM \tag{10-11}$$

式中，M 为震级；N 为震级大于 M 微震事件次数；a、b 为常数，其中 b 值是微震相对震级分布的函数，因此，b 值也是裂纹扩展尺度的函数。

岩体受力状态与 b 值密切相关。持续下降的 b 值表明大尺度的裂纹在岩体中不断增加以及岩体所受差应力不断增加。b 值不仅是一个统计学上的分析参数，它还有直接的物理意义。

根据微震参数的定义，它们在岩石力学中能够表示一定的物理意义，如表 10-2 所示。

表 10-2 微震参数物理意义

微震参数	度量物理意义
微震事件率	岩石破裂频率
震级和能量释放量	能量释放程度
体变势	岩体非弹性变形体积改变量
视应力和能量指数	岩体内部驱动应力
累积视体积	岩体变形程度
Schmidt 数	岩体变形稳定性
b 值	大震级与小震级比例关系

10.7 工程实例

10.7.1 微震监测系统构建

为了井下的安全和生产要求，某矿山采用 IMS 微震监测系统对井下主要生产区域进行实时监测和预警，分析围岩破裂规律，及时发现井下围岩失稳等异常情况并进行处理，并为岩石失稳及灾害防治研究提供理论基础和现场依据。

此次微震监测采用 8 通道的 IMS 微震监测系统，并选用 8 个单分量速度传感器，分别在-240 m 中段和-320 m 中段各安装 4 个微震传感器。井下监测主机安装在-600 m 硐室内，且将监测主机的数据并入六大系统，传输到地表监控室，然后通过工业环网实现监测主机和井下各监测分站的数据连通，最终并入调度大厅监测网络中。

微震监测系统的监测点布置方案选择时，对矿区水文地质特性要紧密结合，设计原则以符合矿山生产安全监测为首要原则，将所在监测区域的岩石力学性质、采矿生产进度、矿井线路规划和采场开挖充填情况等因素包含在微震监测点的布置设计之内。监测定位区域既要最大程度地监测到矿岩体脆弱危险区和采矿生产活动区域，又要结合传感器接收信号原则中最少有 4 个传感器能接收信号的原则充分考虑，采用了上述设计研究的两个菱形面正交的三维立体结构，将两组各四个传感器分别布置在-240 m 中段和-320 m 中段的合理监测区，这种布置具有接收事件波形相对传输距离短、定位较为精确的优点，具体布置方案如图 10-9 所示。

为了得到微震事件的准确空间定位，需要进行爆破定位测试，采用人工定点爆破的手段校正微震监测系统的定位精度。通过比较实际测量得到的爆破定位坐标和微震监测系统所定位的爆破事件坐标，就能够获取其误差。首先，详细记录现场爆破点的位置及爆破发生时间。然后，在监测系统中，找到这些爆破波形，处理之后获取其定位坐标。根据爆破事件验证后 P 波和 S 波的平均传播速度为 5410 m/s 和 3450 m/s。根据工程经验表明，微震工程的震源定位分为“内场定位”和“外场定位”；“外场定位”又应区分为“近场定位”（≤100 m）和“远场定位”（>100 m 且≤300 m）。做到近场定位精度 5~10 m、远场定位精度 15~20 m 以内，这样的定位精度基本能够满足各种目的微震监测工程的需要。利用上述波速得到的爆破事件定位误差如表 10-3 所示，说明该微震监测系统的定位精度是能够满足工程需求的。

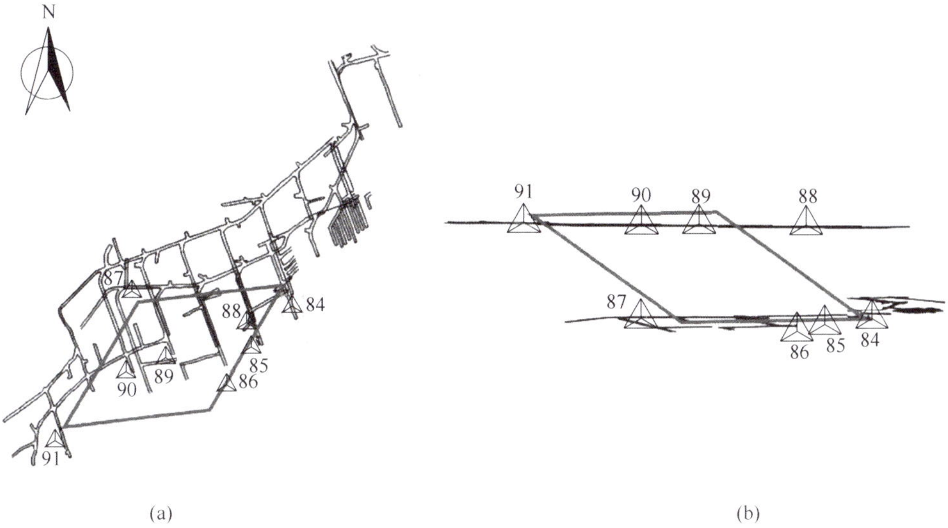

图 10-9 微震传感器布置方案
（a）俯视图；（b）北视图

表 10-3 爆破事件定位结果

编 号	爆破位置/m		事件定位/m		误差/m
1	*X*	39920.7	*X*	39923.0	6
	Y	93536.0	*Y*	93548.3	
	Z	-291.6	*Z*	-288.2	
2	*X*	39922.6	*X*	39929.0	8
	Y	93540.3	*Y*	93543.5	
	Z	-292.1	*Z*	-294.6	

10.7.2 微震事件时间分布规律

从力学的观点来看，地压灾害的孕育过程本质上是由岩体内部的微破裂不断演化的过程；而微震监测的原理即是监测这些岩体破裂时能量快速释放发出的应力波，可以说微震事件与岩体破裂损伤演化密切相关，微震事件的时空演化规律可以较好地反映出地压灾害的孕育过程。因此，基于微震监测系统，对处理后的微震事件进行分析，揭示了微震事件的时空演化特征。

2020 年 10 月 1—31 日，如图 10-10（a）所示，可以看出微震事件分布相对零散，未在某一位置大量聚集，-165 m 水平以上防水岩柱处微震事件主要分布在破碎带区域；-240 m 水平附近微震事件主要分布在脉内巷道中；而-320 m 水平附近微震事件主要分布在上盘断层处，且微震能量、震级相对较大。但总的来说，该月的微震事件还是以低能量小震级的微震事件为主，岩体发生大规模破坏的可能性较小。

2020 年 11 月 1—30 日，如图 10-10（b）所示，可以看出微震事件分布仍较为零散，微震事件主要分布在下盘破碎带一侧，-165 m 水平以上防水岩柱处微震事件较少，说明防水岩柱较为稳定；-240 m 水平附近区域的微震事件依然主要分布在脉内巷道中；-320 m 水平附近区域微震事件数量较多，但大多为低能量小震级事件，可以看出，该月微震活动仍较弱，微震事件分布离散，岩体发生大规模破坏的可能性仍较小。

2020 年 12 月 1—31 日，如图 10-10（c）所示，微震事件数量快速增加，岩体释放的能量也加速积聚，远高于 10 月和 11 月所诱发的微震事件和释放的能量。-165 m 水平以

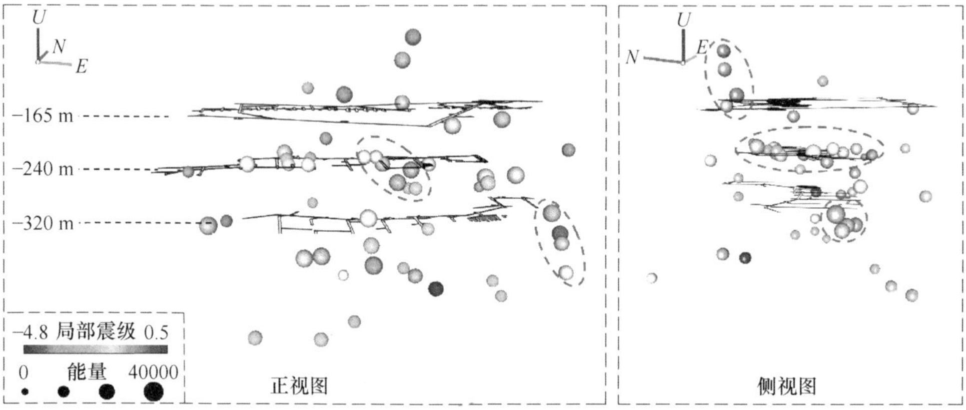

(a)

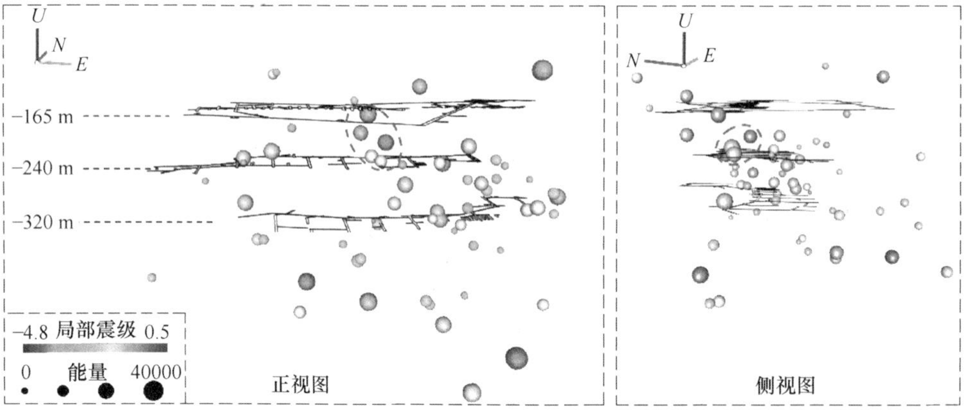

(b)

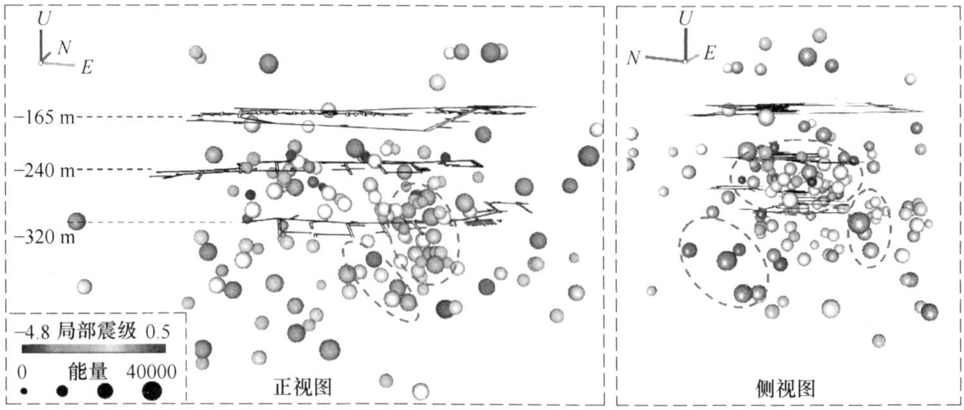

(c)

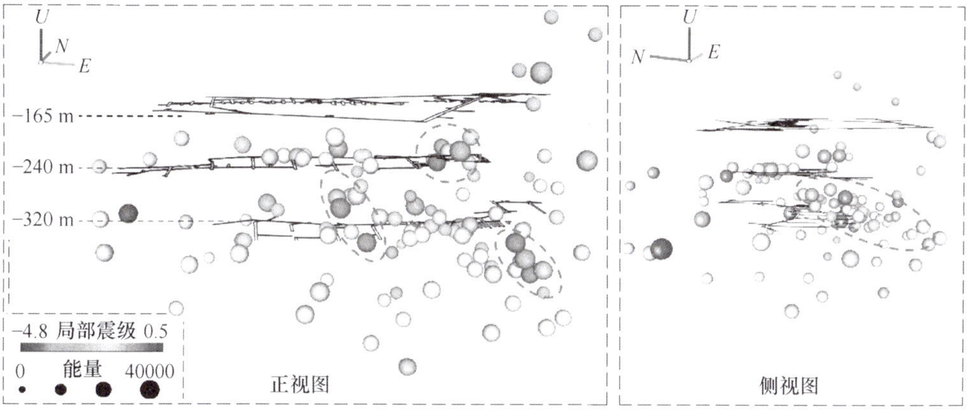

(d)

图 10-10 2020 年 10 月 1 日—2021 年 1 月 31 日微震活动时空演化规律

(a) 2020 年 10 月 1—31 日微震事件分布情况；(b) 2020 年 11 月 1—30 日微震事件分布情况；
(c) 2020 年 12 月 1—31 日微震事件分布情况；(d) 2021 年 1 月 1—31 日微震事件分布情况

上防水岩柱处微震事件有所增多，并且主要分布在−100 m 水平附近，但并未出现聚集现象；微震事件主要集中在−240 m 和−320 m 水平的开采区域之间，其中−240～−320 m 水平区域微震事件震级和能量较小，而−320 m 水平以下区域微震事件震级和能量相对较大，且部分区域出现高能量大震级的微震事件聚集，需要持续监测，重点关注。

2021 年 1 月 1—31 日，如图 10-10（d）所示，微震事件相较于 12 月有所减少但仍维持在高位，−165 m 水平以上防水岩柱处微震事件仅有零星分布，受开挖扰动影响，微震事件依然主要分布在−240～−320 m 水平之间，其中上盘断层处微震事件较为聚集。2021 年 1 月 21 日−320 m 水平 133 线附近的巷道发现的出现片帮和冒顶现象（见图 10-11），在微震事件分布图上也有所反映，微震事件与工程实际吻合较好。

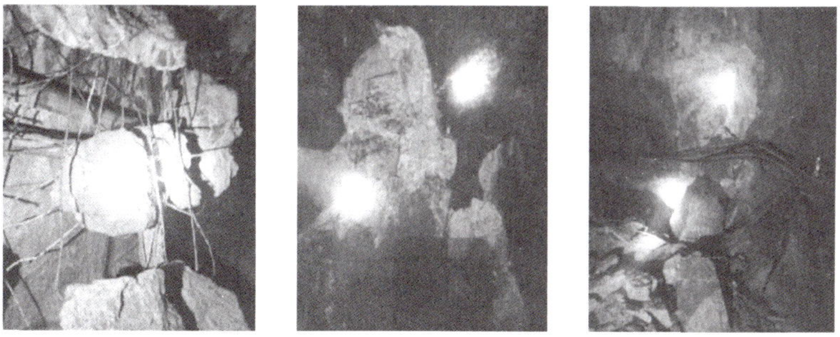

图 10-11 −320 m 中段 133 线片帮和冒顶

10.7.3 微震事件空间演化规律

微震事件能够反映岩体内部的损伤情况，微震事件数量越多、越密集，相应的区域岩体受开采扰动就越大，发生失稳的可能性就越大。井下开采活动会使岩体微震活动在空间上具有明显的特征与规律，微震事件的空间分布规律如图 10-12 所示，其中球体代表微震事件，球体颜色代表震级，球体大小代表能量，球体越大，能量释放越多。通过正视图可知，微震事件主要集中在-240 m 水平以下，-240 m 水平以上微震事件相对较少，这主要与二次开采设计有关，二次开采设计确定了-240 m 中段及以上矿石作为永久矿柱，不进行回采，而-240 m 中段以下矿体根据具体情况进行分区开采；通过俯视图可知，微震事件大多分布在矿体上盘和脉内，而矿体下盘鲜有微震事件发生，说明上盘 F_1 断层区域微震活动较为强烈，而下盘破碎带相对较为平静。

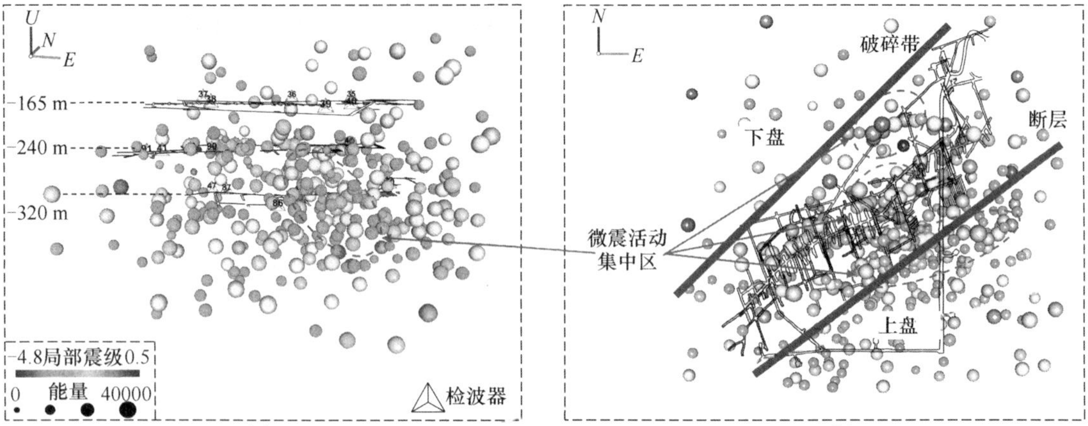

(a) (b)

图 10-12 2020 年 10 月 1 日—2021 年 1 月 31 日微震事件分布规律
（a）正视图；（b）俯视图

图 10-13 为-165 m、-240 m、-320 m 中段的微震事件密度云图，-165 m 水平最大微震事件密度为 19 个，且集中在 147 线～135 线，并在 139 线～135 线脉内达到最大值；-240 m 水平最大微震事件密度为 37，相较于-165 m 水平大大提高，且集中在 143 线～127 线，并在 143 线～135 线的上盘达到最大值，微震密度分布与-165 m 水平相似；-320 m 水平最大微震事件密度为 40，与-240 m 水平相比有小幅提高，主要集中在 143 线～123 线，并在 139 线～127 线上盘达到最大值，可以看出，与-165 m、-240 m 水平相比，-320 m 水平不仅最大微震事件密度较大，且分布范围较广，在 139 线～127 线上盘分布较

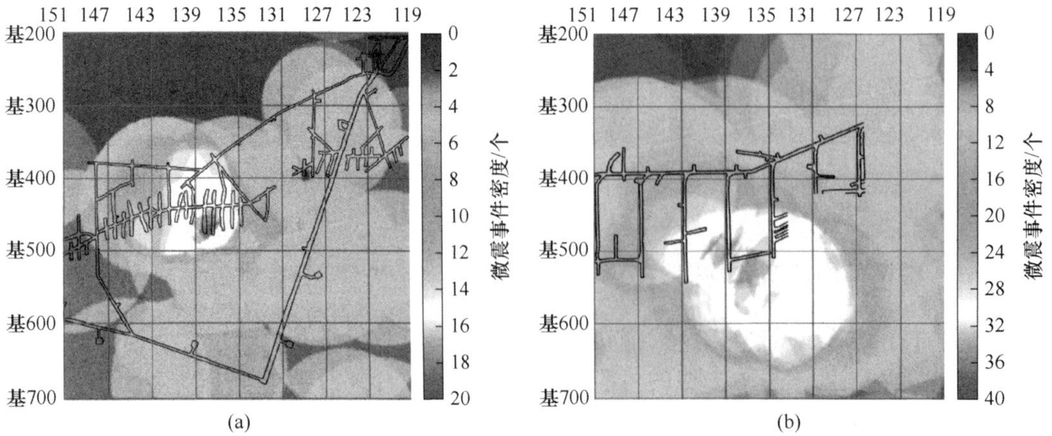

(a) (b)

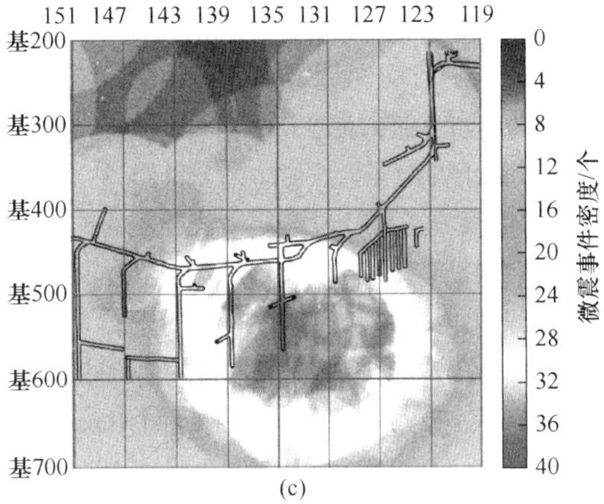

(c)

图 10-13 2020 年 10 月 1 日—2021 年 1 月 31 日微震事件密度云图

(a) −165 m 水平；(b) −240 m 水平；(c) −320 m 水平

为均匀。微震事件密度云图所反映的微震事件聚集特征与微震事件空间分布规律相符合，进一步证实了−240 m 水平以下，尤其是−320 m 水平附近的上盘 F_1 断层区域的微震活动较为活跃，说明该区域岩体受开采扰动较大。

10.7.4 微震参数演化规律

2020 年 10 月 1 日—2021 年 1 月 31 日，研究区域采矿活动诱发的微震事件数、累计能量随时间的演化规律如图 10-14 所示，由图可见，10 月 1—31 日开采活动诱发的微震事件呈间歇状，其中 10 月 15 日诱发了 14 个微震事件，开挖过程中累计能量曲线成阶梯状快速增长；11 月 1　30 日，每日诱发的微震事件数量较为平均且相对较少，累计诱发 63

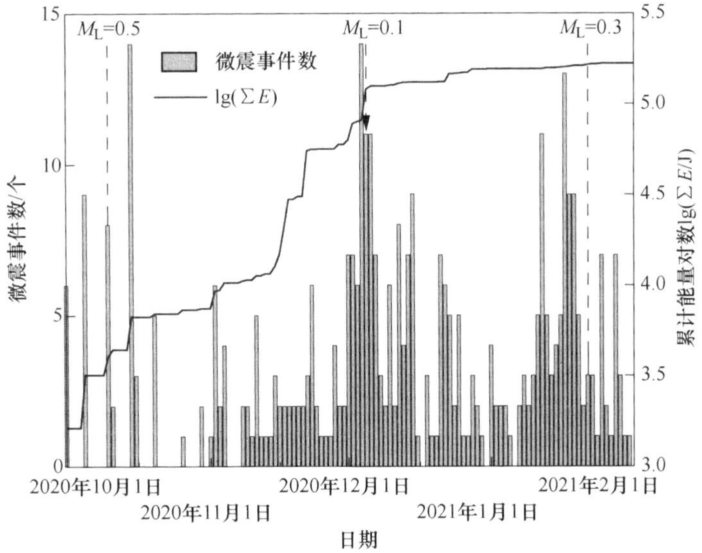

图 10-14 微震事件和累积能量演化规律

个，平均每日诱发 2.1 个，该月开采强度较低，诱发的微震事件数量较少，但岩体破裂释放的能量较多，累计能量曲线快速增长；12 月 1—31 日，开采强度增加导致诱发的微震事件数量增加，累计诱发 143 个，平均每天诱发 4.6 个，12 月上旬微震事件相对较多，释放能量也相对较多，随着 12 中下旬微震事件逐步平息，累计能量曲线增长放缓；1 月 1—31 日，采矿强度相较于 12 月有所下降，累计诱发 121 个微震事件，平均每天诱发 3.9 个，但多为小能量事件，累积能量曲线缓慢增长。

施密特数可以衡量岩体流变特性的时空复杂程度，其值越小，岩体发生破坏的可能性越大。在日常监测中，常用施密特数和累计视体积曲线来分析岩体稳定性，如图 10-15 所示。10 月 1—31 日大能量微震事件数较多，且在 10 月 10 日发生了局部震级 $M_L = 0.5$ 的大震级事件，导致累计视体积急剧增大，施密特数快速下降，岩体进入不稳定状态，部分区域巷道出现了片帮、开裂现象，此外，在 10 月 16 日、10 月 20 日施密特数均有小幅下降，但累计视体积增长不明显；11 月 1—30 日以大能量微震事件为主，累计视体积有小幅增长，施密特数处于高位，岩体整体稳定；12 月 1—31 日微震事件的数量有所增多，且累计视体积缓慢增加，施密特数不断下降，证明岩体在频繁的爆破、施工扰动下不断损伤劣化，呈渐进性破坏形式，12 月 5 日发生了局部震级 $M_L = 0.1$ 的大震级事件，但累计视体积未产生明显增加，施密特数也持续走低，12 月 21 日发生了局部震级 $M_L = -0.1$ 的微震事件，累计视体积发生突增，施密特数也由下降趋势转为上升，说明岩体超过极限存储能力，发生了破坏；1 月 1—31 日，累计视体积不断增长且幅度较大，且在 1 月 15 日、21 号、28 号分别出现局部震级 $M_L = -0.5$、0.3、-0.4 的微震事件后，岩体累积视体积急剧增大，施密特数快速下降，岩体稳定性降低。同时可以看出在累计视体积突变前，微震事件数一般会先由较高水平骤然下降，这即是围岩突变前的平静期，平静期过后，微震事件数会随着累计视体积的急速增加而陡增。

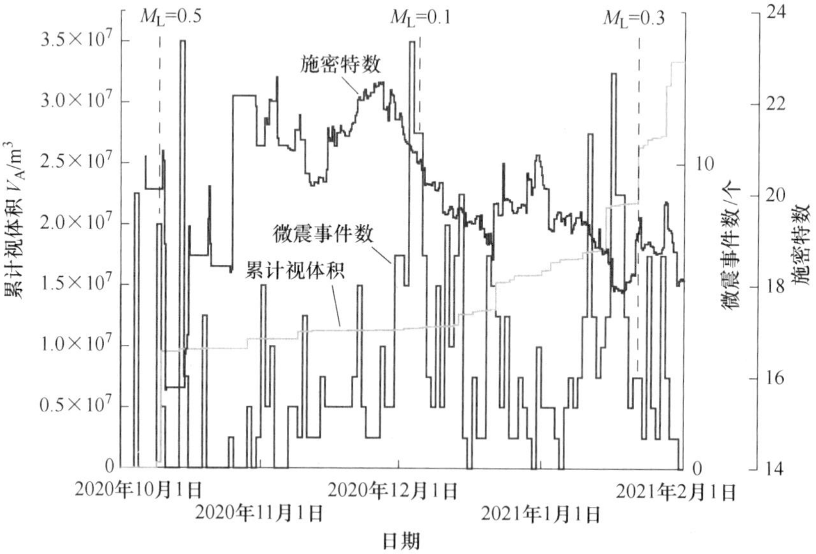

图 10-15 施密特数、微震事件与累积视体积演化规律

能量指数 *EI* 常用来描述震源处应力释放的大小，相关地震学理论认为能量指数 *EI* 和

视应力 σ_a存在正相关，因此可以通过能量指数和累计视体积的演化规律揭示工程岩体应力与应变的复杂变化，开采过程中能量指数及累计视体积的演化曲线如图 10-16 所示。由图可知，10 月 1—31 日由于微震事件分布不连续，导致能量指数也存在较大幅度波动，当能量指数对数达到 2，10 月 10 日能量指数大幅下降，并出现了 $M_L=0.5$ 的大震级事件，累计视体积急剧增大，10 月下旬，能量指数大幅增加，此时为岩体的能量储蓄阶段；11 月上旬，岩体储能超过极限存储能力，能量指数骤降，但累积视体积增长明显放缓。后续月份规律基本相同，即能量指数不断重复先增加，后下降的循环，即对应岩体能量的积蓄-释放过程，而累计视体积则不断增加，同时可以看出，能量指数曲线变化类同于微震事件数，即在累计视体积突增前，能量指数曲线会经历一个由较由较高水平骤降的过程，同时也会随着累计视体积的急速增加而陡增，说明能量指数曲线也可反映出围岩突变前的“平静期”。

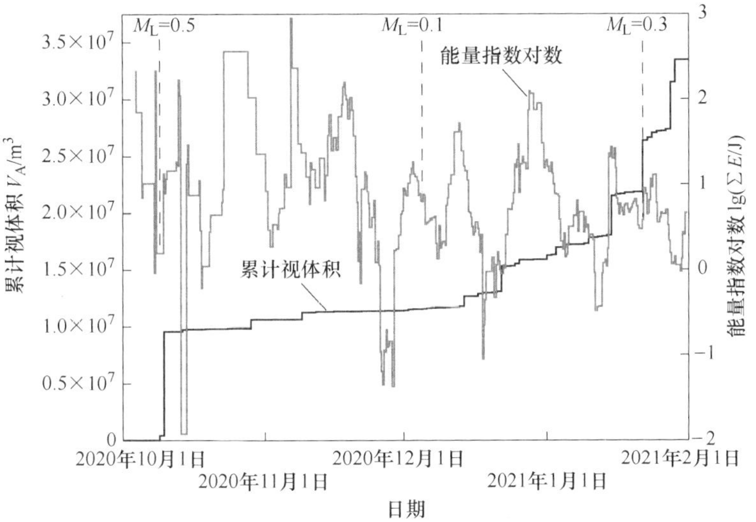

图 10-16　能量指数与累积视体积演化规律

综合上述对微震震源参数的演化规律分析，可以得出以下结论：

（1）通过微震事件时空演化规律可以得出，10 月和 11 月微震事件数量较少，且分布较为分散，12 月和次年 1 月微震事件数量和释放能量大大增加，且在开采区域和上下盘断层破碎带部分区域聚集，但总体而言，还是以低能量小震级的微震事件为主，岩体发生大规模破坏的可能性较小。

（2）微震能量不断增加至一定程度后快速降低，并在一段时间后继续开始增加，即围岩释放能量不断重复“能量积蓄—能量释放”的动态过程。

（3）当累计视体积突增，或者微震事件数和能量指数由高位骤减（即平静期）时，应及时做出预警，这往往是地压灾害发生的前兆特征。

10.7.5　破裂机制分析

1984 年 Boatwright 等通过理论分析和现场实测验证了剪切破裂事件的 S 波和 P 波的能量比（E_S/E_P）大于 20；1991 年 Gibowicz 等通过分析地下厂房开挖过程中的微震及声发

射数据，认为张拉破裂事件的 S 波和 P 波的能量比（E_S/E_P）小于 10。随着相关研究的发展，目前认为 E_S/E_P 是反映震源破裂机制的一个重要指标，其判别准则为：

$$\left.\begin{array}{l} E_S/E_p < 10，张拉破裂 \\ 10 \leqslant E_S/E_p \leqslant 20，混合破裂 \\ E_S/E_P > 20，剪切破裂 \end{array}\right\} \quad (10\text{-}12)$$

图 10-17 为微震事件 E_S/E_P 分布特征，由图可以看出，E_S/E_P 整体值偏小，43.75%的微震事件 $E_S/E_P<10$；31.25%的微震事件 $10\leqslant E_S/E_P\leqslant 20$；25.00%的微震事件 $E_S/E_P>20$。E_S/E_P 的分布表明，围岩变形破裂以张拉破坏形式为主。围岩破坏主要呈片状或板状剥落，剥落的深度受岩体结构控制，一般小于 0.5 m。证实了微震监测得到的岩体破裂机制与现场围岩实际破裂形式较为一致。

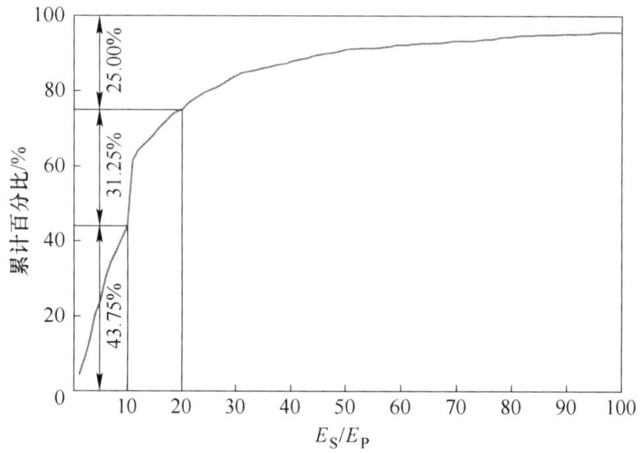

图 10-17　微震事件 E_S/E_P 分布

微震事件 E_S/E_P 与局部震级 M_L 分布如图 10-18 所示，由图可知，局部震级 $M_L>0$ 的大震级事件共三个，其中张拉破裂两个，剪切破裂一个，同时可以明显看出较大震级事件中

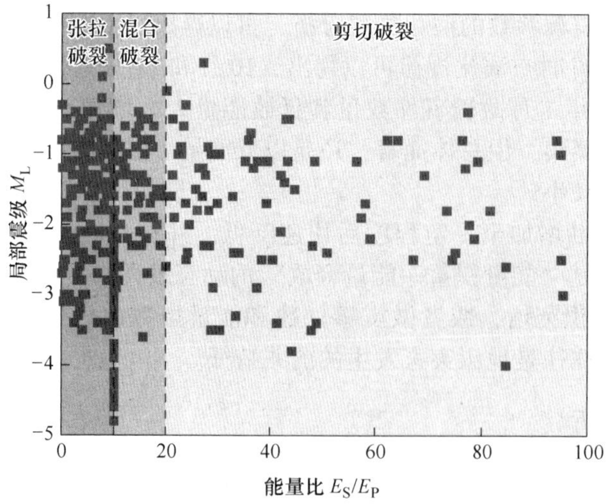

图 10-18　微震事件 E_S/E_P 与震级分布

张拉破裂形式的数目较多，说明大震级事件还是以拉伸破坏形式为主。大部分张拉破裂事件局部震级$-3.6<M_L<-0.3$；大部分混合破裂事件局部震级$-2.4<M_L<-0.3$；而剪切破坏事件局部震级M_L未集中在某一区间内，较为分散，由此可见，震级较小（$M_L<-2.4$）的微震事件为张拉破裂形式的可能性较大。由于采场开挖后，临空面在支护之前处于两向应力状态，水平方向不存在围压，在竖直主应力作用下，临空面附近的围岩易发生张拉破裂。

不同破裂形式微震事件数目随事件演化规律如图 10-19 所示，可以看出，10 月 1—31 日，每日平均发生的张拉破裂事件为 0.74 个，每日平均发生的混合破裂和剪切破裂事件分别为 0.38 个、0.48 个，说明微震事件以张拉破裂形式为主；11 月 1 日—12 月 31 日，发生的微震事件以张拉破裂和混合破裂为主，剪切破裂形式相对较少；1 月 1—31 日，每日平均发生的剪切破裂事件数量大于混合破裂和张拉破裂事件。这说明早期开挖卸荷诱发的微震事件以张拉破裂为主，但随着时间的增加，混合破裂和剪切破裂事件数目不断增加，张拉破裂形式的主导地位逐渐降低，岩体破裂形式开始向剪切破裂转变。

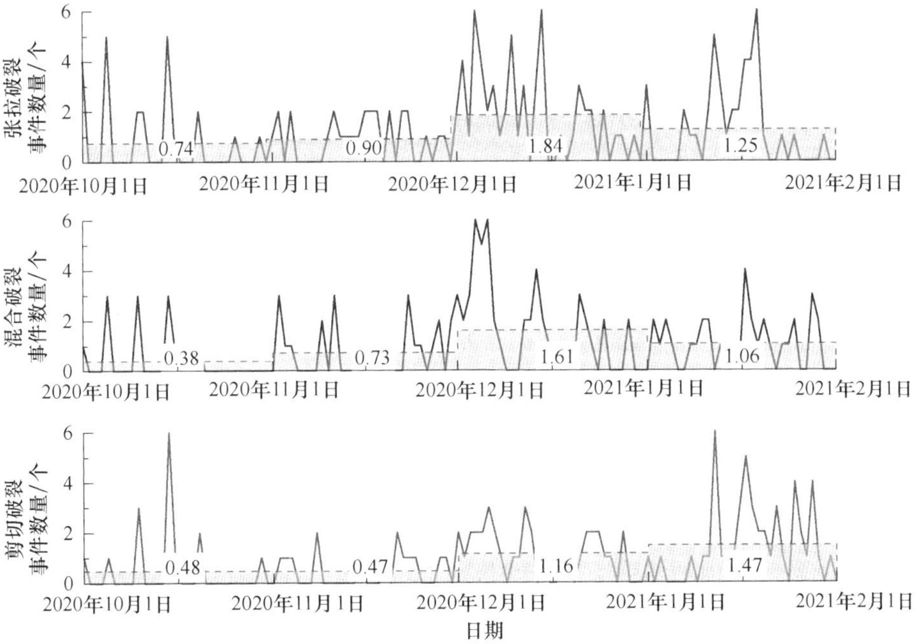

图 10-19　不同破裂形式微震事件演化规律

习题与思考题

习题与思考题
答案

10-1　什么是微震?

10-2　微震监测的基本原理是什么?

10-3　微震监测系统基本组成有哪些?

10-4　矿山微震监测系统的设计原则有哪些?

10-5　微震监测系统定位精度主要与哪些因素有关?

10-6　微震监测的参数主要有哪些，分别有何物理意义?

参 考 文 献

[1] 赵奎，王晓军，赖卫东．矿山地压测试技术［M］．北京：化学工业出版社，2013.
[2] 彭丽云，刘兵科，马伯宁，等．地下工程监测与检测技术［M］．北京：人民交通出版社，2017.
[3] 赵玉刚，邱东，曹昕燕，等．传感器基础［M］．2 版．北京：北京大学出版社，2013.
[4] 蔡美峰，何满潮，刘东燕．岩石力学与工程［M］．北京：科学出版社，2002.
[5] 何道清，张禾，石明江．传感器与传感器技术［M］．4 版．北京：科学出版社，2020.
[6] 齐晓华，魏冠义，戴明宏．传感器与检测技术［M］．成都：西南交通大学出版社，2018.
[7] 夏才初，潘国荣．岩土与地下工程监测［M］．北京：中国建筑工业出版社，2017.
[8] 刘尧军，叶朝良．岩土工程测试技术［M］．重庆：重庆大学出版社，2013.
[9] 王春来，刘建坡，李佳洁．现代岩土测试技术［M］．北京：冶金工业出版社，2019.
[10] 龚晓南，杨仲轩．岩土工程测试技术［M］．北京：中国建筑工业出版社，2017.
[11] 张国华，李兴伟．矿压测试技术［M］．北京：煤炭工业出版社，2014.
[12] 周晓军．地下工程监测和检测理论与技术［M］．北京：科学出版社，2014.
[13] 宰金珉，王旭东，徐洪钟．岩土工程测试与监测技术［M］．2 版．北京：中国建筑工业出版社，2016.
[14] 赵奎．矿山岩石力学若干测试技术及其分析方法［M］．北京：冶金工业出版社，2009.
[15] 赵奎，何文，曾鹏．导波声发射及次声波监测在矿山应用的理论与试验［M］．北京：冶金工业出版社，2018.
[16] 王运敏．现代采矿手册［M］．北京：冶金工业出版社，2012.
[17] 王青，任凤玉，顾晓薇，等．采矿学［M］．2 版．北京：冶金工业出版社，2011.
[18] 赵文．岩石力学［M］．长沙：中南大学出版社，2014.
[19] 金爱兵．岩石力学与测试模拟方法［M］．北京：清华大学出版社，2023.
[20] Brady B H G，Brown E T. Rock mechanics for underground mining［M］. 3rd ed. Berlin：Springer，2004.
[21] 朱万成，关凯，刘洪磊，等．应用岩石力学［M］．北京：冶金工业出版社，2022.
[22] 韩裕生，乔志花，张金．传感器技术及应用［M］．北京：电子工业出版社，2013.
[23] 陈雯柏，李邓化，何斌，等．智能传感器技术［M］．北京：清华大学出版社，2022.
[24] 唐建中，于春生，刘杰．岩土工程变形监测［M］．北京：中国建筑工业出版社，2016.
[25] 牛志宏．工程变形监测技术［M］．北京：测绘出版社，2013.
[26] 陈成宗，何发亮．隧道工程地质与声波探测技术［M］．成都：西南交通大学出版社，2005.
[27] 陈成宗．工程岩体声波探测技术［M］．北京：中国铁道出版社，1990.
[28] 刘习军．工程振动测试技术［M］．北京：机械工业出版社，2016.
[29] 赵军．振动测试技术［M］．北京：中国建筑工业出版社，2017.
[30] 赵寿根．振动测试、信号分析与应用［M］．北京：北京航空航天大学出版社，2023.
[31] 杨峰，彭苏萍．地质雷达探测原理与方法研究［M］．北京：科学出版社，2010.
[32] 杨晓华．岩溶区公路隧道地质雷达超前探测技术［M］．北京：人民交通出版社，2020.
[33] 宋卫东，付建新，谭玉叶．金属矿采空区灾害防治技术［M］．北京：冶金工业出版社，2015.
[34] 张海波，宋卫东．金属矿山采空区稳定性分析与治理［M］．北京：冶金工业出版社，2014.
[35] 付建新，宋卫东，杜翠凤，等．硬岩矿山采空区损伤失稳机制与稳定性控制技术［M］．北京：冶金工业出版社，2016.
[36] 胜山邦久．声发射（AE）技术的应用［M］．冯夏庭，译．北京：冶金工业出版社，1997.
[37] 沈功田．声发射检测技术及应用［M］．北京：科学出版社，2015.
[38] 李杨．西部煤炭高强度开采微震监测及关键层破断研究［D］．沈阳：东北大学，2017.

[39] 唐礼忠．深井矿山地震活动与岩爆监测及预测研究［D］．长沙：中南大学，2008.

[40] Mendecki A. Seismic monitoring in mines［M］. London：Chapman & Hall，1997.

[41] 王春来，吴爱祥，刘晓辉．深井开采岩爆灾害微震监测预警及控制技术［M］．北京：冶金工业出版社，2013.

[42] 夏文浩．基于深度学习的微震监测数据智能分析与预测［D］．北京：北京科技大学，2023.